BEIKAO SHIPIN
JIAGONG JISHU

高职高专"十一五"规划教材

★ 食品类系列

焙烤食品加工技术

顾宗珠 主编　付丽　张俐勤 副主编

化学工业出版社

·北京·

内容提要

本书在编写内容上打破传统方式，以生产一线岗位需要为标准，以行业职业技能标准为依据，侧重实践能力的培养，突出高等职业教育特色。

本书详细介绍了焙烤食品生产用原辅材料和焙烤食品制作的基础知识，在此基础上重点介绍了面包、饼干、蛋糕及糕点、月饼、方便及休闲食品等焙烤食品的类型、原料、制作工艺及生产中常见的问题和解决办法，焙烤食品生产卫生及管理等内容；书中配有丰富的焙烤设备和工具图片，相关章节中还附有多种焙烤食品的制作配方和生产实例，便于学生理解掌握，操作性强。本书每章后附有实验、实训内容。书后附有烘焙工国家职业技能考核标准和常用专业术语解释。

本书适合高职高专食品类、农产品加工等相关专业学生使用，亦可作为焙烤行业从业人员的参考书和焙烤企业培训教材。

图书在版编目（CIP）数据

焙烤食品加工技术/顾宗珠主编．—北京：化学工业出版社，2008.5（2022.9重印）
高职高专"十一五"规划教材★食品类系列
ISBN 978-7-122-02616-3

Ⅰ. 焙… Ⅱ. 顾… Ⅲ. 焙烤食品-食品工艺学-高等学校：技术学院-教材 Ⅳ. TS213.2

中国版本图书馆 CIP 数据核字（2008）第 052438 号

责任编辑：梁静丽　李植峰　郎红旗　　文字编辑：朱　恺
责任校对：战河红　　　　　　　　　　　装帧设计：尹琳琳

出版发行：化学工业出版社（北京市东城区青年湖南街13号　邮政编码100011）
印　　装：北京机工印刷厂有限公司
787mm×1092mm　1/16　印张16　字数398千字　2022年9月北京第1版第13次印刷

购书咨询：010-64518888　　　　　　　　售后服务：010-64518899
网　　址：http://www.cip.com.cn
凡购买本书，如有缺损质量问题，本社销售中心负责调换。

定　　价：38.00元　　　　　　　　　　　　　　　　　　　版权所有　违者必究

高职高专食品类"十一五"规划教材
建设委员会成员名单

主 任 委 员 贡汉坤　逯家富
副主任委员 杨宝进　朱维军　于　雷　刘　冬　徐忠传　朱国辉　丁立孝
　　　　　　　李靖靖　程云燕　杨昌鹏
委　　　员 （按照姓名汉语拼音排序）
　　　　　　　边静玮　蔡晓雯　常　锋　程云燕　丁立孝　贡汉坤　顾鹏程
　　　　　　　郝亚菊　郝育忠　贾怀峰　李崇高　李春迎　李慧东　李靖靖
　　　　　　　李伟华　李五聚　李　霞　李正英　刘　冬　刘　靖　娄金华
　　　　　　　陆　旋　逯家富　秦玉丽　沈泽智　石　晓　王百木　王德静
　　　　　　　王方林　王文焕　王宇鸿　魏庆葆　翁连海　吴晓彤　徐忠传
　　　　　　　杨宝进　杨昌鹏　杨登想　于　雷　臧凤军　张百胜　张　海
　　　　　　　张奇志　张　胜　赵金海　郑显义　朱国辉　朱维军　祝战斌

高职高专食品类"十一五"规划教材
编审委员会成员名单

主 任 委 员 莫慧平
副主任委员 魏振枢　魏明奎　夏　红　翟玮玮　赵晨霞　蔡　健
　　　　　　　蔡花真　徐亚杰
委　　　员 （按照姓名汉语拼音排序）
　　　　　　　艾苏龙　蔡花真　蔡　健　陈红霞　陈月英　陈忠军　初　峰
　　　　　　　崔俊林　符明淳　顾宗珠　郭晓昭　郭　永　胡斌杰　胡永源
　　　　　　　黄卫萍　黄贤刚　金明琴　李春光　李翠华　李东凤　李福泉
　　　　　　　李秀娟　李云捷　廖　威　刘红梅　刘　静　刘志丽　陆　霞
　　　　　　　孟宏昌　莫慧平　农志荣　庞彩霞　邵伯进　宋卫江　隋继学
　　　　　　　陶令霞　汪玉光　王立新　王丽琼　王卫红　王学民　王雪莲
　　　　　　　魏明奎　魏振枢　吴秋波　夏　红　熊万斌　徐亚杰　严佩峰
　　　　　　　杨国伟　杨芝萍　余奇飞　袁　仲　岳　春　翟玮玮　詹忠根
　　　　　　　张德广　张海芳　张红润　赵晨霞　赵晓华　周晓莉　朱成庆

高职高专食品类"十一五"规划教材建设单位
(按照汉语拼音排序)

北京电子科技职业学院
北京农业职业学院
滨州市技术学院
滨州职业学院
长春职业技术学院
常熟理工学院
重庆工贸职业技术学院
重庆三峡职业技术学院
东营职业学院
福建华南女子职业学院
福建宁德职业技术学院
广东农工商职业技术学院
广东轻工职业技术学院
广西农业职业技术学院
广西职业技术学院
广州城市职业学院
海南职业技术学院
河北交通职业技术学院
河南工贸职业技术学院
河南农业职业技术学院
河南濮阳职业技术学院
河南商业高等专科学校
河南质量工程职业学院
黑龙江农业职业技术学院
黑龙江畜牧兽医职业学院
呼和浩特职业学院
湖北大学知行学院
湖北轻工职业技术学院
黄河水利职业技术学院
济宁职业技术学院
嘉兴职业技术学院
江苏财经职业技术学院
江苏农林职业技术学院
江苏食品职业技术学院
江苏畜牧兽医职业技术学院
江西工业贸易职业技术学院
焦作大学
荆楚理工学院
景德镇高等专科学校
开封大学
漯河医学高等专科学校
漯河职业技术学院
南阳理工学院
内江职业技术学院
内蒙古大学
内蒙古化工职业学院
内蒙古农业大学职业技术学院
内蒙古商贸职业学院
平顶山工业职业技术学院
日照职业技术学院
陕西宝鸡职业技术学院
商丘职业技术学院
深圳职业技术学院
沈阳师范大学
双汇实业集团有限责任公司
苏州农业职业技术学院
天津职业大学
武汉生物工程学院
襄樊职业技术学院
信阳农业高等专科学校
杨凌职业技术学院
永城职业学院
漳州职业技术学院
浙江经贸职业技术学院
郑州牧业工程高等专科学校
郑州轻工职业学院
中国神马集团
中州大学

《焙烤食品加工技术》编写人员名单

主　　编　顾宗珠
副 主 编　付　丽　张俐勤
编写人员　（按照姓名汉语拼音排序）
　　　　　邓桂兰（广东轻工职业技术学院）
　　　　　付丽（郑州牧业工程高等专科学校）
　　　　　顾宗珠（广东轻工职业技术学院）
　　　　　郝亚菊（平顶山工业职业技术学院）
　　　　　华景清（苏州农业职业技术学院）
　　　　　龙明华（杨凌职业技术学院）
　　　　　冉娜（海南职业技术学院）
　　　　　王新玉（郑州轻工职业学院）
　　　　　吴斌（信阳农业高等专科学校）
　　　　　张俐勤（嘉兴职业技术学院）
　　　　　张税丽（平顶山工业职业技术学院）
　　　　　左锦静（河南工贸职业技术学院）

序

  作为高等教育发展中的一个类型,近年来我国的高职高专教育蓬勃发展,"十五"期间是其跨越式发展阶段,高职高专教育的规模空前壮大,专业建设、改革和发展思路进一步明晰,教育研究和教学实践都取得了丰硕成果。各级教育主管部门、高职高专院校以及各类出版社对高职高专教材建设给予了较大的支持和投入,出版了一些特色教材,但由于整个高职高专教育改革尚处于探索阶段,故而"十五"期间出版的一些教材难免存在一定程度的不足。课程改革和教材建设的相对滞后也导致目前的人才培养效果与市场需求之间还存在着一定的偏差。为适应高职高专教学的发展,在总结"十五"期间高职高专教学改革成果的基础上,组织编写一批突出高职高专教育特色,以培养适应行业需要的高级技能型人才为目标的高质量的教材不仅十分必要,而且十分迫切。

  教育部《关于全面提高高等职业教育教学质量的若干意见》(教高〔2006〕16号)中提出将重点建设好3000种左右国家规划教材,号召教师与行业企业共同开发紧密结合生产实际的实训教材。"十一五"期间,教育部将深化教学内容和课程体系改革、全面提高高等职业教育教学质量作为工作重点,从培养目标、专业改革与建设、人才培养模式、实训基地建设、教学团队建设、教学质量保障体系、领导管理规范化等多方面对高等职业教育提出新的要求。这对于教材建设既是机遇,又是挑战,每一个与高职高专教育相关的部门和个人都有责任、有义务为高职高专教材建设做出贡献。

  化学工业出版社为中央级综合科技出版社,是国家规划教材的重要出版基地,为我国高等教育的发展做出了积极贡献,被新闻出版总署领导评价为"导向正确、管理规范、特色鲜明、效益良好的模范出版社",最近荣获中国出版政府奖——先进出版单位奖。依照教育部的部署和要求,2006年化学工业出版社在"教育部高等学校高职高专食品类专业教学指导委员会"的指导下,邀请开设食品类专业的60余家高职高专骨干院校和食品相关行业企业作为教材建设单位,共同研讨开发食品类高职高专"十一五"规划教材,成立了"高职高专食品类'十一五'规划教材建设委员会"和"高职高专食品类'十一五'规划教材编审委员会",拟在"十一五"期间组织相关院校的一线教师和相关企业的技术人员,在深入调研、整体规划的基础上,编写出版一套食品类相关专业基础课、专业课及专业相关外延课程教材——"高职高专'十一五'规划教材★

食品类系列"。该批教材将涵盖各类高职高专院校的食品加工、食品营养与检测和食品生物技术等专业开设的课程，从而形成优化配套的高职高专教材体系。目前，该套教材的首批编写计划已顺利实施，首批60余本教材将于2008年陆续出版。

该套教材的建设贯彻了以应用性职业岗位需求为中心，以素质教育、创新教育为基础，以学生能力培养为本位的教育理念；教材编写中突出了理论知识"必需"、"够用"、"管用"的原则；体现了以职业需求为导向的原则；坚持了以职业能力培养为主线的原则；体现了以常规技术为基础、关键技术为重点、先进技术为导向的与时俱进的原则。整套教材具有较好的系统性和规划性。此套教材汇集众多食品类高职高专院校教师的教学经验和教改成果，又得到了相关行业企业专家的指导和积极参与，相信它的出版不仅能较好地满足高职高专食品类专业的教学需求，而且对促进高职高专课程建设与改革、提高教学质量也将起到积极的推动作用。希望每一位与高职高专食品类专业教育相关的教师和行业技术人员，都能关注、参与此套教材的建设，并提出宝贵的意见和建议。毕竟，为高职高专食品类专业教育服务，共同开发、建设出一套优质教材是我们应尽的责任和义务。

贡汉坤

前　言

本书是为了适应焙烤食品行业快速发展的需要，培养行业高技能实用型人才而编写。在编写过程中严格遵循高等职业教育规律，以"实用、够用"为原则，突出技能操作的实用性，注重解决生产过程中的实际问题，以增强学生的岗位意识。

本教材面向焙烤食品生产第一线，以行业岗位技能标准为依据，突出综合职业能力的培养，强化职业技能训练。意在使学生通过本教材的学习和训练，达到烘焙工中级岗位职业技能鉴定的要求。本教材信息量大、专业性和实用性强，对焙烤食品从业人员也有重要的参考价值。

本书编写分工为：第一章、附录由顾宗珠编写；第二章由华景清编写；第三章由龙明华编写；第四章由付丽编写；第五章由郝亚菊编写；第六章第一、二节由邓桂兰编写，第三节由左锦静编写；第七章由冉娜编写；第八章第一、二节由张俐勤编写，第三、四节由王新玉编写；第九章由张税丽编写；全书实验部分由吴斌编写。全书由顾宗珠负责统稿。

本书在编写过程中得到了教育部高等学校高职高专食品类专业教学指导委员会的指导，化学工业出版社和有关院校领导及教师的大力支持和热心帮助，谨在此表示衷心的感谢。

由于时间仓促，编者水平有限，本教材难免存在疏漏和不足，希望读者多提宝贵意见，编者在此表示衷心的感谢。

编者
2008 年 5 月

目 录

第一章 绪论 ·········· 1
【学习目标】·········· 1
第一节 概述 ·········· 1
　一、焙烤食品的概念 ·········· 1
　二、焙烤食品的特点和分类 ·········· 1
　三、焙烤食品在人们日常生活中的
　　　地位和作用 ·········· 2
第二节 焙烤食品工业的发展概况 ·········· 2
　一、焙烤食品的生产状况 ·········· 2
　二、焙烤食品行业的发展趋势 ·········· 3
【思考题】·········· 4

第二章 焙烤食品生产用原辅材料 ·········· 5
【学习目标】·········· 5
第一节 面粉及其他粉类原料 ·········· 5
　一、面粉 ·········· 5
　二、其他粉类 ·········· 12
第二节 糖及糖浆 ·········· 16
　一、糖与糖浆的种类、成分及
　　　质量标准 ·········· 16
　二、糖及糖浆在焙烤工艺中的作用 ·········· 18
第三节 食用油脂 ·········· 19
　一、食用油脂的种类、成分及
　　　质量标准 ·········· 19
　二、食用油脂的工艺性能 ·········· 23
第四节 乳及乳制品 ·········· 24
　一、乳及乳制品的种类及成分 ·········· 24
　二、乳及乳制品的工艺性能 ·········· 25
第五节 蛋及蛋制品 ·········· 26
　一、蛋及蛋制品的种类和成分 ·········· 26
　二、蛋及蛋制品的工艺性能 ·········· 27
第六节 水 ·········· 28
　一、水的质量标准 ·········· 28
　二、水的作用 ·········· 28
　三、水质对工艺的影响 ·········· 29
第七节 食盐 ·········· 29
　一、食盐的质量标准 ·········· 29
　二、食盐的作用 ·········· 29
　三、食盐的添加方法 ·········· 30
第八节 面团改良剂 ·········· 30
　一、氧化剂 ·········· 30
　二、还原剂 ·········· 31
　三、钙盐 ·········· 31
　四、铵盐 ·········· 31
第九节 食品添加剂 ·········· 31
　一、膨松剂 ·········· 31
　二、食用香料 ·········· 33
　三、着色剂 ·········· 33
　四、防腐剂 ·········· 35
　五、抗氧化剂 ·········· 36
第十节 其他配料 ·········· 37
　一、发酵促进剂 ·········· 37
　二、营养强化剂 ·········· 37
　三、果料 ·········· 38
　四、可可粉 ·········· 41
　五、食碱 ·········· 41
【思考题】·········· 42
实验一 小麦面筋制作及品质测定 ·········· 42

第三章 焙烤食品制作基础知识 ·········· 45
【学习目标】·········· 45
第一节 焙烤食品成型的基本方法 ·········· 45
　一、面点成型基本技术 ·········· 45
　二、面点成型技术 ·········· 47
第二节 焙烤食品的成熟方法 ·········· 51
　一、烤 ·········· 51

二、炸	52	三、甜馅制作工艺	61
三、煎	53	第四节 常用装饰品	65
四、蒸	53	一、果料	65
五、煮	54	二、肉与肉制品	65
六、烙	55	三、巧克力与可可粉	65
第三节 常见馅料的制作	56	【思考题】	66
一、馅心及馅心分类	56	实验二 各种面团成形基本操作	66
二、咸馅制作工艺	57		

第四章 面包制作技术 …… 68

【学习目标】	68	一、面团调制（调粉）	78
第一节 概论	68	二、面团发酵	84
一、面包的概念	68	三、整形	87
二、面包的特点	68	四、烘烤	91
三、面包的分类	69	五、冷却与包装	94
四、面包制作的主要设备及工具	70	六、面包配方举例	95
第二节 面包制作方法	74	第四节 面包的质量标准及要求	96
一、直接发酵法	74	一、面包的质量标准	96
二、中种发酵法	75	二、面包质量的检验方法	97
三、液种面团法	76	三、检验规则	98
四、快速发酵法	77	四、标志、包装、运输	98
五、过夜种子发酵法	77	五、面包加工中常出现的质量问题及解决方法	98
六、冷冻面团法	77	【思考题】	101
七、老面发酵法	78	实验三 面包的制作	101
第三节 面包制作工艺	78		

第五章 饼干制作技术 …… 106

【学习目标】	106	三、发酵饼干的成型	118
第一节 概述	106	四、饼干成型的其他方法	119
一、饼干的概念及特点	106	第五节 饼干的烘烤及冷却	119
二、饼干的分类及主要产品的特点	106	一、饼干的烘烤	119
第二节 饼干面团调制	107	二、饼干的冷却	123
一、韧性饼干面团的调制	107	三、饼干的包装	124
二、酥性饼干面团的调制	110	第六节 饼干生产的质量控制	124
三、发酵饼干面团的调制	111	一、原料质量控制	124
四、面浆面团的调制	113	二、生产工艺条件控制	125
第三节 饼干的辊轧	113	第七节 饼干的质量标准及要求	125
一、韧性饼干面团的辊轧	114	一、感官标准	125
二、酥性饼干面团的辊轧	114	二、理化标准	127
三、发酵饼干面团的辊轧	115	三、卫生标准	127
第四节 饼干的成型	115	【思考题】	128
一、韧性饼干的成型	115	实验四 饼干的制作	128
二、酥性饼干的成型	117		

第六章 蛋糕及糕点制作技术 ················· 133

【学习目标】 ················· 133
第一节 蛋糕制作工艺概述 ················· 133
　一、蛋糕的命名及分类 ················· 133
　二、蛋糕制作基本原理 ················· 134
　三、蛋糕制作常用工具和设备 ················· 134
　四、蛋糕制作常用材料 ················· 135
　五、蛋糕制作工艺流程 ················· 136
　六、蛋糕质量的感官鉴别 ················· 139
　七、蛋糕加工常见质量问题分析 ················· 139
第二节 典型蛋糕的制作工艺及
　　　　裱花技术 ················· 142
　一、清蛋糕制作工艺 ················· 142
　二、重油蛋糕制作工艺 ················· 146
　三、戚风蛋糕制作工艺 ················· 148
　四、蛋糕装饰与裱花技术 ················· 150
第三节 糕点制作工艺概述 ················· 152
　一、糕点的概念 ················· 152
　二、糕点的分类和特点 ················· 152
　三、糕点的制作工艺 ················· 155
【思考题】 ················· 165
实验五 蛋糕的制作 ················· 165
实验六 酥饼类食品的制作 ················· 167
实验七 泡芙类食品的制作 ················· 168
实验八 蛋挞的制作 ················· 169

第七章 月饼制作技术 ················· 170

【学习目标】 ················· 170
第一节 月饼的分类及特点 ················· 170
第二节 广式月饼制作技术 ················· 171
　一、广式月饼分类及特点 ················· 172
　二、广式月饼制作技术 ················· 172
第三节 广式月饼生产常见质量问题及
　　　　解决方法 ················· 178
　一、月饼回油慢 ················· 179
　二、饼皮脱落、皮馅分离 ················· 179
　三、发霉 ················· 180
　四、月饼表面光泽度不理想 ················· 180
　五、月饼着色不佳 ················· 180
　六、糖浆返砂 ················· 180
　七、泻脚 ················· 181
　八、饼皮破裂 ················· 181
第四节 其他月饼制作技术 ················· 181
　一、京式月饼 ················· 181
　二、苏式月饼 ················· 183
　三、潮式月饼 ················· 185
　四、滇式月饼 ················· 186
　五、水晶月饼 ················· 187
【思考题】 ················· 188
实验九 广式月饼的制作 ················· 189

第八章 方便面及挤压膨化食品制作技术 ················· 191

【学习目标】 ················· 191
第一节 方便面概述 ················· 191
　一、方便面的分类 ················· 191
　二、方便面的感官指标和理化指标 ················· 192
　三、方便面生产的发展趋势 ················· 192
第二节 方便面生产技术 ················· 192
　一、方便面的主要原辅料 ················· 192
　二、方便面的生产工艺 ················· 193
　三、方便面汤料的生产 ················· 200
第三节 挤压膨化食品生产技术 ················· 201
　一、挤压膨化食品加工原理 ················· 202
　二、挤压膨化食品的种类及配方 ················· 203
　三、挤压过程中原料成分的变化 ················· 204
第四节 常见食品的挤压生产工艺
　　　　与设备 ················· 204
　一、谷物早餐食品 ················· 204
　二、速溶粉末类食品 ················· 205
　三、组合食品 ················· 206
　四、面包片 ················· 207
　五、大豆制品 ················· 207
　六、工程食品 ················· 209
　七、强化钙、铁、锌的膨化米果 ················· 210
　八、营养保健即食糊 ················· 211
　九、挤压膨化食品的加工设备 ················· 212
【思考题】 ················· 213

第九章　焙烤食品生产的卫生及管理 ································ 214
　【学习目标】························· 214
　第一节　糕点类食品卫生管理办法 ··· 214
　　一、糕点类食品卫生管理办法 ······ 214
　　二、焙烤食品的卫生管理及卫生要求 ··· 215
　第二节　HACCP 在焙烤食品中的
　　　　　应用指南 ······················ 217
　　一、HACCP 概述 ···················· 217
　　二、建立焙烤食品行业的 HACCP
　　　　系统 ···························· 219
　【思考题】························· 224
　实验十　焙烤食品质量安全调查报告 ······ 224

附录 ·· 226
　附录 1　烘焙专用名词解释 ············ 226　　附录 2　烘焙工国家职业标准 ········ 233

参考文献 ·· 241

第一章 绪 论

> **学习目标**
>
> 了解焙烤食品的基本概念、分类及发展趋势。

第一节 概 述

一、焙烤食品的概念

焙烤食品泛指面食制品中采用焙烤工艺的一个大类产品。随着近代工业的发展，焙烤食品的门类更趋繁杂，逐渐成为方便食品中的一个重要组成部分，而且品种越来越丰富，其中有的已经自成工业生产体系，难以精确地定义，所以一般用原料和工艺来确定归属，其特征是：

① 以谷类为主要原料；
② 以油、糖、蛋、乳等为主要辅料；
③ 产品的成熟或定型需采用焙烤工艺；
④ 产品为无需调理即可食用的固态食品。

焙烤食品从广义上讲，泛指用面粉及各种粮食及其半成品与多种辅料相调配，或者经过发酵，或者直接用高温烘焙，或者用油炸而成的一系列香脆可口的食品。它主要包括饼干、面包、糕点、月饼、方便面、膨化食品等，这类食品有的历史久远，有的则是近几十年才出现的。在世界绝大多数国家中，无论是主食还是副食品，焙烤食品都占有十分重要的位置。

二、焙烤食品的特点和分类

由于焙烤食品食用方便，营养丰富，因而在人们生活中占有越来越重要的位置。与其他谷类制品相比，焙烤制品的水分含量低，货架寿命长，而且消化率高。焙烤所用热源可以是电或燃气，热力穿透能力强，加热速度快，食品受热均匀，因此产品质量较易控制。

焙烤食品种类繁多，品种丰富，分类非常复杂。通常依据原料的配合、生产工艺等进行分类。

1. 按膨化物质的不同分类

（1）用培养酵母或野生酵母使之膨化的制品　包括面包、苏打饼干、烧饼等。

（2）用化学方法膨化的制品　这里指各种蛋糕、炸面包圈、油条、饼干等。总之是利用化学疏松剂如小苏打、碳酸氢铵等产生的二氧化碳使制品膨化。

（3）利用空气进行膨化的制品　天使蛋糕（angel food cake）、海绵蛋糕（sponge cake）等不用化学疏松剂的食品。

（4）利用水分汽化进行膨化的制品　主要指一些类似膨化食品的小吃，它不用发酵也不用化学疏松剂。

2. 按生产工艺特点分类

（1）面包类　面包品种较多，采用小麦粉、酵母、食盐、水等为主要原料，辅以乳粉、鸡蛋等辅料，经搅拌、成型、烘烤而成。主要包括硬式面包、软式面包、主食面包、果子面包、模具面包等。

（2）蛋糕类　蛋糕类品种较多，采用鸡蛋、砂糖、面粉等为主要原料，配以黄油、巧克力、果料等辅料，经搅拌、成型、烘烤而成。主要包括乳沫类蛋糕、面糊类蛋糕、戚风类蛋糕。

（3）饼干类　饼干是以面粉、糖、油、蛋等为主要原料，配以巧克力、果料等辅料，经搅拌、压片、成型、烘烤而成。主要包括韧性饼干、酥性饼干、苏打饼干、威化饼干等。

（4）起酥类　为西点中的主要产品，有奶油千层酥、奶油螺丝卷、牛角可松、丹麦式松饼、派类及我国的千层油饼等。

（5）点心类　主要用黄油、绵白糖、蛋品等配以果料、果酱、巧克力粉等制成，产品造型美观，种类繁多各有特色。

另外，焙烤食品还有按生产地域分类、制品特性、产业特点分类等。

三、焙烤食品在人们日常生活中的地位和作用

焙烤食品的快速发展改变了人们以往的传统生活方式。在世界上绝大多数国家，无论是人们的主食还是副食，焙烤食品都占有十分重要的位置。焙烤食品工业的发展对我国的家务劳动社会化、饮食结构合理化、食品炊事工业化和现代化发挥着重要的作用。

第二节　焙烤食品工业的发展概况

焙烤食品在食品工业中占有一定的重要地位，其产品直接面向市场，直观反映人民饮食文化水平及生活水平的高低。我国改革开放以来，本行业得到了较快的发展，焙烤食品的门类、花色品种、数量质量、包装装潢以及生产工艺和装备都有了显著的提高，但与国外同行业产品相比，差距仍然不小。进入21世纪，是我国实现现代化战略目标的重要阶段，国民经济的整体素质和综合国力将迈上一个新的台阶。我国人民的生活将由"温饱"进入"小康"，生活质量将进一步提高。特别是加入国际世贸组织（WTO）后，国内市场将进一步开放。这一切都给行业的发展带来了挑战和机遇。

一、焙烤食品的生产状况

焙烤行业很多产品已进入国际化市场，尤其近几年来，外国企业来华投资猛增，都看好中国市场，合资、独资焙烤食品企业发展迅速，如饼干、巧克力、方便面、面包等制品行业，并有逐步增强的势头。从目前看，国内市场大体可以说是三分天下，三资企业占领高档市场，国有企业居中档，乡镇企业、私营企业占领低档市场，各类产品均有其销售市场和消费群体。但随着人们收入的增加，生活水平的提高，国内企业必须在产品的生产工艺、设备、技术、管理等方面提高水平，以供给人们高质量、高品味的、传统的和现代的焙烤食品，才能在竞争的环境中生存和发展。

我国焙烤食品工业的发展与人民生活水平密切相关，它的生产从1949年开始可以分为如下三个阶段。

第一阶段：1949~1956年是恢复生产阶段。由于当时人民生活水平较低，许多人还吃不上饭，更谈不上购买副食品，因此，焙烤食品当时主要是糕点产品，生产发展很慢。

第二阶段：1957~1978年是初期发展阶段。这期间人民生活有了改善，但是仍有很多人不得温饱，人们购买粮、油、糖需凭票供应，由于生产原料粮、油、糖等匮乏，这个时期的糕点生产受到限制，不能满足人们生活的需要。

第三阶段：1978年至今是迅速发展的阶段。随着改革开放的深化，人民生活水平不断提高，对焙烤食品的需求也日益增长；同时，原辅材料的充足供应也使得各类焙烤食品花样翻新，品种繁多，受到了不同群体的广泛欢迎。

二、焙烤食品行业的发展趋势

（一）主要产品及品种的市场需求

焙烤食品的原型为主食或者点心，均属温饱型产品，预计这一基本功能将不会改变，即使发达国家的大部分焙烤食品亦仍维持这种原型。但主食或点心的结构可能会发生变化，其总趋势是朝着风味优美、热量下降、某些产品将具有一定的保健作用的方向发展，以此来争取市场。保健功能体现在成分的配比上是要增加膳食纤维的含量、降血糖及有利于清除体内脂质过氧化物。原料方面要选择安全性更高的添加剂以替代合成的、有争议的化学添加剂。

1. 面包

营养健康的高蛋白质、高纤维的主食面包、五谷杂粮主食面包、学生课间餐面包、学生早餐面包、低热量面包、蔬菜面包等的市场需求将扩大。

2. 糕点

生日蛋糕、结婚蛋糕、庆典蛋糕、节日蛋糕等的市场需求将呈上升趋势；各种节日糕点如年糕、元宵、汤圆、粽子、月饼、重阳糕等继续稳步发展；休闲娱乐的各种美味小点心生产需求将看好；低糖、无糖、低热量的保健糕点仍将占有一席之地。

3. 饼干

将向主食、点心、休闲食品方向发展。如各种早餐饼；点心型饼干，如挤成各种花纹、小巧玲珑、各种风味、附加值很高的曲奇饼；通过发酵制成的各种休闲型饼干；适合特殊人群消费的饼干，如糖尿病人食用的无糖饼干，克服儿童饮食的助消化饼干，配合儿童发育的补钙、磷、铁等的饼干，抗衰老和补充膳食纤维、提高优质蛋白质含量及补充必需脂肪酸等老年人群食用饼干等。国产饼干要克服同质性高、口味单一、口感较差的缺点，要不断创造新口味，做到口味多样化。

4. 方便主食品

主食方便化和商品化，是人们生活提高的必然趋势，除了量的增加外，还要进一步开发新品种，改进产品的品质和结构，以便能更好地适应不同消费者的需要。更为方便、口感更佳的主食，其趋向将逐渐增强。预计在今后10～15年内，方便主食品的消费量将有较大幅度的提升；在品种上，除了方便面仍将有一定的增加并向多品种、多档次的方向发展外，各种方便米饭也将随着返生技术的过关和配菜的多品种化，而得到较大程度的推进，各种主食面包、花色面包、方便米线、方便谷物早餐，以及各种方便主食半成品，亦将有很大的发展。

（二）发展趋势

中国焙烤食品行业随着我国经济的进一步增长和人民生活水平的提高，以及西方食品、原料和生产技术的大量涌入，从20世纪末开始呈现出迅速发展的趋势。从目前焙烤行业情况来看，今后的发展趋势如下。

1. 根据产品大类特点选择生产经营规模

大众化面包、饼干、蛋黄派、部分西点生产经营越来越向大工厂或大公司化发展，即在中央工厂中利用大型连续化、机械化、全自动生产线集中生产为特征。

而糕点、蛋糕、西饼、花式面包生产经营则以连锁店、单个西点面包房、大型卖场内的饼房等形式经营，以中小型工厂、前店后场等中小规模生产为特征。

2. 改变企业生产经营管理观念

企业不断重视培养、储备和吸引技术人才和管理人才，高度重视技术创新和新产品开发，充分运用现代发达的资讯信息，积极地将各种高新技术成果转化为生产力。

店面设计、装潢、陈列更加科学化、合理化、人性化，充分体现出企业自身的个性和特点。产品质量档次逐步得到提升，在产品中更多地注入了健康与合理膳食的理念，许多企业通过了诸如 ISO 和 HACCP 等专业标准体系的认证。产品包装形式更加多样、新颖，并且品位更趋于中高档。特别是品牌意识不断增强，继续重视对品牌及产品的广告宣传、市场开发和培育。同时，企业之间的往来会逐渐增多，信息交流和信息反馈也会不断增加。

3. 市场竞争会日趋激烈，市场中高档产品容量不断增长

国外和港台知名有实力的焙烤企业不断进入中国内地，国外中高档产品出现在国内市场，国内有实力的焙烤企业须不断提高产品质量、加快新产品的研发、引进国际新产品以应对国外企业的冲击。国内焙烤市场竞争逐步从低价格的恶性竞争转向以产品质量和产品开发为核心的新一轮竞争。随着消费者收入的增加和品牌意识的增强，一批质量低劣、价格便宜、缺乏特色的企业会渐渐退出市场舞台。而今后倾向于名牌和高质量的中高档产品消费。

4. 注重产品质量，产品生产标准化

随着国家行业标准的出台和执行，今后国内企业都将按行业标准生产产品，不少企业还在行业标准的基础上制定了更严格的企业统一的原料标准、加工标准、生产工艺标准、产品标准、检测标准，以保证最终产品的高质量。

5. 传统产品、工艺与现代技术相结合，产品生产研发相关行业专业化协作程度提高

不少企业在恢复传统产品生产和产品研发的同时，往往与食品科研机构、高等院校以及相关行业进行沟通，在生产工艺、基础原料、食品添加剂、食品机械、包装机械、包装材料等方面加强专业化协作攻关，为产品质量、产量的提高，增加原有产品的新奇特色，提高传统产品的品质、工艺改良等方面提供了有力的支持。

从总体来看，国内焙烤行业的发展越来越快、产品质量越来越好、品种越来越多，发达地区的焙烤食品水平与国际水准差距正在缩小，地区间交流日益频繁，并且越来越渗入到普通老百姓的日常饮食中。随着经济的快速发展、城市化进程的加快以及全面小康社会与新农村建设的不断深入，人民的生活节奏将不断加快、生活水平将显著提高，势必引起生活方式和消费结构的改变，这将给我国焙烤行业的进一步发展带来挑战和机遇。预计 2008~2010 年我国焙烤食品将保持 10% 以上的年增长速度，焙烤食品消费规模将达到 500 亿元的水平，将成为人们食品消费中的重要构成部分。

【思 考 题】

1. 什么是焙烤食品？
2. 以某个产品为例，分析焙烤食品的发展趋势。

第二章 焙烤食品生产用原辅材料

> **学习目标**
> 1. 了解焙烤食品生产用主要原辅料的种类、成分和现行的质量标准。
> 2. 掌握焙烤食品生产用主要原辅料的性能、作用和使用要点。从而让学生在熟知焙烤食品生产用主要原辅料的必备知识基础上达到灵活应用效果。

第一节 面粉及其他粉类原料

一、面粉

小麦是我国主要的粮食作物,由小麦磨制而成的面粉是制作焙烤食品的主要原料。因此面粉的质量直接影响到焙烤食品的质量。另外,面粉还起着黏合剂和吸收剂的作用,故对产品的风味也有一定影响。

1. 面粉的种类和质量标准

(1) 以加工精度分 我国现行的面粉等级标准主要是按加工精度来划分等级的。小麦粉国家标准中将面粉分为特制一等粉、特制二等粉、标准粉和普通粉四等。具体质量指标见表2-1。

表 2-1 我国小麦粉的质量指标 (GB 1355—86)

指标 \ 等级	特制一等粉	特制二等粉	标准粉	普通粉
加工精度	按实物标准样品对照检验粉色、麸量			
灰分(干物质质量分数)/%	≤0.70	≤0.85	≤1.10	≤1.40
粗细度	全部通过CB36号筛,留存在CB42号筛的不超过10.0%	全部通过CB20号筛,留存在CB36号筛的不超过10.0%	全部通过C磁O号筛,留存在CB30号筛的不超过20.0%	全部通过CB20号筛
面筋质含量(以湿面筋计)/%	≥26.0	≥25.0	≥24.0	≥22.0
含砂量/%	≤0.02	≤0.02	≤0.02	≤0.02
磁性金属物含量/(g/kg)	≤0.003	≤0.003	≤0.003	≤0.003
水分/%	13.5±0.5	13.5±0.5	13.0±0.5	13.0±0.5
脂肪酸值(以湿基计)	≤80	≤80	≤80	≤80
气味、口味	正常	正常	正常	正常

(2) 以用途分 按用途划分为工业用面粉和食品专用面粉。工业用面粉一般为标准粉和特级粉,主要用于生产谷朊粉、小麦淀粉、黏结剂、浆料等。食品用面粉可以分成三大类:通用小麦粉(通用粉)、专用小麦粉(专用粉)和配合小麦粉(配合粉)。通用粉的食品加工用途比较广,习惯上所说的等级粉和标准粉就是通用粉;专用粉是按照制造食品的专门需要而加工的面粉,品种有低筋小麦粉、高筋小麦粉、面包粉、饼干粉、糕点粉、面

条粉等；配合粉是以小麦粉为主、根据特殊目的添加其他一些物质而调配的面粉，主要包括营养强化面粉、预混合面粉等。具体质量指标见表2-2。

表2-2 我国部分面粉的种类和等级标准（1）

专用粉名称	等级	水分/%	灰分(干基)/%	粗细度
面包粉	精制级	≤14.5	≤0.60	全部通过CB30号筛，留存在CB36号筛的不超过15.0%
	普通级		≤0.75	
面条粉	精制级	≤14.5	≤0.55	全部通过CB36号筛，留存在CB42号筛的不超过10.0%
	普通级		≤0.70	
馒头粉	精制级	≤14.0	≤0.55	全部通过CB36号筛
	普通级		≤0.70	
饺子粉	精制级	≤14.5	≤0.55	全部通过CB36号筛，留存在CB42号筛的不超过10.0%
	普通级		≤0.70	
酥性饼干粉	精制级	≤14.0	≤0.55	全部通过CB36号筛，留存在CB42号筛的不超过10.0%
	普通级		≤0.70	
发酵饼干粉	精制级	≤14.0	≤0.55	全部通过CB36号筛，留存在CB42号筛的不超过10.0%
	普通级		≤0.70	
蛋糕粉	精制级	≤14.0	≤0.53	全部通过CB42号筛
	普通级		≤0.65	
糕点粉	精制级	≤14.0	≤0.55	全部通过CB36号筛，留存在CB42号筛的不超过10.0%
	普通级		≤0.70	

表2-2 我国部分面粉的种类和等级标准（2）

专用粉名称	等级	湿面筋/%	粉质曲线稳定时间/min	降落数值/s	含砂量/%	磁性金属物含量/(g/kg)	气味、口味
面包粉	精制级	≥33.0	≥10.0	250~350	≤0.02	≤0.003	无气味
	普通级	≥30.0	≥7.0				
面条粉	精制级	≥28.0	≥4.0	≥200	≤0.02	≤0.003	无气味
	普通级	≥26.0	≥3.0				
馒头粉	精制级	25~30	≥3.0	≥250	≤0.02	≤0.003	无气味
	普通级	25~30	≥3.0				
饺子粉	精制级	28~32	≥3.5	≥200	≤0.02	≤0.003	无气味
	普通级	28~32	≥3.5				
酥性饼干粉	精制级	22~26	≥2.5	≥150	≤0.02	≤0.003	无气味
	普通级	22~26	≥2.5				
发酵饼干粉	精制级	24~30	≥3.5	250~350	≤0.02	≤0.003	无气味
	普通级	24~30	≥3.5				
蛋糕粉	精制级	≤22.0	≥1.5	250	≤0.02	≤0.003	无气味
	普通级	≤24.0	≥2.0				
糕点粉	精制级	≤22.0	≥1.5	160	≤0.02	≤0.003	无气味
	普通级	≤24.0	≥2.0				

(3) 以面筋含量分 另根据面粉筋力强弱把面粉分为高筋小麦粉、中筋小麦粉和低筋小麦粉。具体质量指标见表2-3、表2-4。

表 2-3 高筋小麦粉等级指标（GB 8607—88）

等级	1	2
面筋质（以湿基计）/%	≥30.0	
蛋白质（以干基计）/%	≥12.2	
灰分（以干基计）/%	≤0.70	≤0.85
粉色、麸星	按实物标准样品对照检验	
粗细度	全部通过CB36号筛,留存在CB42号筛的不超过10.0%	全部通过CB30号筛,留存在CB36号筛的不超过10.0%
含砂量/%	≤0.02	
磁性金属物含量/(g/kg)	≤0.003	
水分/%	≤14.5	
脂肪酸值（以湿基计）	≤80	
气味、口味	正常	

表 2-4 低筋小麦粉等级指标（GB 8608—88）

等级	1	2
面筋质（以湿基计）/%	≤24.0	
蛋白质（以干基计）/%	≤10.0	
灰分（以干基计）/%	≤0.60	≤0.80
粉色、麸星	按实物标准样品对照检验	
粗细度	全部通过CB36号筛,留存在CB42号筛的不超过10.0%	全部通过CB30号筛,留存在CB36号筛的不超过10.0%
含砂量/%	≤0.02	
磁性金属物含量/(g/kg)	≤0.003	
水分/%	≤14.5	
脂肪酸值（以湿基计）	≤80	
气味、口味	正常	

2. 面粉的成分

面粉的主要化学成分为蛋白质、碳水化合物、脂肪、水分、灰分、酶及少量的矿物质和维生素等，不同等级的面粉，其化学成分也不同，其组成见表2-5。

表 2-5 我国面粉化学成分含量   单位：%

成分	粉名		成分	粉名	
	标准粉	特制粉		标准粉	特制粉
水分	12～14	13～14	钙	31～38	19～24
碳水化合物	73～75.6	75～78.2	磷	184～268	86～101
蛋白质	9.9～12.2	7.2～10.5	铁	4.0～4.6	2.7～3.7
脂肪	1.51～8	0.9～1.3	硫胺素	0.26～0.46	0.06～0.13
粗纤维	0.79	0.06	核黄素	0.06～0.11	0.03～0.07
灰分	0.8～1.4	0.5～0.9	烟酸	2.2～2.5	1.1～1.5

(1) 水分 面粉的国家标准中规定面粉的水分为 (13±0.5)%，这主要是从面粉的加工特性和储藏安全性考虑的。面粉的水分含量过高易引起发热变酸，缩短面粉的保存期限，同时使加工食品收率下降；水分含量过低会导致粉色差、颗粒粗、含麸皮量高，导致制品品质的下降。

(2) 蛋白质 我国面粉中的蛋白质含量，随小麦的品种、粒质、产区和面粉类别而不同，一般含量在 8%～14%，最高的可达 16%。在小麦籽粒中，蛋白质分布越接近中心越少，向外渐增，小麦糊粉层和外皮的蛋白质含量虽然很高，但不含面筋质。

面粉中蛋白质有麦谷蛋白、麦胶蛋白、麦球蛋白、麦清蛋白和酸溶蛋白。各类蛋白质在面粉中所占的比例如表 2-6。麦谷蛋白和麦胶蛋白不溶于水和稀盐溶液，称为不溶性蛋白质。麦球蛋白、麦清蛋白和酸溶蛋白溶于水和稀盐溶液中，属于可溶性蛋白质。

表 2-6 面粉的蛋白质种类及含量

项目 \ 类别	面筋性蛋白质		非面筋性蛋白质		
	麦胶蛋白	麦谷蛋白	球蛋白	清蛋白	酸溶蛋白
含量/%	40～50	40～50	5.0	2.5	2.5
提取方法	70%乙醇	稀酸、稀碱	稀盐溶液	稀盐溶液	水

麦胶蛋白质不溶于水、无水乙醇及其盐类溶液，但能溶于 60%～70%的乙醇溶液，属于醇溶性蛋白，其等电点为 pH6.4～7.1。麦谷蛋白质不溶于水及其他盐类溶液，但能溶于稀酸溶液或稀碱溶液，在加热的乙醇溶液中可以稍稍溶解，但遇热易变性，其等电点为 pH6～8。麦胶蛋白和麦谷蛋白是形成面筋的主要成分，这两种蛋白质约占面粉中蛋白质总量的 80%以上，它们集中分布在小麦胚乳中，故主要用胚乳制成特制粉，其面筋含量高、工艺性能好。麦胶蛋白具有良好的延伸性，但缺乏弹性，麦谷蛋白则富有弹性，但延伸性差。

蛋白质由许多氨基酸缩合而成，呈链状结构，在链的一侧分布着大量的亲水性基团，如羟基（—OH）、氨基（—NH$_2$）和羧基（—COOH）等，另一侧则分布着大量疏水性基团，如烃类（R^1、R^2）等。当蛋白质遇水时，因疏水性基团之间存在疏水键，就使得疏水键侧避开水相，互相黏附，发生收缩作用，藏于蛋白质分子的内部，而亲水的一端就吸水而产生膨胀，这样蛋白质大分子就要弯曲而成为螺旋形的球状体，于是疏水性基团被分布在球体的核心，亲水性基团被分布在球体的外围。

在各种物理或化学的因素影响下，蛋白质特有的空间构型被破坏，导致理化性质发生变化，这一作用称为蛋白质的变性作用。未变性的蛋白质称为"天然蛋白质"，变性后的蛋白质称为"变性蛋白质"。在面制食品中，蛋白质的热变性具有重要意义。变性程度取决于加热温度，温度越高，变性越迅速，越强烈。面粉中蛋白质变性后，失去吸水能力，膨胀力减退，溶解度变小，面团的弹性和延伸性消失，它严重影响着面团的工艺性能。

(3) 碳水化合物 碳水化合物是小麦和面粉中含量最高的化学成分，约占麦粒重的 70%，面粉重的 75%以上，包括淀粉、糊精、纤维素以及各种游离糖和戊聚糖。在制粉过程中，纤维素和戊聚糖的大部分被除去，因此，纯面粉的碳水化合物主要有淀粉、糊精和少量糖。

① 淀粉。淀粉是小麦和面粉中最主要的碳水化合物，约占小麦籽粒重的 57%，面粉重的 67%。淀粉不溶于冷水，但淀粉悬浮液遇热膨胀、糊化，发生凝胶作用，形成胶体。淀粉的分解温度为 260℃，与碘反应呈蓝色。小麦籽粒中的淀粉以淀粉粒的形式存在于胚乳细胞中，淀粉粒外层有一层细胞膜，能保护内部免遭外界物质（如酶、水、酸）的侵

入。如果淀粉的细胞膜完整，酶便无法渗入细胞膜而与膜内的淀粉作用。但在小麦制粉时，由于机械碾压作用，有少量淀粉粒被损伤形成损伤淀粉粒，损伤淀粉粒在酸或酶的作用下，可分解为糊精、高糖、麦芽糖、葡萄糖，在发酵面制品生产中具有重要作用。

② 游离糖。小麦和小麦粉中含有少量游离糖，约占小麦籽粒的 2.5%。在面包生产中，游离糖既是酵母的良好碳源，又是形成面制品色、香、味的重要基质。小麦粉中的游离糖类包括葡萄糖、果糖及蔗糖等。面粉中还含有少量糊精，它是在大小和组成上都介于糖和淀粉之间的碳水化合物。面粉的糊精含量为 0.1%~0.2%，蔗糖为 1.67%~3.67%，还原糖为 0.1%~0.5%。

在面粉的碳水化合物中还有戊聚糖，它是由戊糖、D-木糖和 L-阿拉伯糖组成的多糖。小麦籽粒中含 8%~9% 的戊聚糖，而面粉仅含 2%~3%。面粉中的戊聚糖的 20%~25% 是水溶性的，并能形成相当黏滞的溶液。非水溶性戊聚糖主要位于细胞壁部分，并大多集中在尾粉中，尾粉可使面粉的吸水能力增加，所生产面包水分较高，并减少了干硬的趋势。但当添加的尾粉超过面粉总量 5% 时，面包的体积变小，组织变差。

游离糖在小麦籽粒各部分的分布不均匀。胚部含糖 2.96%，皮层和胚乳外层含量 2.58%，而胚乳中含糖量最低，仅 0.88%。因此，出粉率越高，面粉含糖越高。反之，出粉率越低面粉含糖量越低。

③ 纤维素。纤维素坚韧、难溶、难消化，是与淀粉很相似的一种碳水化合物。它是小麦籽粒细胞壁的主要成分，约为籽粒干物质总重的 2.3%~3.7%。小麦中的纤维素主要集中在麸皮里。麸皮纤维素含量高达 10%~14%，胚乳中的纤维素含量则很少，只有 0.1%。精度较高的面粉纤维素含量约为 0.2%。面粉中麸皮含量过多，不但影响制品的外观和口感，而且不易被人体消化吸收。但面粉中含有一定数量的纤维有利于胃肠的蠕动，能促进对其他营养成分的消化吸收，并有一定的饱腹感。

(4) 脂肪　面粉中含脂肪非常少，通常为 1%~2%，小麦中脂肪主要分布于胚芽及糊粉层中。小麦脂肪是由不饱和程度较高的脂肪酸组成，其碘价为 105~140，因此面粉在储藏过程中及制成饼干后的保存期与脂肪的关系很大。由于此种高度不饱和脂肪酸，极易氧化引起酸败，所以面粉的脂肪含量越低越好。这样，在储藏期中不易产生陈宿味及苦味，酸度不会增加。通过测定面粉中脂肪的酸度和碘价可以鉴别面粉的陈化程度。但面粉所含的微量脂肪在改变面粉筋力方面有着密切关系，面粉在储藏过程中，脂肪受脂肪酶的作用生成的不饱和脂肪酸可使面筋弹性增大，延伸性及流散性变小，结果可使弱面粉变成中等面粉，使中等面粉变为强力面粉。当然，除了不饱和脂肪酸产生的作用外，还与蛋白质分解酶的活化剂——巯基（—SH）化合物被氧化有关。但陈粉比新粉筋力好，胀润值大，这一点似与脂肪酶的变化有关。

(5) 维生素　小麦不含维生素 D，一般缺乏维生素 C，含有少量维生素 A、维生素 E、B 族维生素含量较高。小麦维生素大部分存在于胚芽和麸皮中。因此面粉中维生素含量很少，同时由于面制食品经高温处理，使维生素受到进一步破坏，需适量添加各种维生素作强化剂，以弥补维生素的不足，达到营养平衡。

(6) 矿物质　小麦和面粉中的矿物质是用灰分来测定的。灰分即完全燃烧后的残留物，其绝大部分为矿物质盐类，主要是钙、镁、钠、磷、铁等。面粉中灰分含量的高低是评价面粉品质优劣的指标。灰粉主要存在于小麦糊粉层中，为 1.5%~2.2%，面粉加工精度高，出粉率低，矿物质含量低，灰分就少，反之就高，质量就差。

(7) 酶类　小麦和面粉中重要的酶有淀粉酶、蛋白酶、脂肪酶、植酸酶等。由于淀粉酶和蛋白酶对于面粉的烘焙性能和面包的品质影响最大，因此过去对酶的研究重点集中在这两种酶。近年来，小麦和面粉中的其他酶也已受到关注。

① 淀粉酶。淀粉酶主要有α-淀粉酶和β-淀粉酶。它们能按一定方式水解淀粉分子中一定种类的葡萄糖苷键。由于β-淀粉酶的热稳定性较差，它只能在面团发酵阶段起水解作用。而α-淀粉酶热稳定性较强，不仅在面团发酵阶段起作用，而且在面包入炉烘焙后，仍在继续进行水解作用。淀粉的糊化温度一般为56~60℃，当面包烘焙至淀粉糊化后，α-淀粉酶的水解作用仍在进行，这对提高面包的质量起很大作用。

正常的面粉含有足够的β-淀粉酶，而α-淀粉酶则不足。为了利用α-淀粉酶以改善面包的质量、皮色、风味、结构以及增大面包体积，可在面团中加入一定数量的α-淀粉酶制剂或加入占面粉质量0.2%~0.4%的麦芽粉和含有淀粉酶的糖浆。来保证面团发酵时二氧化碳气体正常产生，使面包内部组织松软、表皮色泽稳定、着色均匀、内部组织黏度适宜，同时有利于面包冷却后切片。

② 蛋白酶。小麦面粉中，含有很少量的蛋白酶。在面团中加入半胱氨酸、谷胱甘肽等碳氢化合物能激活小麦蛋白酶，水解面筋蛋白质，而使面团软化和最终液化。蛋白酶的最适pH值为4.1。出粉率高、精度低的面粉或用发芽小麦磨制的面粉，因含激活剂或较多的蛋白酶，会使面筋软化，降低面粉的加工性能。利用氧化剂可抑制面团中蛋白酶的活性，从而改善面团的加工性能，得到硬度较高的面团。

在使用面筋过强的面粉制作面包时，可加入适量的蛋白酶制剂，以降低面筋的强度，这样有助于面筋完全扩展，并有利于缩短搅拌时间，但蛋白酶制剂的用量必须严格控制，而且仅适合于用快速法生产面包。

③ 脂肪酶。脂肪酶是一种对脂质起水解作用的水解酶，在面粉储藏期间将增加游离脂肪酸的数量，使面粉酸败，从而降低面粉的加工品质。小麦内的脂肪酶活力主要集中在糊粉层，胚乳部分的脂肪酶活力仅占麦粒总脂肪酶活力的5%，因此，精度高的面粉比含糊粉层多的精度低的面粉储藏稳定性高。

面粉中脂肪酶的最适pH值为7.5，最适温度为30~40℃。用低级粉制作的面包，在高温下储藏最易导致酸败变质。

④ 植酸酶。植酸酶可将植酸水解成肌醇和正磷酸盐，从而减少植酸与钙、镁、铁及其他金属形成非溶性复合物，从而对人体吸收营养成分的不利影响。小麦植酸酶的活力大约有1/3集中在胚乳，而植酸约有15%存在于胚乳中，大量植酸主要存在于糊粉层和麸皮多的低级粉中。

3. 面粉的工艺特性

焙烤食品中面粉的作用一是形成产品的组织结构，二是为酵母菌提供发酵所需的能量。而前者起着决定作用的是面筋。

（1）面筋的工艺特性　将面团在水中轻轻揉洗时，可溶部分溶解于水，淀粉和麸皮微粒等呈悬浮态脱离出来，最后剩下的具有一定弹性和延伸性的软胶状物质就是面筋。而面筋面团是面粉加适量水经机械搅拌或手工揉搓后得到的，具有一定弹性和延伸性、柔软而光滑的团块。

面筋可分为湿面筋和干面筋。湿面筋约含水67%、蛋白质26.4%、淀粉3.3%、脂肪2%、灰分1%等。湿面筋烘去水分即为干面筋。面筋中的蛋白质主要是麦胶蛋白和麦谷蛋白，约占干面筋重的80%。

影响面筋形成的主要因素有面团温度、面团放置时间和面粉质量等。温度过低会影响蛋白质吸水形成面筋。因此在冬季气温较低，最好将面粉储存在暖库或提前搬入车间，以便提高粉温，并用温水调制面团，以减少低温的不利影响。而温度过高则会使面筋蛋白质变性，影响面筋的形成。一般情况下，面筋形成的最佳温度为 30～40℃。蛋白质吸水形成面筋需要经过一段时间。因此，面团调制后必须放置一段时间，以利面筋的充分形成。

面筋的工艺性能与面筋的筋力强弱、面筋的数量和质量有关，只有面筋的数量多、质量好，面粉的筋力才强。

面筋之所以具有黏性、弹性和一定的流动性，是由于组成面筋的麦胶蛋白和麦谷蛋白在分子形态、大小和存在状态的不同而引起的。而且与麦清蛋白和麦球蛋白相比，它们在氨基酸组成上还具有某些特点，即它们都含有丰富的谷氨酸（主要以酰胺形式存在，约占氨基酸总数的 1/3）和脯氨酸（约占氨基酸总数的 1/7）；而麦清蛋白和麦球蛋白则富含赖氨酸和精氨酸，这也是含麦清蛋白较多的低等级粉比含麦谷蛋白和麦胶蛋白较多的高等级粉营养价值高的主要原因之一。

通常评定面筋质量和工艺性能的指标有弹性、延伸性、可塑性、韧性和比延伸性。

① 弹性。指湿面筋被压缩或拉伸后恢复原来状态的能力。面筋的弹性也可分为强、中、弱三等。弹性强的面筋，用手指按压后能迅速恢复原状，且不会粘手和留下指纹，用手拉伸时有很大的抵抗力；弹性弱的面筋，用手指按压后不能复原，粘手并留下较深的指纹，用手拉伸时抵抗力很小，下垂时会因本身重力自行断裂；弹性中等的面筋，则其性能介于以上两者之间。

② 延伸性。指湿面筋被拉长至某长度后不断裂的性质。测定面筋延伸性的现代方法是采用拉伸仪，延伸性好的面筋，面粉的品质一般也较好。

③ 可塑性。指湿面筋被压缩或拉伸后不能恢复状态的能力。

④ 韧性。指面筋被拉伸时所表现的抵抗力。一般来说，弹性强的面筋韧性也好。

⑤ 比延伸性。是以面筋每分钟能自动延伸的长度（cm）来表示的。筋力强的面筋每分钟仅自动延伸几厘米，而筋力弱的面筋每分钟可自动延伸高达 100cm。

综合上述性能指标，可将面筋分为 3 类。a. 优良面筋。弹性好，延伸性大或适中。b. 中等面筋。弹性好，延伸性小，或弹性中等，比延伸性小。c. 劣质面筋。弹性小，韧性差，由于本身重力而自然延伸和断裂。完全没有弹性，或冲洗面筋时不黏结而流散。

不同面制食品对面筋的工艺要求也不同。制作面包要求弹性和延伸性都好的面粉，制作糕点、饼干则要求弹性、韧性、延伸性都不高，但可塑性要良好的面粉。如果面粉的工艺性能不符合面制食品的要求，则需添加面粉改良剂或用其他工艺措施改善面粉的性能，使其符合制品的操作要求。

面筋的弹性、韧性、延伸性是面粉品质的重要指标。目前国际上都通用粉质仪、拉伸仪进行综合测定，评价面筋的上述性质。

（2）面粉粗细度的工艺特性　颗粒粗的面粉在饼干生产调制面团时与水接触面积较小，水分的渗透速度也较低，面筋膨润缓慢，胶体结合水的比例不高，附着在蛋白质分子表面的附着水和充塞在分子间的游离水较多，但在面团辊轧及成型过程中，其附着水和游离水继续渗透，面筋持续胀润（后胀）就会使面团变得干燥发硬，造成面团发黏，弹性降低，难以成型。但对面包生产的关系不如饼干那样直接密切。

（3）面粉温度的工艺特性　温度对蛋白质的吸水关系甚大。在调制酥性面团的面粉温度以 15～18℃ 为宜。夏天若面粉的温度过高，会使酥性面团中面筋形成量加大，从而失去可塑性，弹性增大，造成韧缩，使产品变形、花纹不清、质地僵硬；对高油脂面团的油脂流散度增大，造成面团表面走油。面带在成型机上极易断裂，甚至无法操作。冬天如果使用温度太低的面粉，会使面团黏性显著增大，生产时易粘辊筒、帆布、印模等。面团温度控制不好，会影响酵母发酵和面团组织膨松。温度过高，易产酸、裂口、塌架；温度过低,面包容重大,不松软。

二、其他粉类

(一) 米粉的组分和质量标准

1. 成分及营养价值

稻米有粳米、籼米和糯米之分,由稻米磨成的粉称为米粉。按其加工方式不同,可分为干磨粉、湿磨粉和水磨粉。

① 干磨粉。是各种米不加水磨成的粉。因无水磨制,故粉质较粗,但其含水量少,便于保存,不易变质。

② 湿磨粉。是经水洗、泡胀后的米粒磨制而成,由于其含水量较多,较难保存。但粉质较细,产品吃口较糯,可做年糕、蜂糕等。

③ 水磨粉。用糯米或掺入10%~20%粳米,经水洗泡胀后连水一起磨成米浆,装入布袋,控去水分而成的。其粉质细腻,制品口感滑爽,可做水磨年糕、汤团或其他糕团,但其含水量多,不易保存。

大米的营养成分因品种、等级、储藏时间和储藏条件的不同而有所不同。各种营养成分在籽粒内部的分布也很不平衡。

① 蛋白质。大米平均含蛋白质7%~8%。大米中蛋白质含量虽不多,但主要是米谷蛋白,其氨基酸组成比较完全,为谷类中最优蛋白质,赖氨酸含量约占总蛋白的3.5%。可消化率和可吸收率都高。通常籼米的米粉蛋白质含量高于粳米粉。

② 脂肪。大米中脂肪含量一般在2%左右,大部分集中在米胚和皮层中。糙米碾白时,胚和糠层大都被碾去,所以精米中脂肪含量极少,而米糠中脂肪含量较高。在米粉中就更少了。

③ 碳水化合物。碳水化合物是大米中最主要的化学成分,其中绝大多数是淀粉(占碳水化合物的90%左右),淀粉在大米中约含70%,且多集中于大米的胚乳细胞中。还有一些可溶性糖。大米因品种不同,其所含淀粉的种类也不相同,按其分子结构和化学性质的不同,可分为直链淀粉和支链淀粉两种。籼米粉中支链淀粉含量较少,而粳米粉中含量较多,糯米粉中淀粉几乎全部是支链淀粉。

a. 直链淀粉。其葡萄糖单体是由 α-1,4糖苷键相连接成为螺旋状的条状排列。由于其分子间结合力较强,因此直链淀粉在热水中较难形成黏稠的胶体溶液。冷却静置后,淀粉分子会重新组成混合微晶束,使淀粉糊老化回生,它具有一定的抗拉力和保形性。

b. 支链淀粉。是在 α-1,4糖苷键主链上每6~8个葡萄糖单体上出现一个由20~30个葡萄糖单体所组成的分支,呈团状排列,在热水中亲水性强,加热容易糊化膨胀,溶解成黏糊,冷却后不会产生明显的晶体沉淀析出,不易回生,具有较高的黏结力。

c. 淀粉的糊化和回生。淀粉的糊化和回生也称之为淀粉的凝胶变化。糊化了的淀粉称为 α-淀粉,经过回生的淀粉称为 β-淀粉。β-淀粉要再糊化或再复水就很困难。淀粉的这一性质在制作米面制品工艺上极为重要。如果要求制品能迅速复水食用,就应防止淀粉的 β 化,如果要求制品有较强的韧性,不易断条,使它具有较强的抗拉程度,便应有效地促使淀粉适当地 β 化。米粉条与面条的生产情况不同,面条的抗拉程度是主要依靠小麦粉中的面筋支撑着,米粉条因大米蛋白质不会形成面筋,所以它必须依靠大米淀粉的 β 化来完成。

d. 影响淀粉 β 化的因素。温度在2~3℃最易 β 化,而在60℃以上不易发生 β 化;淀粉中的水分在30%~60%时易于发生 β 化,含水量小于10%或大于60%便不易发生 β 化;直链淀粉容易 β 化,而支链淀粉不易 β 化。这是由于直链淀粉分子比较规整,容易相互靠拢,重新排列,而支链淀粉分子呈树状,有空间障碍,不易相互靠拢。同时,在直链淀粉中，分子量大小适中的较容易β化，分子量大其链条长，有空间障碍，不易取向，分子量小则链短，在溶液中易扩散，也不易取向。

大米粉淀粉中直链淀粉与支链淀粉的比例随大米品种而异，见表2-7。

表2-7 大米粉中直链淀粉、支链淀粉含量及支链淀粉与直链淀粉的比例

品 种	大米粉中直链淀粉含量/%	大米粉淀粉中直链淀粉含量/%	大米粉淀粉中支链淀粉含量/%	支链淀粉/直链淀粉
杂交早籼	22.0	29.3	70.7	2.41
晚籼	17.1	22.8	77.2	3.39
早粳	15.3	20.2	79.8	3.95
晚粳	11.9	15.8	84.2	5.33
糯米	4.0	5.4	94.6	17.52

④ 矿物质。矿物质是构成人体骨、齿、血和肌肉不可缺少的成分。稻谷中矿物质大都集中在稻壳（占18%左右）、糠层和胚（各占9%左右）中。胚乳中很少（约为0.5%），胚乳中主要的矿物质是磷，此外，还有少量的钙和铁。而大米粉中的矿物质的含量较少。

⑤ 维生素。稻谷籽粒含有少量人体不可缺少的维生素 B_1 和维生素 B_2。

⑥ 水分。一般大米粉的水分在13%左右。水分过低，颗粒较大；水分过高，影响成品质量，同时对储藏也不利。

不同的大米粉有着不同的质量标准。如水磨糯米粉的质量标准见表2-8。

表2-8 水磨糯米粉的质量标准

	项 目	指 标		项 目	指 标
感官指标	色泽	洁白	理化指标	水分	11.5%~14.5%
	气味	无异味		脂肪酸值	<80
	口感（熟制品）	嫩滑、细粒、柔软		粗细度	80~120目/2.54cm
卫生指标	磷化物（以 pH_3 计）/(mg/kg)	≤0.05		灰分（以干物质计）	<0.65%
	黄曲霉素/(μg/kg)	≤10		含砂量	<0.02%

2. 工艺特性

因米的种类不同，磨制成米粉的工艺特性也不同，如糯米黏性大、硬度低，由糯米粉制成的产品黏糯，煮熟后易坍塌；而籼米硬而黏性小，用籼米粉制成的产品虽硬实，但口感较差。为了提高产品质量便于制作各种软硬适中的产品，可将几种粉料掺和应用。至于掺和的比例和粉的种类可按制作产品的品种要求而定，一般有如下比例。

① 糯米粉与硬米粉按比例掺和。两种粉的比例为6:4或8:2，其制品可做汤团、松糕等。

② 米粉与面粉掺和。如糯米粉和面粉掺和，可制作油糕、苏式麻球等。

③ 糯米粉、粳米粉和面粉掺和。粉质糯实，可做各种糕类。

④ 将各种米按成品要求的比例先混合在一起后再磨制成粉料。

（二）玉米粉

玉米是世界上种植最广的禾本科作物，玉米总产量仅次于小麦而居第二位。我国玉米总产量仅次于稻谷和小麦而名列第三，是我国东北、西北、西南山区人民的主要粮食之一。在食品工业中，玉米主要作为淀粉及其深加工的原料。

1. 成分及营养价值

玉米有很多类型，如马齿型、半马齿型、硬粒型、甜质型、糯质型、爆裂型、高直链

淀粉型、高赖氨酸型和高油型等。玉米中的各种化学成分的含量随品种和成长条件而不同。

(1) 碳水化合物　碳水化合物包括淀粉、糖和纤维素。淀粉和糖主要集中在胚乳中，所以胚乳是制糁、制粉的主要成分；纤维素是皮的基本组成部分，因此皮在玉米加工中作为副产品。

(2) 蛋白质　玉米含蛋白质为6.5%～13.2%，仅次于小麦和小米。但是，玉米所含蛋白质缺少小麦中所含的麦谷蛋白和麦胶蛋白质，所以玉米粉中没有面筋质，其烘焙性质差。

(3) 脂肪　玉米中脂肪的含量一般为3.6%～6.5%，超过其他谷物的脂肪含量。这些脂肪绝大部分分布在胚芽中，胚芽中的脂肪含量高达34%～47%，而且脂肪中含有44.8%～45.1%的不饱和脂肪酸，平均消化率为95.8%。

(4) 灰分　我国玉米的灰分一般为1.04%～2.07%。玉米胚和皮所含灰分要比胚乳高许多倍，如在玉米加工中脱皮、提胚将有利于提高玉米糁、玉米粉的质量。

(5) 维生素　玉米中含有很多维生素。特别是玉米胚芽中含有大量的天然维生素E，具有延缓人体衰老的作用；还含有维生素A，可以维持人体视网膜的功能，起到保护视力的作用，故营养价值很高。

对几种主要粮食营养成分的分析：玉米籽粒的蛋白质含量高于大米，略低于面粉，维生素A的含量高于稻米和小麦。此外，玉米籽粒中的烟酸、抗坏血酸、维生素B等的含量及单位质量籽粒的发热量都比较高。如每百克玉米中含热量1600kJ，在主要粮食作物中仅次于燕麦而高于小麦粉、大米、大麦、高粱、荞麦。玉米籽粒中所含的蛋白质虽属于不完全蛋白质，但营养价值仅次于大米，而比小麦、大麦、小米及高粱都高。黄色玉米中还含有其他禾谷类和豆类粮食所没有的胡萝卜素。

2. 工艺特性

吉林师飚新食品技术研究所把玉米经过生物发酵和酶化特殊处理的加工，制出了玉米特强面粉。用玉米特强面粉可包玉米水饺：取一定量的面粉，每千克玉米特强粉加0.6kg水，（凉水、温水效果一样）和面，经过反复揉面，面团越来越细腻、擀皮、包馅和加工小麦面粉水饺的方法相同，煮出的玉米水饺为金黄色，味道清香，口感绵软、滑溜、筋道，特别爽口。

每千克玉米特强面粉加0.4kg的水，就可以用压面机压片切面（或手擀面）这种玉米手擀面口感滑爽，有咬劲，明显超出小麦面粉手擀面。

在玉米特强粉的基础上，制出的玉米面包，其口感不次于白面面包，其玉米味浓香。

用玉米特强粉还可像小麦面粉一样加工油炸玉米方便面、玉米挂面，加工时只要把其生产线前部对辊间距离缩短就可，其余设备可以原样不动就可生产玉米油炸方便面及玉米挂面。

用玉米特强面粉还可以加工下列玉米食品：玉米面蒸饺、玉米面馄饨、玉米面蒸包（发面也可）、玉米面馅饼、玉米面猫耳面、玉米面窝头、玉米面冷面、玉米面米线、玉米面饼干、玉米面月饼、玉米面蛋糕等。总之，用小麦面粉能加工的食品，用玉米特强粉均能加工出来，并且口感都等于或超过对应的小麦面粉食品。

(三) 荞麦粉

荞麦属蓼科荞麦族，分甜荞和苦荞两种，将其磨成粉就叫荞麦粉。在我国主要分布于西南山区和陕西，广泛用作粮食、饲料。近年来，荞麦粉的营养与保健价值越来越受到重视；荞麦粉含有优质蛋白质、脂肪，还含有丰富的膳食纤维、维生素、矿物元素。此外，还含有药用价值很高的生物类黄酮。临床观察和动物实验及研究结果表明：荞麦粉确有很好的降糖、降脂、活血化瘀、提高人体免疫功能的作用。

荞麦粉营养成分全面，富含蛋白质、淀粉、脂肪、粗纤维、维生素、矿物元素等，与其他的大宗粮食作物相比，具有许多独特的优势（表2-9）。

表 2-9 荞麦与小麦、大米、玉米营养成分比较

项目	甜荞种子	苦荞种子	小麦	大米	玉米
粗蛋白/%	6.5	10.5	9.9	7.8	8.5
粗脂肪/%	1.37	2.15	1.8	1.3	4.3
淀粉/%	65.9	73.1	74.6	76.6	72.2
粗纤维/%	1.01	1.62	0.6	0.4	1.3
维生素 B_1/(mg/100g)	0.08	0.18	0.46	0.11	0.31
维生素 B_2/(mg/100g)	0.12	0.50	0.06	0.02	0.10
维生素 P/%	0.095～0.21	3.03	0	0	0
维生素 PP/(mg/100g)	0.3864	0.5431	0.487	0.343	0.395
叶绿素/(mg/100g)	1.304	0.42	0	0	0
钾/%	0.29	0.40	0.195	1.72	0.27
钠/%	0.032	0.033	0.0018	0.0017	0.0023
钙/%	0.038	0.016	0.038	0.009	0.022
镁/%	0.14	0.22	0.051	0.063	0.060
铁/%	0.014	0.086	0.0042	0.024	0.0016
铜/(mg/kg)	4.0	4.59	4.0	2.2	—
锰/(mg/kg)	10.3	11.7	—	—	—
锌/(mg/kg)	17	18.5	22.8	17.2	—

荞麦种子的蛋白质、脂肪高于大米和小麦，蛋白质也高于玉米；维生素 B_2 高于其他粮食的 4～24 倍，且含有其他禾谷类粮食所没有的叶绿素、芦丁（维生素 P）。与甜荞相比，苦荞中芦丁与维生素 B_2 的含量均高出很多倍。

荞麦含 19 种氨基酸，富含赖氨酸和色氨酸。苦荞的氨基酸含量更高，其中 8 种人体必需氨基酸含量都高于小麦、大米和玉米，赖氨酸是玉米的 3 倍，色氨酸是玉米的 35 倍；甜荞的赖氨酸含量是玉米的 1 倍，色氨酸 20 倍左右。此外，荞麦中含量较高的组氨酸和精氨酸对于婴儿和儿童的健康成长是必需的。

（四）燕麦粉

1. 成分及营养价值

燕麦在我国又称莜麦、玉麦、铃铛麦。主要分布在内蒙古、山西、河北三省区的高寒地带，一般将燕麦分为燕麦精制级和普通级二类。

燕麦籽粒营养成分极为丰富，每百克裸燕麦粉中含蛋白质 15.6g，比普通小麦粉高 65.8%，比玉米高 75.3%。脂肪含量 8.8g，居谷类作物首位。裸燕麦油脂中的亚油酸含量占脂肪含量的 38.1%～52.0%。人体必需的 8 种氨基酸不仅含量高而且配比平衡，如赖氨酸含量是小麦、稻米的 2 倍以上，色氨酸含量是小麦、稻米的 1.7 倍以上。此外，燕麦籽粒中含有较丰富的维生素 B 族、叶酸、泛酸和少量的维生素 E、钙、磷、铁、核黄素以及禾谷类作物中独有的皂苷。

现代科学研究表明，燕麦具有多种生理功能，如调节血脂、减肥、延缓衰老、调节血糖、改善肠胃功能等。燕麦中的亚油酸是人类最重要的必需脂肪酸，不仅用来维持人体正常的新陈代谢，而且是合成前列腺素的必要成分。此外，燕麦含有的微量皂苷素与植物纤维结合，可以吸收胆汁酸，十分有益于身体健康。

2. 工艺特性

燕麦经加工磨制成的燕麦粉富含蛋白质，但蛋白质中缺少麦胶蛋白和麦谷蛋白，洗不出面筋，燕麦粉虽然不能用于制作面包和馒头，也不能用来制作水饺、水煮面条，但燕麦仁可以压制成食用方便的燕麦片。燕麦片是专供航空人员、婴幼儿和病人食用的营养食品。另外，制作点心和饼干时在小麦粉中掺入适量燕麦粉也可以提高产品的品质和强化产品的营养。

中国西北地区群众用燕麦粉可以做出十几种花色品种的食品，如猫耳朵、燕麦卷等，但在加工和制作过程中必须经过"三熟"：即在磨粉前要把原粮炒熟；制作食品时要先用沸水把燕麦粉烫熟；然后再放入笼屉中蒸熟。否则，食后不仅不易消化吸收，甚至会引起腹泻和腹痛。

国外一些食品专家对燕麦的食用方法也很重视。如美国生产的膨化燕麦粉，食用时只需短时间烹煮或用沸水冲泡即可。

第二节　糖及糖浆

糖是焙烤食品的主要原料，糖除了使焙烤食品具有甜味外，还对面团的物理化学性质有影响。焙烤食品中常用的糖有蔗糖、饴糖、淀粉糖浆等。

一、糖与糖浆的种类、成分及质量标准

1. 蔗糖

蔗糖是焙烤食品中广泛使用的甜味剂，国内主要有白砂糖、绵白糖和赤砂糖。

（1）白砂糖　白砂糖含有99%以上蔗糖的晶体，白色透明，是由原糖脱色后重新结晶而成。白砂糖溶解度大，其水溶液经酸或酶水解成转化糖，其甜度是砂糖的1.3倍。白砂糖吸水性和持水性强。适用于需挂浆的糕点。白砂糖的等级指标见表2-10。

表 2-10　白砂糖的等级指标

项　目	等　级		
	优级	一级	二级
蔗糖含量/%	≥99.75	≥99.65	≥99.45
还原糖含量/%	≤0.08	≤0.15	≤0.17
灰分/%	≤0.08	≤0.10	≤0.15
水分/%	≤0.05	≤0.07	≤0.12
色值/IU	≤80	≤170	≤260
水不溶物含量/(mg/kg)	≤40	≤60	≤90

在食品生产中，对白砂糖的品质要求是晶粒整齐、颜色洁白、干燥、无杂质、无异味。

（2）绵白糖　又称白糖，颜色洁白，具有光泽，甜度较高，蔗糖的含量在97%以上。容易溶解，因此吸湿性比白砂糖高。一般加工面包，饼干时可直接应用。

2. 饴糖

饴糖是糊精和葡萄糖等的混合物，有较强的吸湿性，其组成成分见表2-11。一般在制作糕点时可保持糕点的柔软性，有改进产品的光泽和增加产品滋润性和弹性的作用。

饴糖的甜度是砂糖甜度的1/4。其熔点较低，在102～103℃，对热不稳定，高温下发生聚合反应，因此饴糖常作为焙烤食品的着色剂。因饴糖中含有大量的糊精，故其黏度极高，过量使用易造成粘辊、粘模现象，且成型困难，因此不宜多用。

饴糖在气温较高的夏季易变质，因此需储放在阴凉通风干燥之处或冷库保存，以防止变质。

表 2-11 饴糖的组成成分

组成成分	糯米饴糖	粳米饴糖	组成成分	糯米饴糖	粳米饴糖
麦芽糖/%	53.7	62.4	淀粉/%	微量	3.8
糊精/%	22.5	13.3	蛋白质/%	1.2	2.4
水分/%	21.8	16.8	酸度	0.13	0.45
灰分/%	0.28	0.53			

3. 转化糖浆

转化糖浆是葡萄糖和果糖的等量混合物，它是由蔗糖与酸共热或在酶的催化作用下水解而成的。其水溶液称为转化糖浆，因具有还原作用，故也称为还原糖。它甜度大，不易结晶。

转化糖浆不能长期储存，需随用随配。转化糖浆可用于制作月饼等软皮糕点中，部分用于面包和饼干中，也可用作糕点和面包的馅料。

4. 果葡糖浆

果葡糖浆也是果糖和葡萄糖的混合物。它是由淀粉经酶法水解成葡萄糖，在异构酶作用下，部分形成果糖的糖浆，甜度较高。一般在面包中可代替蔗糖，特别是在低糖面包中使用时更有效，但使用量不能过多。其组分见表 2-12。

表 2-12 果葡糖浆的组分

种类	F42果葡糖浆	F55高果糖浆	F90纯果糖浆
浓度(干物质含量)/%	71	77	80
灰分(干基计)/%	0.05	0.03	0.03
糖分组成(干基计)/%			
果糖	42	55	90
葡萄糖	53	41	7
低聚糖	5	4	3

5. 淀粉糖浆

淀粉糖浆是用淀粉经酸（淀粉酶）水解而成。主要由葡萄糖、糊精、多糖类及少部分麦芽糖所组成。淀粉糖浆是一种黏稠浆状物，味甜温和，极易被人体直接吸收，甜度相当于蔗糖的 60%。浓度随浓缩程度不同而异，一般为 36~45°Bé。由于降解程度的不同其性质也不相同。淀粉糖浆的性质见表 2-13。

表 2-13 淀粉糖浆的性质

性质 \ 种类	低DE[①]糖浆	中DE糖浆	高DE糖浆
甜度	微弱	50	80
溶解性	易溶	易溶	易溶
结晶性	不结晶	不结晶	结晶
吸湿性	低	低	略高
渗透压	低	中	高
黏度	高	中	低
冰点降低	少	中	多
热稳定性	好	好	差
发酵性	低	中	高
抗氧化性	好	好	好

① DE 值或称葡萄糖值，表示糖浆中葡萄糖和麦芽糖之和占糖浆干固物百分比。

6. 蜂蜜

蜂蜜的主要成分是转化糖。其含量约为果糖37%、葡萄糖36%、水分18%、蔗糖2%。此外，还含有少量蛋白质、糊精、果胶、酶、蜂蜡、有机酸、矿物质、多种维生素及微量芳香物质。因此，其营养价值很高，并能赋予产品独特的风味，目前多用于某些糕点。

7. 糖粉

糖粉系指结晶性蔗糖经低温干燥粉碎后而成的白色粉末，味甜，露置空气中易受潮结块。糖粉的颗粒非常细，同时有3%～10%的淀粉填充物（一般为玉米淀粉），作为防潮及防止糖粒纠结的作用。除了作为成品的甜味来源，还可作为奶油霜饰或撒于成品上作为装饰用。成品若需久置，则必须选用具有防潮性的糖粉，以免吸湿。糖粉的优点在于黏合力强，可用来增加制品的硬度，并使制品的表面光滑美观，其缺点在于吸湿性较强。

二、糖及糖浆在焙烤工艺中的作用

1. 糖对面团结构的影响

面粉中面筋性蛋白质可大量吸水胀润，是依靠胶粒内部的小分子可溶物溶于扩散进来的水中，形成高浓度的溶液所造成的渗透压力，使水分子大量渗透到蛋白质分子中，从而引起面筋蛋白的吸水量大增，面筋大量形成，面团弹性增强，黏度相应降低。但如果面团调制时加入糖浆，由于糖的吸湿性，它不仅吸收蛋白质胶粒之间的游离水，同时会造成胶粒外部浓度增加，减少了使面筋性蛋白质大量吸水的渗透压，抑制了蛋白质的大量吸水，从而降低了蛋白质胶粒的胀润度，造成面团调制过程中面筋形成程度降低，弹性减弱，因此，糖在面团调制过程中起"反水化"作用。大约每增加1%糖量，会使面粉吸水率降低约0.6%。糖对面粉的反水化作用，双糖比单糖的作用大，因此加砂糖糖浆比加入等量的淀粉糖浆的作用来得强烈。此外砂糖糖浆比糖粉的作用大，因为糖粉虽然在调粉时亦逐渐吸水溶化。但此过程甚为缓慢和不完全，因而低糖饼干用糖量少，常以使用砂糖糖浆为主，高档品种以糖粉为主，此固然是因高档品种用糖量高，吸水量少，无法使用砂糖糖浆，另一方面亦由于不需要依靠糖的不同用法来调节面团的胀润度，因为它本身糖油配比高，足以在面团调制过程中阻止多量面筋的形成，使面团具有良好的可塑性。

2. 糖对制品色泽的影响

（1）焦糖化反应　焦糖化反应说明糖对热的敏感性。糖类在加热到其熔点温度时，分子与分子之间互相结合成多分子的聚合物，并焦化成黑褐色的色素物质——焦糖。因此，把焦糖化控制在一定程度内，可使制品产生令人悦目的色泽与风味。

不同的糖对热的敏感性不同。果糖的熔点为95℃，麦芽糖为102～103℃，葡萄糖为146℃，这3种糖对热非常敏感，易成焦糖。因此，含有大量3种成分的饴糖、转化糖浆、果葡糖浆、中性的淀粉糖浆、蜂蜜等是良好的着色物质，在加热时着色最快。蔗糖的熔点为183～186℃，对热的敏感性较低，加热时着色慢，但蔗糖极易被水解成葡萄糖和果糖，从而提高了焦糖化作用，使制品着色。

糖的焦糖化作用还与pH值有关，溶液的pH值低，糖的热敏感性就低，着色作用差；反之pH值升高则热敏感性增强，如pH值为8时其速度比pH值为9时快10倍。因此，有些pH值极低的转化糖浆、淀粉糖浆在用于制品前，最好先调成中性，才有利于糖的着色反应。

（2）褐色反应　褐色反应亦称美拉德反应。是指氨基化合物（如蛋白质、多肽、氨基酸及胺类）的自由氨基与羰基化合物（如酮、醛、还原糖等）的羰基之间发生的羰-氨反应。其最终产物是类黑色素的褐色物质，故称褐色反应。褐色反应是使制品表皮着色的另一个重要途径，同时在褐色反应中除了产生色素物质外，还产生一些挥发性物质，形成制品特有的烘焙香味。这些成分主要是乙醇、丙酮醛、丙酮酸、乙酸、琥珀酸、琥珀酸乙酯等。

影响褐色反应的因素有温度、糖的种类、数量、pH值等。还原糖（葡萄糖、果糖）含量越多，褐色反应越强烈，故中性的淀粉糖浆、转化糖浆、蜂蜜极易发生褐色反应。蔗糖因无还原性，不与蛋白质作用，故不起褐色反应。但蔗糖被水解成葡萄糖和果糖后，则可良好进行褐色反应。

3. 糖对面团发酵的影响

糖是酵母生长繁殖进行面团发酵的主要能量来源，加入一定量糖可促进发酵，特别是加入含有葡萄糖等单糖材料时，作用更明显。但是加糖量也不易过多，过多易形成高渗透压，抑制酵母的生长繁殖，延缓面团的发酵。

4. 糖对制品储存的影响

糖的高渗透压作用，能抑制微生物的生长和繁殖，增进制品的防腐能力、延长储存期。同时，糖是一种天然的抗氧化剂，能延缓油脂的氧化作用，也使其保存期延长。此外，糖类参加的美拉德反应会产生一些还原性物质，这些物质都能起到抗氧化作用，进一步延长了制品的储存期。

第三节 食用油脂

油脂是面制食品的主要原料之一，在制品加工中使用量较大，有的制品（如糕点）使用量可高达50%～60%。它为制品增加了风味，改善了制品的结构、外形和色泽，提高了制品的营养价值。

一、食用油脂的种类、成分及质量标准

1. 动物油脂

面制食品中最常用的动物油主要有猪油、奶油、人造奶油，而牛脂、羊脂则很少使用。

（1）猪油　猪油中饱和脂肪酸比例较高，常温下呈固态，可塑性、起酥性较好，色泽良好、口味较佳。

猪油又分为熟猪油和板丁油。熟猪油是由板油、网油及肉油熔炼而成的。在常温下为白色固体，多用于酥类糕点及猪油年糕中；板丁油是由板油制成的，多用在苏式和宁式糕饼馅中。

猪油的脂肪酸成分为：24%～32.2%的软脂酸，7.3%～15%的硬脂酸，60%以下的油酸，此外还含有不同数量的亚油酸。食用猪油标准见表2-14。

表2-14　食用猪油标准（GB 8937—88）

项目	状态	一级	二级
性状及色泽	在15～20℃凝固态时	白色、有光泽、细腻、呈软膏状	白色或微黄色、稍有光泽、细腻、呈软膏状
	融化态时	微黄色、澄清透明、不允许有沉淀物	微黄色、澄清透明
气味和滋味	在15～20℃凝固态时	具有固有香味和滋味	
	融化态时	具有固有香味和滋味	
水分		≤0.2	≤0.3
酸价		≤1.0	≤1.5
过氧化值/%		≤0.1	
折光率(40℃)		1.458～1.462	
食品添加剂		按GB 2760—81的规定	

（2）牛脂、羊脂　牛脂、羊脂都有特殊的气味，需经熔炼脱臭以后才应用，为白色或淡黄色的固体。在糕点中起酥性能良好，故多用于酥类糕点。牛骨髓油多用在油炒面，具有独特醇厚脂香，牛羊脂熔点较高，便于糕点工艺中的操作，但不利于人体吸收。

（3）奶油　奶油又名乳脂、白脱油、黄油等，是从哺乳动物的乳中分离得到的。一般所说的奶油即指牛乳的乳脂，是从牛乳中分离得到的。牛乳经离心分离后得脂肪含量约40%的稀奶油，稀奶油再经中和、杀菌、冷却、物理成熟、搅拌、压炼等工序，制成脂肪含量80%以上的奶油，其组织稠密均匀，断面有光泽，并带有针尖般小水点。奶油有加盐的和不加盐的两大类，它是一种很好的乳化剂。

奶油的脂肪酸组成中，10%为挥发性脂肪酸，90%为不挥发性脂肪酸，其中主要的脂肪酸有：丁酸3%～3.5%，肉豆蔻酸9%～10%，棕榈酸24%～26%，硬脂酸10%～11%，油酸31%～34%，亚油酸3%～4%。奶油的特有乳脂香味来源于丁酸及其他水溶性挥发性脂肪酸所构成的脂肪。因此，奶油作为制品的成分，可使制品获得需要的奶香味。奶油中含有较多的饱和脂肪酸甘油酯。奶油的熔点为28～30℃，凝固态为15～25℃。因此在常温下，奶油为固态，其硬度给制品带来一定的应力，可使制品形态好，不易变形。

奶油中含有丰富的蛋白质和卵磷脂，因此奶油的亲水性、乳化性较强，用奶油制造的制品组织结构细腻、均匀。

但是，奶油中还含有一定量的不饱和脂肪酸，极易发生氧化酸败，带来令人不愉快的异味。另外，奶油中含有较高的水分（12%以上）和部分非脂肪物质，易为细菌所腐败。因此，奶油的储存温度应低于-15℃。奶油的物理性质较软，不够爽利，因此制品中使用奶油的同时可添加植物氢化油。奶油的质量标准见表2-15。

表 2-15　奶油的质量标准

名　称	标　准	名　称	标　准
色泽	呈淡黄色,有光泽	酸价	0.4～3.5
滋味	具有纯净的奶油特有的香味,不得有异味	皂化价	219.7～232.6
组织	组织紧实,水分布均匀,外表不得有凹陷和霉斑,中间层没有较多的空隙或大水珠	水分/%	<16
		脂肪含量/%	>82
相对密度	0.936～0.944	酸度/%	<20
熔点/℃	28～30	细菌数/个	<5万
凝固点/℃	15～25	致病菌	不得检出
碘价	25～47	大肠菌/(个/100g)	<30

2. 植物油

面制食品中常用的植物油主要有花生油、棕榈油、芝麻油、大豆油、菜籽油、椰子油等。

（1）大豆油　大豆原产我国，栽培普遍，大量生产，其含有16%～22%的油脂，经处理提取的大豆风味纯，质量好。大豆脂肪中的脂肪酸组成是：软脂酸2.4%～6.8%，硬脂酸4.4%～7.3%，花生酸0.4%～1.0%，油酸32%～35.6%，亚油酸51.7%～57%，亚麻酸2%～10%。其中被认为是必需脂肪酸的亚油酸含量高达一半以上。大豆油质量标准见表2-16。

表 2-16　大豆油质量标准

指标　　等级　　项目	一级	二级
色泽(罗维朋比色计 25.4mm 槽) ≤	Y70 R4	Y70 R6
气味、滋味	具有大豆油固有的气味和滋味	具有大豆油固有的气味和滋味
酸价(以 KOH 计)/(mg/g) ≤	1.0	4.0
水分及挥发物/% ≤	0.10	0.20
杂质/% ≤	0.10	0.20
加热试验(280℃)	油色不得变深,无析出物	油色允许变深,不得变黑,允许有微量析出物
含皂量/% ≤	0.03	—

（2）花生油　花生油是从花生中提取的,带有花生香气,花生油中含有饱和脂肪酸 13%～22%,油酸 51%～81%,亚油酸 7%～26%,在我国北方,春、夏、秋季花生油为液态,冬季则成为白色半固体状态。温度愈低,凝固的愈坚固。它是人造奶油的最好原料。花生油质量标准见表 2-17。

表 2-17　花生油质量标准

指标　　等级　　项目	一级	二级
色泽(罗维朋比色计 25.4mm 槽) ≤	Y25 R2	Y25 R4
气味、滋味	具有花生油固有的气味和滋味	具有花生油固有的气味和滋味
酸价(以 KOH 计)/(mg/g) ≤	1.0	4.0
水分及挥发物/% ≤	0.10	0.20
杂质/% ≤	0.10	0.20
加热试验/280℃	油色不得变深,无析出物	油色允许变深,不得变黑,允许有微量析出物
含皂量/% ≤	0.03	—

（3）棕榈油　棕榈油是棕榈籽经提取、精炼、加工制成的,有低、中、高不同的熔点等级,是世界最高产、使用最广泛的油脂。主要作为食品工业的原料油和加工油。它是一种半固态的油脂,饱和脂肪酸含量在 50% 以上,不饱和脂肪酸在 45% 左右。棕榈油的最突出特点是发烟点高,稳定性好,不易氧化,利于制品长期储存。食用棕榈油标准见表 2-18。

表 2-18　食用棕榈油标准（1991 年 12 月 1 日执行）

项目	指标	项目	指标
相对密度(d,20℃,4℃)	0.891～0.899	皂化价(以 KOH 计)/(mg/g)	190～209
折射率(n,4℃)	1.449～1.455	碘价/(g/100g)	50～55

（4）芝麻油　芝麻油具有特殊的香气,俗称香油。其中小磨香油香气醇厚,品质最佳;芝麻油中含有芝麻酚,使其带有特殊的香气,并具有抗氧化作用,因此比其他植物油不易酸败。多用于高档糕点的馅料中和作为一些制品的增香剂。芝麻香油等级指标见表 2-19。

（5）菜籽油　我国已有"双低"油菜籽品种,即芥酸含量低于 5%、硫苷含量低于 2mg/g。其含油为 35%～42%,是一种高油分油料,脂肪酸组成的特点是油酸为 15.79%、亚油酸为 14.57%。菜籽油质量标准见表 2-20。

表 2-19　芝麻香油等级指标

指标\项目		等级 一级	二级
感观指标	气味、滋味	具有浓郁的芝麻油香味、无异味	具有浓郁的芝麻油香味、无异味
	透明度	透明	允许微油
理化指标	色泽（罗维朋比色计 25.4mm 槽） 黄	70	70
	色泽（罗维朋比色计 25.4mm 槽） 红 小磨香油 ≤	11	15
	色泽（罗维朋比色计 25.4mm 槽） 红 机制香油 ≤	12	18
	水分及挥发物/% ≤	0.10	0.20
	杂质/% ≤	0.10	0.20
	酸价（以 KOH 计）/(mg/g) ≤	3.0	5.0

表 2-20　菜籽油质量标准

指标\项目	等级 一级	二级
色泽（罗维朋比色计 25.4mm 槽）≤	Y35 R4	Y35 R7
气味、滋味	具有菜籽油固有的气味和滋味	具有菜籽油固有的气味和滋味
酸价（以 KOH 计）/(mg/g) ≤	1.0	4.0
水分及挥发物/% ≤	0.10	0.20
杂质/% ≤	0.10	0.20
加热试验（280℃）	油色不得变深，无析出物	油色允许变深，不得变黑，允许有微量析出物
含皂量/% ≤	0.03	—

3. 氢化油

氢化油是将氢原子加到动植物油不饱和脂肪酸的不饱和键上，生成饱和度和熔点较高的固体油脂，又称硬化油。为白色或淡黄色，无臭无味，它的可塑性、乳化性、起酥性和稳定性等优于一般油脂，是面制食品理想的原料。氢化油的质量标准见表 2-21。

表 2-21　氢化油的质量标准

项目	标准	项目	标准
色泽	洁白	碘价	25～30
熔点/℃	31～36	皂化价	185～187
水分/%	≤1.5	气味	无臭味、无异味
酸度/%	≤1（以油酸计）	凝固点/℃	≥21
过氧化值/(meq/kg)	5		

氢化油具有较高熔点，最好为 31～36℃，凝固点不低于 21℃，良好的可塑性和一定的硬度，使糕点和饼干保持美观的外形，较好的内质等良好的工艺性能，且来源丰富、价格低廉。已越来越广泛地取代其他油脂在面制食品中的应用。

4. 起酥油

能使面制食品起显著酥松作用的油脂，称为起酥油。起酥油种类很多，除了全氢化起酥油以外，还有掺和起酥油。全氢化起酥油又分为一般起酥油、饼干用起酥油及高度稳定性起酥油；掺和起酥油又分为动物性和植物性混合起酥油及全植物性起酥油，掺和起酥油是用少量高度氢化的固体油与一部分未经氢化的液体油掺和而成。全氢化起酥油经过精炼、脱色、脱臭等过程,其中不含不饱和脂肪酸,一般碘价为65～75,它比掺和起酥油更为稳定。起酥油质量标准见表2-22。

表2-22 起酥油质量标准（SB/T 10073—92）

项目	标准	项目	标准
脂肪含量/%	≥99	色状	奶白至白色
酸价(以KOH计)/(mg/g)	≤0.80	气体含量/(ml/100g)	20
过氧化值/(mg/kg)	≤10.0	熔点/℃	34～42
水分及挥发物/%	≤0.50	铜/(mg/kg)	≤1.0
气味	无异味	镍/(mg/kg)	≤1.0

5. 人造奶油

人造奶油是目前世界上烘焙食品工业使用最广泛的油脂之一,又称为麦淇淋。是以氢化油为主要原料,添加适量的牛乳或乳制品、色素、香料、乳化剂、防腐剂、抗氧剂、食盐和维生素,经混合、乳化等工序而制成的,它的软硬可根据各成分的配比来调整,乳化性能和加工性能比奶油还要好,是奶油的良好代用品。人造奶油的质量标准见表2-23。

表2-23 人造奶油的质量标准（GB 15196—94）

项目		指标	项目	指标
感官指标		外观呈乳白色或淡黄色半固体状,质地均匀细腻,具有天然奶油特有的风味,无霉变、无异味、无异臭和无杂质	酸价(以KOH计)/(mg/g)≤	1
			过氧化值/(meq/kg)≤	10
			脂肪/%	
			A级 ≥	80
			B级 ≥	75
			水分/%	
			A级 ≤	16
			B级 ≤	20
微生物指标	细菌总数/(个/g) ≤	200	砷(以As计)/(mg/kg) ≤	0.5
	大肠菌群/(个/100g)≤	30	铅(以Pb计)/(mg/kg) ≤	0.5
	致病菌(指肠道致病菌和致病性球菌)	不得检出	铜(以Cu计)/(mg/kg) ≤	1
	霉菌/(个/g) ≤	50	镍(以Ni计)/(mg/kg) ≤	1
			食品添加剂	按GB 2760的规定

二、食用油脂的工艺性能

1. 油脂的增塑性能

在调制面团时加入油脂,油脂分布在面粉中蛋白质或淀粉粒的周围形成油膜,由于油脂中有大量的疏水烃基存在,使油脂具有疏水特性,因而限制了面粉的吸水作用,使面团中的面筋性蛋白质吸水量减少、胀润度下降。同时,由于油脂的隔离使已经形成的面筋微粒不易彼此黏合而形成强韧的面筋网络,从而降低了面团的弹性和韧性,提高了面团的可塑性,使面团易定型、印模花纹清晰、不易收缩变形。

2. 油脂的起酥性能

在调制面团时加入油脂,油、水、面粉经搅拌以后,油脂以球状或条状存在于面团中,首先起到增塑作用,同时在这些球状或条状的油内,结合着空气,空气的结合量与油脂类型、面粉调制时的搅拌程度和面粉的颗粒状态有关。油脂饱和程度越高、搅拌越充分、面粉的颗粒越小,空气含量越高,当面团成型后进行烘烤时,油脂遇热流散,气体膨胀并向两相的界面移动。此时由化学疏松剂分解释放出的气体及面团中的水蒸气,也向油脂流散的界面聚结,使制品碎裂成很多空隙,成为片状或椭圆形的多孔结构,结果就使产品体积膨大、食用时酥松。

油脂结合气体的能力与油脂中脂肪酸的饱和程度有关,越加饱和的油脂,结合空气量越多,油脂氢化能大大提高其结合气体的能力。

固态或半固态的起酥油(猪油、氢化起酥油等)与液态的植物油在面团中分布状态不同,前者以条状或薄膜状存在于面团中,后者则以球状存在,故前者持气量比后者高,而且条状或薄膜状的油脂能滑润更大的面积,因此固态或半固态油脂有更好的起酥性。

3. 油脂的充气性能

油脂在空气中经高速搅拌起泡时,空气呈细小气泡被油脂吸入,这种性质称为油脂的充气性。油脂充气性广泛用于蛋糕、面包装饰操作中。

4. 油脂的润滑性能

油脂在面团中的最重要作用就是面筋和淀粉之间的润滑剂,油脂能在面筋和淀粉之间的分界面上形成润滑膜,使面团柔软光滑、延伸性强、膨胀快。固态油润滑作用优于液态油。

5. 油脂的热学性能

油脂的热学性质主要表现在油炸食品中。油脂作为炸油,既是加热介质又是油炸食品的营养成分。当炸制食品时,油能将热量迅速而均匀地传给食品表面,使食品很快成熟;同时,还能防止食品表面马上干燥和可溶性物质流失。

第四节 乳及乳制品

乳品中含有丰富的蛋白质与脂肪,易被人体所吸收,有很高的营养价值。而且乳品具有独特的风味,使制品带有乳香味,深受人们喜爱,但由于它的价格较贵,在高档制品中才应用。常用的乳品有鲜乳、乳粉、炼乳等。

一、乳及乳制品的种类及成分

1. 鲜乳

鲜乳是哺乳动物分泌的乳汁,有牛乳、羊乳、母乳等,其中最主要的是牛乳。因此,一般所说的鲜乳就是指牛乳。

牛乳色泽呈白色或略带浅黄色,透明,味稍甜,具有独特的乳香气。牛乳由水、脂肪、非脂乳固体三部分组成。牛乳中所含的脂肪即乳脂,在乳中形成乳浊液。牛乳中乳脂以外的干固物统称为非脂乳固体,包括蛋白质、乳糖和无机盐等。牛乳的组成与乳牛的品种、个体、泌乳期、季节、地理位置等有关。牛乳的新鲜程度可用酸度表示,一般在0.13%~0.18%(以乳酸计),酸度过高表示牛乳不新鲜,热稳定性差。

2. 炼乳

炼乳是牛乳加热浓缩至原来体积的40%之后所制取的产品。根据有无加糖,炼乳可分为甜炼乳和淡炼乳两种类型,每种类型又可分为全脂炼乳和脱脂炼乳两种类型。

(1) 甜炼乳　甜炼乳又称加糖炼乳,是指牛乳预热、杀菌、浓缩、冷却结晶后制成的产品。甜炼乳蔗糖含量40%左右,浓缩倍数约为2.6倍,即1份甜炼乳相当于2.6份鲜牛乳。牛乳未经脱脂制成的产品为全脂甜炼乳,脂肪含量9%左右。牛乳脱脂之后制成的产品为脱脂甜炼乳,脂肪含量低于1%。甜炼乳呈淡黄的乳脂色,具有浓郁的香气和滋味,且黏稠,具有良好的流动性。

（2）淡炼乳　淡炼乳即不加糖炼乳，是指牛乳预热、杀菌、均质、浓缩、灭菌后制成的产品。淡炼乳的浓缩倍数为 2.2 倍左右，即 1 份淡炼乳相当于 2.2 份鲜牛乳。淡炼乳根据生产过程中有无脱脂，也可分为全脂淡炼乳和脱脂淡炼乳两种，一般采用全脂淡炼乳。

淡炼乳呈淡黄的乳白色，具有牛乳特有的香气和味道。淡炼乳中水分含量较高，不易保存，储藏期间易发生脂肪分离、蛋白质凝块等现象。因此，淡炼乳除生产中采用灭菌、均质、添加磷酸氢钠等稳定剂的措施之外，储存温度不能超过 10℃，存放时间不能过久。

在生产中，淡炼乳是最理想的乳制品，因为它没有鲜乳那么高的含水量，而性质与鲜乳完全相同，且乳味浓厚。与乳粉相比，如作液体乳使用，则乳粉必须经过调制，没有淡炼乳方便。另外，淡炼乳是用原乳的浓缩液，且乳脂含量一般已经调整，所以用淡炼乳作为原料时，容易掌握产品质量。

3. 乳粉

乳粉是牛乳经浓缩、干燥后制成的乳制品，乳粉有淡乳粉、甜乳粉两种，每种又包括全脂、半脱脂和脱脂三种类型。一般呈淡奶油色，但乳中如富含胡萝卜素或受高温影响，颜色会加深而成为暗黄色。全脂乳粉是牛乳未经脱脂直接浓缩、干燥制成的产品，乳脂含量不应少于 25%。脱脂乳粉是牛乳经离心分离除去脂肪后，再经过浓缩、干燥制成的产品。半脱脂乳粉是用脱脂乳与未脱脂乳的混合乳制成，脂肪含量约 15%。因此，全脂乳粉的脂肪含量高，非脂乳固体含量低，色泽、香味好。脱脂乳粉中的脂肪含量低，非脂乳固体含量高，色泽较浅，香味较淡，稳定性高，不易引起氧化酸败。

二、乳及乳制品的工艺性能

1. 提高面团筋力和搅拌耐力

乳粉中含有大量乳蛋白质可增强面团的筋力和强度，特别对低筋面粉更有利，更能适合于高速搅拌以改善面包的组织和增大体积。

2. 提高面团的吸水率

乳粉中含有 75%～80% 的酪蛋白，可直接影响面团的吸水率。吸水率增加可相应地增加产量和出品率，降低成本。

3. 提高面团的发酵耐力

乳粉可以提高面团发酵耐力，发酵时间延长也不会成为发酵过度的老面团，其原因如下。

① 乳粉中含有的大量蛋白质，对面团发酵过程中 pH 值的变化具有缓冲作用，使面团的 pH 值不会发生太大的波动和变化，保证面团的正常发酵，例如，无乳粉的面团发酵前 pH 值为 5.8，经 45min 发酵后 pH 值下降到 5.1；含乳粉的面团发酵前 pH 值为 5.49，45min 发酵后 pH 值下降到 5.27。前者下降了 0.7，而后者则下降了 0.22。

② 乳粉可抑制淀粉酶的活性，因此，无乳粉的面团发酵要比有乳粉的面团发酵快，特别是低糖的面团，面团发酵速度适当放慢，有利于面团均匀膨胀，增大面包体积。

③ 乳粉可刺激酵母内酒精酶的活性，提高糖的利用率，有利于 CO_2 气体的产生。

4. 提高制品的色泽

乳品中含有大量的乳糖。乳糖具有还原性，并不能被酵母所利用，因此，发酵后仍全部残留在面团中，在加热期间，乳糖与蛋白质中氨基酸发生褐变反应。同时，乳糖的熔点较低，易发生焦糖化反应，形成诱人的色泽。乳品用量越多，制品的表皮颜色越深。

5. 改善制品的组织

面团中添加了乳粉可增加面团的发酵耐力和持气性，使产品组织均匀、柔软、疏松、有弹性。

6. 延续制品老化

加入乳粉可使面团吸水率增加,改善面筋性能,使面包体积增大。同时使产品减慢老化速度,延长保鲜期。

7. 提高营养价值

乳品中含有丰富的蛋白质、维生素和矿物质,可提高制品的营养价值。

第五节 蛋及蛋制品

焙烤食品中另一个重要原料是蛋及蛋制品,包括新鲜蛋液(蛋液经均质处理和巴氏杀菌后制成的),冷冻蛋制品和干燥蛋制品(蛋液经脱水制成)。其特有的性能是焙烤食品生产中所不可替代的。

一、蛋及蛋制品的种类和成分

1. 鲜蛋

鲜蛋包括鸡蛋、鸭蛋、鹅蛋等,在焙烤食品中应用最多的是鸡蛋。鲜鸡蛋是由蛋壳、蛋白和蛋黄三部分组成。其组成比例为蛋壳10%~12%,蛋白45%~60%,蛋黄26%~33%。蛋中含有多种营养素,营养价值很高。从表2-24中可以看出,蛋黄所含的营养素的种类及含量均高于蛋白。蛋白中水分含量最高,其次是蛋白质,脂肪和糖类较低。而蛋黄中脂肪含量较高,且含有大量磷脂(约占脂类的33%),这对焙烤食品的加工具有重要意义。

表 2-24 鲜鸡蛋及蛋品的化学成分 (可食部100g)

蛋品	水分/g	蛋白质/g	脂肪/g	糖类/g	热量/kcal	灰分/g	钙/mg	磷/mg	铁/mg	维生素A/IU	硫胺素/mg	核黄素/mg	烟酸/mg
全蛋	71.0	14.7	11.6	1.6	170	1.1	55	210	2.7	1440	0.16	0.31	0.1
蛋白	88.0	10.0	0.1	1.3	46	0.6	19	16	0.3	—	—	0.26	0.1
蛋黄	53.5	13.6	30.0	1.3	330	1.6	134	532	7.0	3500	0.27	0.35	微量
全蛋粉	1.9	42.2	34.5	13.4	533	8.0	186	710	9.1	4862	0.23	1.28	0.4
蛋黄粉	3.0	31.7	53.0	8.8	639	3.5	340	1200	14.0	2509	0.38	1.10	0.3

注:1cal=4.1868J。

鲜蛋蛋白呈碱性,pH值为8~9,而蛋黄呈酸性,pH值在6左右,鲜蛋的蛋白黏度为3.5~10.5,蛋黄黏度为110~250;蛋白凝固点在62~64℃,蛋黄凝固点在68~71.5℃。蛋液的酸碱性和黏度在储存期间会发生变化,一般来说,pH值逐渐增大,黏度逐渐降低。

在鲜蛋不足时,可以使用蛋制品。在焙烤食品中所用的蛋制品多为冰蛋、蛋粉、湿蛋黄、蛋白片等。

2. 冰蛋

冰蛋分为冰全蛋、冰蛋黄与冰蛋白三种。我国目前生产较多的是冰全蛋、冰蛋黄。冰蛋是将鲜蛋去壳后,将蛋液搅拌均匀,放在盘模中经低温冻结而成。由于冰蛋在制造过程中采取速冻方法,速冻温度在-20~-18℃,蛋液的胶体特性没有受到破坏,因此,蛋液的可逆性大。在生产中只要把冰蛋熔化后就可以进行调粉制糊,作用基本同新鲜蛋一样。

3. 蛋粉

蛋粉也是以鸡蛋为原料加工而成。有全蛋粉、蛋白粉和蛋黄粉三种。此外还有速溶蛋粉,它是用鸡蛋、蔗糖、牛奶加工而成。它保持了鲜蛋的理化性状。

由于蛋粉在生产时要经过温度较高（大于120℃）的喷雾干燥，使蛋白质和脂肪等发生变化，从而使蛋粉的发泡和乳化性降低，其工艺性能远不如鲜蛋，因此在使用时应加以注意。

4. 湿蛋黄

生产中使用湿蛋黄要比使用蛋黄粉好，但远不如鲜蛋和冰全蛋，因为蛋黄中蛋白质含量低，脂肪含量较高，虽然蛋黄中脂肪的乳化性很好，但这种脂肪本身是一种消泡剂，因此在生产中湿蛋黄不是理想的原料。

5. 蛋白片

蛋白片是焙烤食品的一种较好的原料。它能复原，重新形成蛋白胶体，具有新鲜蛋白胶体的特性，且方便运输与保管，但成本较高。

二、蛋及蛋制品的工艺性能

1. 蛋白的起泡性

蛋白是一种亲水胶体，具有良好的起泡性，在糕点生产中具有重要意义，特别是在西点的装饰方面。蛋白经过强烈搅拌，蛋白薄膜将混入的空气包围起来形成泡沫，由于受表面张力制约，迫使泡沫成为球形，由于蛋白胶体具有黏度，和加入的原材料附着在蛋白泡沫层周围，使泡沫层变得浓厚坚实，增强了泡沫的机械稳定性，制品在加热时，泡沫内气体受热膨胀，增大了产品的体积，这时蛋白质遇热变性凝固，使制品疏松多孔并具有一定的弹性和韧性。

黏度对蛋白泡沫的稳定影响很大，黏度越大泡沫越稳定。因为蛋白具有一定的黏度，所以打起的蛋白泡沫比较稳定。在打蛋白时常加入糖，就是因为糖具有黏度这一性质，同时糖还具有化学稳定性。需要指出的是葡萄糖、果糖和淀粉糖浆都具有还原性，在中性和碱性情况下化学性质不稳定，受热易与蛋白质等起褐色反应产生有色物质。蔗糖没有还原性，在中性和碱性情况下化学稳定性高，不易与蛋白质等起反应生成有色物质。故打蛋白时不宜加入葡萄糖、果糖和淀粉糖浆等，而要使用蔗糖。

油是一种消泡剂，因此打蛋白时千万不能碰上油。蛋黄和蛋清分开使用，就是因为蛋黄中含有油脂的缘故。油的表面张力很大，而蛋白气泡膜很薄，当油接触到蛋白气泡时，油的表面张力大于蛋白膜本身的延伸力而将蛋白膜拉断，气体从断口处冲出，气泡立即消失。pH值对蛋白泡沫的形成和稳定影响很大。蛋白在pH值为6.5~9.5时形成泡沫很强但不稳定，在偏酸情况下气泡较稳定。打蛋白时可加入酸或酸性物质，来调节蛋白的pH值，促进蛋白起泡，提高蛋白泡沫的稳定性。另外，温度与气泡的形成和稳定有直接关系。新鲜蛋白在30℃时起泡性能最好，黏度亦最稳定，温度太高或太低均不利于蛋白的起泡。夏季温度较高，有时到30℃最佳温度也打不起泡，但放到冰箱里一会反而能打起来。这是因为夏季的温度在30℃，鸡蛋本身的温度也在30℃，在打蛋过程中，搅拌浆的高速旋转与蛋白形成摩擦，产生热量，会使蛋白的温度大大超过30℃，自然发泡性不好，放置冰箱冷却一会儿后，将温度降下来再打则能起泡了。

2. 蛋黄的乳化性

蛋黄中含有许多磷脂，磷脂具有亲水和亲油的双重性质，是一种理想的天然乳化剂。它能使油、水和其他材料均匀地分布到一起，促进制品组织细腻，质地均匀，疏松可口，具有良好的色泽，使制品保持一定的水分，在储存期保持柔软。

3. 蛋的凝固性

蛋白对热极为敏感，受热后凝结变性。温度在54~57℃时，蛋白开始变性，60℃时变性加快，同时pH值为4.6~4.8时变性最快也最佳，因为这正是蛋白主要成分白蛋白的等电点。

蛋液在凝固前，它们的极性基团和羟基、氨基、羧基等位于外侧，能与水互相吸引而溶解，当加热到一定温度时，原来连接脂键的弱键被分裂，肽键由折叠状态而呈伸展状态，整个蛋白质分子结构由原来的立体状态变成长的不规则状态，亲水基由外部转到内部，疏水基由内部转到外部，很多这样的变性蛋白质分子互相撞击而相互贯穿缠结，形成凝固体。这种凝固物经高温便失水成为带有脆性的凝片，故在面包、糕点等制品表面涂上一层蛋液，烘烤后形成光亮外壳，增加其外形美。

4. 改善面制食品的色、香、味、形和营养价值

在制品表面涂上一层蛋液，经烘焙后呈现漂亮的红褐色，这是羰-氨反应引起的褐变作用，即美拉德反应。加蛋的制品成熟后具有特殊的蛋香味，并且结构疏松多孔、体积膨大而柔软。同时，蛋品中含有丰富的营养成分，提高了制品的营养价值。此外，鸡蛋和乳品在营养上具有互补性，鸡蛋中铁相对较多，钙较少，而乳品中钙相对较多，铁较少，因此，在制品中将蛋品和乳品混合使用，在营养上可以互补。

第六节 水

水是焙烤食品的生产原料之一，其用量要占面粉的 50% 以上，仅次于面粉而居第二位。因此水的质量对制品的生产操作和产品质量有重要的影响。

一、水的质量标准

由于水质直接影响制作工艺和产品质量，所以生产优质产品用水首先要满足饮用水标准。在此基础上水质应符合表 2-25 的标准。

表 2-25 生产用水标准

状态及成分	标准数	界限数	状态及成分	标准数	界限数
味和臭	无	无	铁＋锰/(mg/L)	<0.1	<0.3
色度/度	<1	<2	硬度/度	<1	<10
浊度/度	<1	<2	碱度/(mg/L)	<30	<50
铁含量/(mg/L)	<0.1	<0.2	有机物/(mg/L)	<1	<10
锰含量/(mg/L)	<0.1	<0.2	pH 值(热水)	5~6	5~6

面包生产用水的选择，首先应达到：透明，无色，无臭，无异味，无有害微生物，无致病菌的要求。实际生产中，面包用水的 pH 值为 5~6。水的硬度以中硬度为宜，即水中钙离子和镁离子浓度为 2.86~4.29mmol/L 或水的硬度为 8~12 度。糕点、饼干中用水量不多，对水质要求不如面包那样严格，只要符合饮用水标准即可。

二、水的作用

（1）水化作用

① 使蛋白质吸水、胀润形成面筋网络，构成制品的骨架。

② 使淀粉吸水糊化，有利于人体消化吸收。

（2）溶剂作用　溶解各种干性原、辅料，使各种原、辅料充分混合，成为均匀一体的面团。

（3）调节和控制面团的黏稠度

（4）调节和控制面团温度

（5）有助于生化反应　一切生物活动均需在水溶液中进行，生物化学的反应，包括酵

母发酵，都需要有一定量的水作为反应介质及运载工具，尤其是酶反应。水可促进酵母的生长及酶的水解作用。

（6）延长制品的保鲜期

（7）作为烘烤中的传热介质

三、水质对工艺的影响

① 使用硬度过高的水会使小麦粉中蛋白质的亲水性能变差，和面时小麦粉吸水慢，从而和面时间延长，和面效果降低。使用硬度过高的水浸泡大米，大米吸水缓慢，则需延长浸泡时间。

② 硬水中含有的金属离子（如钙、铁、锰等）与面粉中的蛋白质结合，会降低面团的黏度，降低面筋的弹性和延伸性等工艺性能。水的硬度与面团黏度的关系见表 2-26。

表 2-26 水的硬度与面团黏度的关系

水的硬度/度	强力粉黏度/cP	薄力粉黏度/cP	淀粉黏度/cP
0	4100	3560	620
5	3350	2050	460
10	2250	1820	445

注：1cP＝1mPa·s。

③ 硬水中的钙离子、镁离子与淀粉结合，影响淀粉在和面过程中的正常膨润和蒸面过程中正常糊化，延长米面制品成熟的时间，也会降低面团的黏度，并且容易使蒸熟的面条、米粉回生，使面条发硬，复水时间延长和油炸方便面含油量上升。

④ 使用硬度过高的水生产的米面制品，在保存过程中会产生褐变反应，影响成品色泽。

⑤ 水的硬度过高，生产油炸方便面时，因油炸使水分挥发，硬水中的钙、镁等金属离子会从水中析出，而沉淀在面条上，使面条孔隙变大，油的渗透量增加，从而增加了面条含油量，同时会使面条变脆，容易断裂，也会降低面条的复水性。

第七节 食 盐

一、食盐的质量标准

作为焙烤食品生产的用盐，必须符合有关质量及卫生标准，要求其色泽洁白，无可见的外来杂质，无苦味、无异味，氯化钠含量不得低于 97%。每千克食盐中含碘为（35±15）mg。

二、食盐的作用

1. 提高产品的风味

食盐是一种调味物质，被称为百味之王，能刺激人的味觉神经。它可以突出原料的风味，衬托发酵后的酯香味，与砂糖的甜味相互补充，使甜味变得鲜美、柔和。

2. 调节和控制发酵速度

食盐对面团发酵速度的影响表现在正反两个方面：一方面，食盐是酵母的必需养分之一，因此在面团中添加适量食盐有利于酵母的生长繁殖；另一方面，盐的用量超过面粉 1% 时，就能产生明显的渗透压，对酵母发酵有抑制作用，降低发酵速度。因此，可以通过增加或减少配方中食盐的用量来调节和控制面团发酵的速度。

3. 增强面筋筋力

面团中加入食盐可使溶液的渗透压增加，抑制了面团中蛋白酶的活性，减少其对面筋蛋白的破坏。食盐还可使面筋质地细密，增加面筋的立体网状结构，使面团易于扩展延伸，使面筋中产生相互吸附作用，增加弹性。故低筋粉应使用较多食盐，高筋粉则宜少用。

4. 改善产品内部颜色

因食盐改善了面筋的立体网状结构，使面团能保持足够的 CO_2，产气均匀，使面团能均匀膨胀，产品内部色泽变白。

5. 增加面团搅拌时间

食盐使用时应注意加入时间，因食盐的渗透压作用会减慢面团的吸水，如搅拌开始时即加入食盐，就将使搅拌时间增加50%~100%。

三、食盐的添加方法

食品无论采用何种制作方法，都应采用后加盐法，即在面团搅拌的最后阶段加入。一般在面团的面筋扩展阶段后期，即面团不再黏附搅拌机缸壁时，食盐作为最后加入的原料，然后适当搅拌即可。

人对食盐咸味感到最舒适的浓度在0.8%~1.2%。因此，在焙烤食品生产中，考虑各种原料之间在味感方面的相互影响，一般食盐用量以1.5%左右为宜，最多不得超过3%。但具体用盐应根据产品种类，所用其他原料及消费者口味习惯等因素而定。如咸面包用盐高于甜面包，前者一般在1.5%~2.5%，而后者则在1%以下。若所用小麦粉筋力过弱，应适量增加食盐用量，反之则应减少用量。一般在其他原料用量较多时，食盐用量也应适量增加，反之则应减少。如在油脂用量较大时，若不相应增加食盐用量，就会影响面筋的形成。

第八节　面团改良剂

面团改良剂是一类化学物质，用于在焙烤食品中改善面团性质，加工性能和产品质量的物质。

一、氧化剂

氧化剂是一类化学合成物质，如抗坏血酸、偶氮甲酰胺等。这类物质可提高面团筋力、弹性、韧性和持气性，可使产品体积增大。

1. 氧化剂在面团中的作用

① 抑制蛋白酶活性。加入氧化剂后，面粉蛋白质中的胱氨酸和半胱胺酸中的—SH基团失去活性，没有了激活蛋白酶的能力，就保护了面团的筋力和工艺性能。

② 氧化巯基（—SH）形成二硫键（—S—S—）。由于—S—S—基团可使蛋白质形成大分子网络结构，增强了面团的持气性、韧性和弹性。

③ 面粉变白。加入氧化剂后，可使面粉中的胡萝卜素、叶黄素等的色素被氧化，从而使面团变白。

④ 提高蛋白质的黏结作用。加入氧化剂后，使面粉中的类脂物氧化成二氢类脂物，可与蛋白质结合在一起，使面团变得更有弹性，持气性和韧性。

2. 氧化剂的使用方法

① 氧化剂的添加方法。一般氧化剂很少单独使用，都是复合使用。如抗坏血酸常和溴酸钾复合使用，效果较为突出。溴酸钾不宜单独使用，因其对人体有害。

② 氧化剂的添加量。氧化剂因面粉的质量不同而添加量不同，低筋面粉需加较多氧化剂，高筋面粉则少加。氧化剂用量对面团和面包品质的影响见表2-27。

表 2-27　氧化剂用量对面团和面包品质的影响

氧化剂用量不足		氧化剂用量过度	
面团性质	面包品质	面团性质	面包品质
面团很软	体积小	面团很硬、干燥	体积小
面团发黏	表皮很软	弹性差	表皮很粗糙
稍有弹性	组织不均匀	不易成型	组织细密
机械性能差	形状不规整	机械性能好	有大孔洞
可延伸		表皮易撕裂	不易切开

二、还原剂

还原剂是指能够调节面筋胀润度，使面团具有良好可塑性和延伸性的一类化学合成物质。生产中常用的还原剂有 L-半胱氨酸、亚硫酸氢钠、山梨酸、抗坏血酸等（抗坏血酸在有氧条件下使用起氧化剂作用，在无氧条件使用则起还原剂作用）。

还原剂可将—S—S—键断裂成—SH 键，由于面筋中二硫键和硫氢键之间的相互交换作用，使面筋二硫键的接点易于移动，使面筋的结合力松弛，增强了面团的延伸性。如果适量使用还原剂，不仅可以使发酵时间缩短，还能改善面团的加工性能。

三、钙盐

盐的作用主要是调整水的硬度，而且一些钙盐还可以中和发酵过程中产生的酸，使发酵在适当的 pH 环境下顺利进行。

四、铵盐

主要有氯化铵、硫酸铵、磷酸铵等，因为含有氮元素，所以主要充当酵母的食物，促进发酵。并且这些铵盐分解后的盐酸对调整 pH 值也有一定作用。

第九节　食品添加剂

所谓食品添加剂，是指为改善食品的品质和色、香、味以及为防腐和加工工艺需要而加入食品中的化学合成或天然物质。为增强营养成分而加入食品中的天然的或者人工合成的属于天然营养素范围的食品添加剂称为"食品强化剂"，亦属食品添加剂范畴。

食品添加剂的种类很多，而且新的添加剂还在不断涌现。按照食品添加剂的来源不同，可将其分为天然和化学合成两大类。我国将其细分为：抗氧化剂、膨松剂、着色剂、乳化剂、酶制剂、增味剂、面粉处理剂、营养强化剂、防腐剂、稳定和凝固剂、甜味剂、增稠剂、香料等 22 类。

一、膨松剂

焙烤食品中，能使制品膨松的物质，称为膨松剂，亦称疏松剂。疏松剂可分为化学疏松剂和生物疏松剂以及生化疏松剂。

1. 生产中常用疏松剂

生产中常用疏松剂见表 2-28。

2. 使用疏松剂注意事项

（1）正确选用疏松剂　生产不同的制品所用的疏松剂不同，不同的疏松剂所需要的温度、酸碱度、产气量、膨胀方向、使用量等都不相同，甚至制品的含水量也是使用时的注意点，如碳酸氢铵不适宜在含水量较高的产品中使用。

表 2-28 常用疏松剂

种类	品种	性状
化学疏松剂	碳酸氢钠	为白色细小结晶性粉末，无臭，味咸，热稳定性差，加热到 50℃时开始产生 CO_2，270℃失去全部 CO_2。在干燥空气中稳定，但在潮湿空气或热空气中缓慢分解，产生 CO_2。遇酸强烈分解而产生 CO_2，易溶于水，水溶液呈弱碱性。与碳酸氢铵配合用于饼干、糕点。两者总用量一般约为面粉的 0.5%～1.5%，是复合膨松剂的主要原料之一。其产生气体量约为 $261cm^3/g$
	碳酸氢铵	白色结晶性粉末，稍有氨臭，在空气中易风化，对热不稳定，36℃以上分解为二氧化碳、氨和水，60℃可迅速完全分解。室温下相当稳定，有吸湿性，潮解后分解加快。易溶于水，水溶液呈碱性，溶于甘油，不溶于乙醇。产生气体量为 $700cm^3/g$
	磷酸二氢钙	一种白色结晶性粉末，无臭、无味，在空气中稳定，不溶于水和乙醇，易溶于稀酸、硝酸、乙酸。在食品加工过程中，不直接产生气体，一般作为复合膨松剂中的酸性盐，与碳酸盐等作用产生气体，使产品膨松
	硫酸铝钾	为无色透明块状、粒状结晶或粉末状，无臭、味微甜带涩、有收敛性。在干燥空气中易风化失去结晶水变得不透明，易溶于水和甘油，不溶于醇，水溶液呈酸性；在水中会发生水解作用生成氢氧化铝胶状沉淀。能和蛋白质结合形成疏松凝胶而凝固，使食品组织致密化
复合疏松剂	发酵粉	为白色粉末，遇水加热产生 CO_2 气体，所产生 CO_2 气体量不少于有效 CO_2 的 20%。发酵粉中酸性膨松剂一般有四种：酒石酸或酒石酸式盐；酸式磷酸盐或铝的化合物或者是这些物质的混合物
生物疏松剂	鲜酵母	是酵母在糖蜜等培养基中经过扩大培养和繁殖，并分离、压榨而成。活性不稳定，发酵力不高，需在 0～4℃的低温冰箱(柜)中储存，生产前一般需用温水活化
	活性干酵母	是由鲜酵母经低温干燥而制成的颗粒酵母，活性很稳定，发酵力很高，使用前需用温水、糖活化，成本较高
	即发活性干酵母	活性高，且稳定，发酵速度很快，使用时不需活化，成本较高
生化疏松剂	即生物膨松剂和化学膨松剂的合称	生物膨松剂是指酵母菌，一般指活性干酵母；化学膨松剂，主要有小苏打、臭粉和泡打粉等，多以磷酸盐、硫酸盐和碳酸盐为稀释剂。酵母和复合膨松剂单独使用时，各有特点；酵母发酵时间较长，制得的成品有时海绵结构过于细密、体积不够大；复合膨松剂(发酵粉、泡打粉等)正好相反，制作速度快、成品体积大，组织结构疏松、口感较差，生产出的产品在质地、口感、膨松度和形状方面均有某些不足。二者配合可扬长避短，制得理想产品

(2) 影响酵母菌活力及发酵力的因素

① 发酵温度。酵母菌的最适生长温度为 27～28℃，酵母菌在 30℃左右发酵的速度约为 20℃左右时的 3 倍。但温度升高，它的衰亡期也快，所以温度的改变，对发酵的速度及繁殖力有很大的影响。

② pH 值。面包酵母的最适 pH 值在 2.5～8.0 之间，pH 值低于 2.5 或高于 8.0 时其活力受到严重限制。

③ 面团中含氧量。酵母菌在生长过程中，需要利用氧气进行呼吸作用，利于酵母细胞的繁殖，这时酵母呼吸作用增强，发酵作用受到抑制；反过来，在缺氧条件下，酵母菌则进行发酵，但面团发酵主要是酵母的呼吸作用。

酵母菌应尽可能采用培养世代少的酵母菌。接种后酵母菌的生长期不同，其发酵能力也不同。一般选用处于对数生长期或稳定期的酵母菌，发酵力会较强。

二、食用香料

为了提高食品的风味而添加的香味物质，称为食用香味料，简称食用香料。食用香料一般是由各种天然或合成的香料原料或其相互调和而成的调和香料。香味成分是极其复杂的，任何一种香味往往由多达十几种、几十种乃至上百种香气成分组成。用这些天然、人造香料为原料，经过调香，有时加入适当的稀释剂配制而成的多成分的混合体叫作香精。

香料的品种众多，按照它们的不同来源，可以分为天然香料和合成香料两大类。天然香料包括精油、含油树脂、香料提取物、回收香料、加热香料、发酵香料以及由天然物调配而成的调和香料。在生产中使用较多的是甜橙油、柠檬油、橘子油、薄荷油、留兰香油、葱油等。合成香料是指与天然成分化学结构相同的合成物质，以及天然等同物以外的有香气的物质。焙烤食品中直接使用的合成香料仅有香兰素、苯甲醛和薄荷脑等少数品种。

1. 生产中常用食用香料

生产中常用食用香料见表 2-29。

表 2-29 常用食用香料

名　称	性　状
香兰素(香草醛)	白色至淡黄色针状结晶或结晶性粉末,有香兰素香气和味。有升华性。易溶于热水、醇、醚
苯甲醛	无色液体,有浓苦杏仁香气和烘烤味。可溶 200 倍热水,8 倍量 50％的乙醇,1~1.5 倍量 70％乙醇,易溶于醇、醚。与空气接触易生成苯甲酸
乙基香兰素	白色至淡黄色结晶,香气与香兰素同系,强度是香兰素 3~4 倍,可溶于 250 倍量水,5 倍量乙醇,遇光易变化,在空气中慢慢氧化
柠檬醛	无色至淡黄色液体,有柠檬样的较强香气。不溶于水,溶于乙醇、醚。遇光、空气易氧化,与酸生成深色聚合物
茉莉醛	无色至淡黄色透明液体,有茉莉花样香气。不溶于水,易溶于醇、醚。在空气中易氧化
麦芽酚	白色或略带黄色的针状结晶或结晶性粉末,有香兰素和焦糖样的香气,熔点 160~163℃,易溶于热水、醇,难溶于醚
薄荷醇(薄荷脑)	无色结晶或白色结晶粉末,有薄荷清凉感的香气。微溶于水,易溶于醇、醚

2. 使用食用香料注意事项

食品要取得良好的加香效果，除了选择好的食品香精外，还要注意以下一些问题。

（1）用量　香精在食品中使用量对香味效果的好坏关系很大，用量过多或不足，都不能取得良好的效果。确定最适宜的用量，只能通过反复的加香试验来调节，最后确定最适合于当地消费者口味的用量。

（2）均匀性　香精在食品中必须分散均匀，才能使产品香味一致，如加香不均，必然造成产品部分香味过强或过弱的严重质量问题。

（3）温度　水溶性香精的溶剂和香精的沸点较低，易挥发，因此在加香于产品中时，必须控制产品温度。

三、着色剂

食品的色泽是人们对于食品食用前的第一个感性接触，是人们辨别食品优劣、产生喜厌的先导，也是食品质量的一个重要指标。

着色剂习惯上称为食用色素，按其来源和性质，可分为食用天然色素和人工合成色素。食用天然色素包括红曲色素、紫胶色素、甜菜红、姜黄、红花黄、胡萝卜素、叶绿素铜钠、焦糖、栀子黄、辣椒红等；人工合成色素包括苋菜红、胭脂红、柠檬黄、日落黄、靛蓝、亮蓝等。

人工合成色素由于其色泽鲜艳、性质稳定、使用方便、价格便宜，且可用于调色等原因，广泛应用于生产。天然色素虽然安全性较高，能更好地模仿天然物的颜色，但除焦糖之外，其他天然色素则因为价格贵、性质不稳定、在水中溶解度差而使用较少。但随着食品安全标准的提高及回归自然的需要，使用天然色素是一个发展方向。

1. 生产中常用的食用色素

生产中常用食用色素见表2-30。

表 2-30　常用食用色素

名　称	性　状
苋菜红	呈红棕色至暗红色粉末或颗粒，无臭，0.01%水溶液呈玫瑰红色
胭脂红	红色至暗红色颗粒或粉末，无臭，溶于水呈红色，溶于甘油，微溶于乙醇，不溶于油脂。20℃时，100ml水中可溶解23g。胭脂红耐光、耐酸、耐盐性较好，但不耐热、不耐菌、不耐氧化还原反应，遇碱变褐色
辣椒红	深红色黏性液体，油溶性好，不溶于水，稳定性较差，在油质品中抗光性较差，超过110℃有褪色现象，色泽鲜艳、着色力强
柠檬黄	橙黄色粉末，无臭，易溶于水、甘油和乙二醇，微溶于乙醇，耐光性、耐热性、耐盐性均好，耐氧化性较差，还原时会褪色。易着色，坚牢度高
日落黄	橙红色粉末或颗粒，无臭，易溶于水、甘油、丙二醇，微溶于乙醇，耐光、耐热、耐酸性较强，耐碱性尚好，但遇碱呈红褐色，还原时褪色
栀子黄	黄色或棕红色粉末，或深棕色液体，易溶于水和稀乙醇，不溶于油脂。耐还原性好，耐微生物性好。pH值对其色调几乎无影响，水溶液为澄清透明金黄色。对蛋白质、淀粉染色力较强
靛蓝	通常为蓝色均匀粉末，无臭，0.05%水溶液呈蓝色，在水中溶解度较其他食用合成色素低，对光、热、酸、碱、氧化物都很敏感，耐盐性及耐菌性较弱，还原时褪色，但染着力较好
亮蓝	具有金属光泽的紫色粉末或颗粒，溶于水呈蓝色，可溶于甘油及乙醇，耐光、耐热、耐碱性较好，多与其他色素合用
叶绿素铜钠	墨绿色粉末，易溶于水，略溶于乙醇。水溶液为清澈透明的蓝绿色。耐光性比叶绿素强
焦糖色素	深褐色至黑色液体、糊状物、块状或粉末。有焦糖香味和苦味，溶于水、稀乙醇
β-胡萝卜素	不溶于水、甘油、酸、碱，溶于二氧化碳、植物油。稀溶液呈橙黄色至黄色，浓度增大时呈橙色，弱碱性条件下稳定，但对光、热、氧均不稳定，遇金属离子会褪色
甜菜红	红紫色至深紫色液体、块状、粉状或糊状物。易溶于水、牛奶，难溶于乙酸，不溶于乙醇、甘油、油脂。染着性好，不因氧化而变色，受金属离子影响小，在中性及酸性条件下为稳定的红紫色，但在碱性条件下变为黄色。耐热性差，在60℃下加热30min严重褪色，遇光略褪色

2. 使用着色剂注意事项

（1）所用色素应符合标准　所用色素必须是食品添加剂使用卫生标准中规定的色素，用量必须在标准规定的范围内。按规定，使用的色素应在商标中加以标注。

（2）正确选用色素　充分了解各种色素的性质和食品状态，应根据色素的特性和使用条件选用合适的色素。使色素着色处于最佳状态，同时色泽与食品原有色泽应相似。应尽量选用纯度高的色素。色素纯度高，色调的鲜艳性、伸展性就好，且变色和褪色少。

对于着色食品有可能发酵或产生氢气时，或添加具有还原性的调味料或香料时，需要选用还原性强的色素。

（3）称量准确　色素要准确称量，以免形成色差。每次应根据用量配制色素溶液，不应过量，用剩的色素溶液要避光并置于冷处保存。食用色素吸湿性强，称量要快，使用后容器应及时密闭。粉末色素易飞散，容易造成污染，使用时应小心取用。

（4）配制色素溶液　粉末色素不能直接加于食品中，直接使用粉末色素容易造成着色不匀，产生色素斑点，因此，调色时应先配制溶液，将色素溶解在水、乙醇、丙二醇等适当溶剂中,使其完全溶解,最好过滤后使用。例如,调制咖啡色时,先将苋菜红、新胭脂红、柠檬黄、日落黄、亮蓝分别溶于水,以溶液状态混合。配制的色素溶液浓度一般为 1%~10%。

调色时,溶剂不同或溶剂浓度不同,色调也不同,尤其是在使用两种或两种以上色素拼色时情况更为显著。例如,一定比例的红、黄、蓝三色混合物在水溶液中色度较黄,而在50%酒精中色度较红。

(5) 调色方法 色素除红、黄、蓝 3 种基本色外,还可由基本色按不同比例混合,拼配二次色,由二次色拼配三次色。拼色方法如图 2-1。

图 2-1 拼色方法

四、防腐剂

防腐剂是指能防止由微生物所引起的食品腐败变质,延长保质期的食品添加剂。防腐剂按其来源可以分为有机防腐剂和无机防腐剂两类。有机防腐剂主要有苯甲酸及其盐类、山梨酸及其盐类、对羟基苯甲酸酯类和丙酸盐等。无机防腐剂有二氧化硫、亚硫酸盐等。此外,还有乳酸链球菌肽等肽类抗菌素。目前,我国允许使用的防腐剂共 28 种。某些食品为了提高其保藏性,往往需要使用防腐剂,但不同种类的食品需要选择不同的防腐剂,并有其合理使用量。

1. 生产中常用的防腐剂

生产中常用防腐剂见表 2-31。

表 2-31 常用防腐剂

名 称	性 状
苯甲酸	白色鳞片状或针状结晶,有吸湿性,在酸性下可随水蒸气挥发。常温难溶于水,可溶于热水,也溶于乙醇、三氯甲烷、丙酮中
苯甲酸钠	白色颗粒或结晶,有甜涩味,易溶于水(53.0g/100ml,25℃),水溶液呈微碱性,可溶于乙醇
山梨酸	无色晶体粉末,具有特殊的气味和酸味,微溶于水(0.16g/100ml),溶于乙醇(10g/100ml),对光、热稳定
山梨酸钾	无色至微黄色鳞片状结晶,有吸湿性,易溶于水及乙醇溶液,微溶于无水乙醇,溶乙醇(0.3g/100ml)有吸湿性,在空气中会氧化着色
对羟基苯甲酸酯类	又称尼泊金酯类,主要有甲酯、乙酯、丙酯、丁酯等,随着烷基的增大,防腐效果增强,水溶性减小,在 pH 值为 4~8 范围内有较好的抗菌效果
乳酸链球菌素	乳酸链球菌素是一种多肽,能有效地抑制许多引起食品腐烂的革兰阳性菌的生长、繁殖,特别对耐热芽孢杆菌、肉毒梭菌以及李斯特菌有强烈的抑制作用,系一种高效、无毒、安全、无副作用的天然食品防腐剂,并具有良好的溶解性和稳定性
双乙酸钠	白色吸湿性晶状粉末,无毒,有乙酸气味,易吸湿,易溶于水和醇,晶体结构为正六面体,熔点 96~97℃,加热至 150℃以上分解

2. 使用防腐剂注意事项

(1) 所有防腐剂应符合标准 选用的防腐剂必须是列入《食品添加剂使用卫生标准》的品种,添加量应在国家标准规定的范围内,使用的防腐剂应在标签中注明。

(2) 正确选用防腐剂 应该充分了解引起食品腐败的微生物的种类,不同防腐剂的性质及影响防腐效果的各种因素，按照食品的保藏状态和预期保藏时间来确定防腐剂的品种、用量和使用方法。

五、抗氧化剂

抗氧化剂是食品添加剂的一个重要组成部分，能防止食品成分因氧化而导致变质，主要用于防止油脂及富含脂类化合物食品的氧化酸败，以及由氧化所导致的褪色、褐变、维生素破坏等劣变现象。可以针对原料、加工、保存等环节采用低温、隔氧、避光等措施，也可在食品中添加抗氧化剂。抗氧化剂是指能防止或延缓食品氧化，提高食品的稳定性和延长储存期的食品添加剂。

在我国，现规定允许使用的抗氧化剂有15种：丁基羟基茴香醚（BHA）、二丁基羟基甲苯（BHT）、没食子酸丙酯（PG）、茶多酚、植酸、D-异抗坏血酸钠、抗坏血酸钙、特丁基对苯二酚、甘草抗氧化物、脑磷脂、抗坏血酸棕榈酸酯、硫代二丙酸二月桂酯、4-乙基间苯二酚、抗坏血酸及迷迭香提取物。此外，属于营养强化剂的生育酚、酶制剂的葡萄糖氧化酶等也均具有抗氧化功能。

1. 生产中常用的抗氧化剂

生产中常用抗氧化剂见表2-32。

表2-32 常用抗氧化剂

名称	性状
丁基羟基茴香醚（BHA）	为白色至微黄色蜡状结晶性粉末，略带酚类的特异臭味或刺激性气味。不溶于水，对热稳定。具有单酚型特征的挥发性，几乎没有吸湿性，在直射光线长期照射下，色泽会变深。还有相当强的抗菌性
二丁基羟基甲苯（BHT）	为无色结晶或白色晶体粉末，无臭、无味。不溶于水和甘油，能溶于许多溶剂中，对热相当稳定，与金属离子反应不着色。具有单酚型特征物质的升华性，加热时能与水蒸气一起挥发
叔丁基对苯二酚（TBHQ）	为白色至黄白色结晶性粉末，有特殊气味。微溶于水，在许多油和溶剂中它都有足够的溶解性。TBHQ在油、水中溶解度随温度升高而增大。对热稳定，不与铁、铜等形成络合物，但在可见光或碱性条件下可呈粉红色。TBHQ对稳定油脂的颜色和气味没有作用，对其他抗氧化剂和螯合剂有增效作用。另外，TBHQ还具有一定的抗菌作用，对细菌、酵母和霉菌均有抑制作用，且氯化钠对其抗菌有增效作用
抗坏血酸钠盐	为白色带黄白色结晶或结晶性粉末，无臭、有盐味、易溶于水
异抗坏血酸及其钠盐	为白色至带黄白色的结晶或结晶性粉末，无臭、有酸味、易溶于水；异抗坏血酸钠为白色至带黄白色的颗粒、细粒或结晶性粉末，无臭、略有盐味、易溶于水
生育酚	为淡黄色至黄褐色黏稠液体，不溶于水，但可以与脂肪油、乙醇、丙酮、乙醚等自由混合，在空气中易氧化成暗红色，对可见光稳定，紫外线可使其迅速分解
葡萄糖氧化酶	可将葡萄糖特异性氧化为葡萄糖酸，同时消耗了氧
茶多酚	是茶叶中酚类物质及其衍生物的总称，又称作茶鞣质、茶单宁。在茶叶中的含量一般在15%～20%。茶多酚极易被氧化成为醌类而提供质子，故具有显著的抗氧化特点

2. 使用抗氧化剂注意事项

（1）使用标准与标示　各种抗氧化剂均有使用标准，因此在使用时必须充分注意。除L-抗坏血酸硬脂肪酸酯外，必须在包装上明确标示所添加的抗氧化剂名称或标明使用抗氧化剂。

（2）分散　抗氧化剂的用量很少，一般仅有0.025%～0.1%，只有与对象食品充分分散和混合才能较好地发挥作用，这一点必须加以注意。

（3）添加时间　由油脂氧化过程可知，在生成过氧化物以前添加少量抗氧化剂就能防止食品氧化，而一旦氧化生成过氧化物以后，即使添加大量抗氧化剂也无效。

第十节 其他配料

在焙烤食品加工中，除使用上述原辅料外，还可以添加果料、酵母营养剂等配料。

一、发酵促进剂

发酵促进剂是保证面团正常、连续发酵，或加快面团发酵速度的一类食品添加剂。具体包括以下几种。

1. 真菌 α-淀粉酶

主要用途：补充面包粉中 α-淀粉酶活性的不足，提供面团发酵过程中酵母生长繁殖时所需要的能量来源。α-淀粉酶能将面粉中的淀粉连续不断地水解成小分子糊精和可溶性淀粉，再继续水解成提供给酵母生长繁殖能量来源的麦芽糖、葡萄糖，保证面团的正常、连续发酵，使面包体积和比容达到正常标准，并使得内部质构和组织均匀细腻。不添加真菌 α-淀粉酶的面粉，由于 α-淀粉酶活性过低，面团发酵速度很慢，发酵时间长，面包质量较差。

国内市场供应产品有丹麦诺和诺德公司、比利时 Rimond-Beidem 公司、国内有关酶制剂厂产品。

2. 铵盐类

主要有氯化铵、硫酸铵、磷酸铵。铵盐提供酵母细胞合成所需的氮源，加快细胞合成，促进酵母生长繁殖。

3. 磷酸盐

主要有磷酸二氢钙等。磷酸盐提供酵母生长繁殖所需的钙源。

另外，为了进一步提高面包质量，近年来，国内外已广泛使用酵母营养剂。酵母营养剂通常是由氧化剂、酵母可利用的矿物质为主料，再添加淀粉或小麦粉作填充剂等组成。其主要作用为增加酵母菌营养、改善面团性质及水质、调节面团 pH 等。

二、营养强化剂

营养强化剂是指在食品中加入一些天然的或人工合成的营养素以改善食品中的营养状况的物质。在焙烤食品中可能缺乏而确有需要加入的营养强化剂一般可分为三大类：氨基酸及含氮化合物、维生素和矿物质。添加营养强化剂的食品称为强化食品。

面粉虽然含有一定的营养素，但作为主食而长期食用，则不能完全满足人们的营养需要，面粉中主要缺乏赖氨酸和维生素，其缺乏程度见表 2-33。

表 2-33 小麦蛋白质中各种氨基酸的含量和缺乏程度

种类	色氨酸	赖氨酸	蛋氨酸	苯丙氨酸	苏氨酸	亮氨酸	异亮氨酸	缬氨酸
含量/(g/kg)	1.15	2.44	1.4	4.56	3.06	7.1	3.61	4.24
缺乏程度	−30.0	−55.0	−12.5	+40.0	−3.4	+30.4	−16.7	+4.5

注："−"表示与平衡比例缺乏的百分比；"+"表示与平衡比例相比过量的百分比。

强化氨基酸：研究表明，面粉中添加 1g 赖氨酸可增加 10g 可利用蛋白，添加量为 1~2g/kg。强化维生素：研究表明，面粉中增加维生素 B_1、维生素 B_2，添加量为 4~5mg/kg；维生素 C 可处理成维生素 C-磷酸脂、维生素 C-硫酸酯、维生素 C-钙、维生素 C-钠等，以免维生素 C 不稳定。强化矿物质：补钙主要用弱酸钙，成人供钙标准为 800mg/d。锌强化剂为葡萄糖酸锌、乳酸锌和柠檬酸锌。营养强化标准规定：锌加入量 20mg/kg，铁主要添加葡萄糖酸亚铁等。

强化的氨基酸主要是一些必需氨基酸或它们的盐,包括赖氨酸、蛋氨酸、苏氨酸和色氨酸等,尤以赖氨酸最重要。此外,对婴儿尚有必要适当强化牛磺酸。

三、果料

果料在焙烤食品生产中应用广泛,是糕点生产的重要辅料。

在焙烤食品的表面,有的放几瓣杏仁,有的粘一层芝麻或其他碎果仁,有的撒些色彩各异的果脯丁,有的还装饰成各种图案,使制品醒目、美观、增强色彩,可刺激食欲、提高商品的经济价值。果料在焙烤食品中除了装饰作用外,还具有提高制品的营养价值、改善风味、调节和增加制品的花色品种等作用,有的果仁还有一定的疗效作用。

焙烤食品中糕点类添加的果料最多,夹馅面包中的各种馅料也需要添加果料,饼干除极个别的品种外一般不使用果料。果料的使用方法是在制品加工中将其加入面团、馅心或用于装饰表面。下面介绍常用的一些果料。

(一) 籽仁和果仁

果仁和籽仁含有较多的蛋白质与不饱和脂肪酸,营养丰富,风味独特,被视为健康食品,广泛用做糕点的装饰料(装饰产品的表面)甚至馅料。常用的籽仁主要有芝麻仁、花生仁和瓜子仁;常用的果仁有核桃仁、杏仁、松子仁、橄榄仁、榛子仁、栗子、椰蓉(丝)等,西式糕点加工中以杏仁使用最多。常用籽仁和果仁成分见表 2-34。

表 2-34 常用果仁成分

名 称	脂肪含量/%	蛋白质含量/%	糖分/%	水分/%	灰分/%	纤维含量/%	含热量/(kcal/g)
花生仁(熟)	44.6	26.5	20.0	3	3.1	2.7	102.9
胡桃仁(干)	63.0	15.0	10.0	4	1.5	5.8	116.87
杏仁(炒)	51.0	25.7	9.0	3	2.5	9.1	104.5
松子仁(干)	63.0	15.3	13.0	4	2.6	2.8	118.8
榛子仁(炒)	49.5	15.9	16.0	8	3.4	6.9	100.3
香榧子(干)	44.0	10.0	29.8	6	3	7.0	97.14
芝麻(炒)	50.9	19.7	14.2	7	5.3	2.9	98.6

使用果仁时应除去杂质,有皮者应焙烤去皮,注意色泽不要烤得太深,由于果仁中含油量高,而且以不饱和脂肪酸含量居多,因此容易酸败变质,应妥善保存。

1. 花生仁

花生脱壳、干燥后即为花生仁。在选择花生仁时应该考虑使用符合等级标准的花生仁,等级指标一般包括感官指标和理化指标两大类。直接使用的一般是烤花生仁,其处理工序是以花生仁为主要原料,经浸泡、静置、烘焙而制成的带红衣或不带红衣的花生仁。糕点中常用的是不带红衣的花生仁。

2. 芝麻仁

芝麻按颜色分为白芝麻、黑芝麻、其他纯色芝麻和杂色芝麻四种。白芝麻的种皮为白色、乳白色的芝麻在 95%以上;黑芝麻的种皮为黑色的芝麻在 95%以上;其他纯色芝麻的种皮为黄色、黄褐色、红褐色、灰色等颜色的芝麻在 95%以上;不属于以上三类的芝麻均为杂色芝麻。

芝麻的选用应符合相应的等级标准,优质芝麻应是色泽鲜亮而纯净;籽粒大而饱满,皮薄、嘴尖而小,籽粒呈白色;具有芝麻固有的纯正香气和固有的滋味。

芝麻用于糕点时,需经炒熟或去皮。用于糕点外表的芝麻不需炒熟,用于馅的芝麻需炒熟。芝麻皮有涩味,且无光泽,因此白芝麻还需去皮。黑芝麻取其色,故一般不需去皮。

芝麻去皮的方法是将淘洗后保湿半小时的芝麻，放入卧式调粉机或立式搅拌机内，开慢速搅拌 15~20min，取出放在竹筛上，沉入水中，皮衣即漂浮除去，如不需炒熟，等吹干后去皮，稍加晾晒，存放使用。

3. 瓜子仁

瓜子仁有西瓜子、葵花籽等种类。优质的瓜子应是粒片或籽粒较大、均匀整齐、无瘪粒，干燥洁净。经加工去皮后，具有特殊的香味。

葵花籽根据其籽粒特征和用途可分为油用葵花籽和普通葵花籽两类。油用葵花籽粒小，壳薄，皮色多为黑色，含油量较高；普通葵花籽粒大，壳厚，含油量较低。

4. 核桃仁

核桃又名胡桃，是重要的坚果。核桃去外壳后即为核桃仁。核桃可分为棉仁核桃和夹仁核桃。棉仁核桃品质好，其特点是色纯、皮薄、仁满、内膈少，棉仁核桃容易取出核仁，核仁可呈"双蝶"仁整个取出；夹仁核桃的特点是色泽较暗、皮厚、仁瘦、内膈多，核桃仁不易取出，剥出的仁也多半是破碎的。

核桃仁有一层苦涩的外衣，核桃仁本身也略带涩味，去苦涩的方法如下：将核桃仁在 80~90℃的热水锅中浸 8~10min，并上下搅动 2~3 次，然后倾去水，用清水冲洗 2min，捞起后放入箩筐内，滤去水分，再摊放于竹筛上（厚 1.5~2cm），最后堆放烤房中以 50~60℃的热空气焙 10~12h，中间翻搅 1~2 次，使核桃仁含水量为 2%~5%，冷却后即可除去大部分苦涩味。

5. 甜杏仁

杏仁是杏子核的内果仁，肉色洁白，杏仁有甜杏仁和苦杏仁之分。苦杏仁含氢氰酸较高而不宜直接食用，但其香气较为浓烈。

杏仁中含油脂较多，具有特殊的芳香风味。同时，在去外皮加强味道及增加咀嚼性方面，杏仁比其他坚果更优越。

杏仁的外衣有涩味，其去皮方法是：去壳杏仁浸泡于 90℃热水中 4~5min，随后通过蒸汽室，再通过辊轧去皮，并以高压水冲去外皮，最后低温干燥至水分含量为 3% 左右，发出特有清香后冷却即可使用。

西点中使用的杏仁主要是美国和澳大利亚的杏仁，杏仁加工的制品有杏仁瓣、杏仁片、杏仁条、杏仁粒、杏仁粉等。

6. 松子仁

松子仁是松子的籽仁，有明显的松节芳香味，制成的焙烤食品具有独特的风味。优质的松子仁要求粒形饱满，色泽洁白不泛黄，入口微脆带肥，不软，无哈喇味。使用前要求除去外皮。松子仁含有大量的蛋白质、磷、钙、铁等营养成分，其油脂含量很高，油脂中的不饱和脂肪酸很多，极易氧化酸败，夏季更应注意保藏。

7. 榛子仁

榛子为高大乔木的种子，榛子分野生和栽培两种。野生榛子，子小肉瘦；培育榛子，子大肉厚，外形略似杏仁。

榛子焙炒后去除榛子外衣得榛子仁，榛子仁的颜色可从灰白至棕色，根据焙炒程度而异。榛子肉质较硬，有较好的香味。

8. 榧子

榧子又名榧实、香榧。干榧子微香，呈卵圆形，长 2~4cm，表面灰黄色或淡黄色，有纵皱纹；外壳质硬而脆，种仁呈黄白色卵圆形，表面有灰棕色皱缩的薄膜，并有油性，以个大、壳薄、种仁黄白色、不泛油、不破碎者为佳。

9. 椰蓉和椰丝

椰蓉是新鲜椰子仁肉经干燥脱水后制成的产品。椰子果实在收获后破裂、浸泡于水中，然后切开、水洗，脱除外壳，去除深色外衣，再切成碎片，在 90℃温度下干燥，最后经摇摆式筛网分级后即得椰蓉。如将椰子仁肉切成细丝，即为椰丝，或经糖渍、糖煮后可制成糖椰丝。

椰丝或椰蓉成品要求色泽洁白，微有油润感，有椰子特有的香味，无哈喇味。椰蓉焙炒后呈棕黄色、香味增加。

10. 橄榄仁

橄榄取其果核，破核得仁即是橄榄仁。仁状如梭，外有薄衣，焙炒后皮衣很易脱落。仁色白而略带牙黄色，仁肉细嫩，富有油香味。

（二）干果与水果

新鲜天然水果一般都含有很高的水分和很低的可溶性固形物，可溶性固体含量一般为 10%～15%，其中总糖分为 5%～10%，这对焙烤食品制作和保存带来极大困难。因此，天然水果一般需要经过熬酱、糖渍或干燥等方法处理，提高其可溶性固形物与总糖分，才能直接应用于焙烤食品中。

干果有时也称果干，是水果脱水干燥之后制成的产品。干燥方法可以是自然干燥或人工干燥。水果在干燥过程中，水分大量减少，蔗糖转化为还原糖，可溶性固形物与碳水化合物含量有较大的提高。焙烤食品中常用的干果有葡萄干、红枣等，多用于馅料加工，有时也做装饰料用。有些西式焙烤食品如水果蛋糕、水果面包等，果干直接加入到面团或面糊中使用。

新鲜水果和罐藏水果在西点中使用较多，主要用做高档面点的装饰料如馅料，如水果塔、苹果派等。如今，某些新鲜水果和水果罐头在中式糕点中也有使用，如菠萝月饼的馅料是由菠萝罐头制成的。

1. 大枣

大枣因加工方法的不同，而有红枣和黑枣之分。红枣根据果型和个头，可分为小红枣和大红枣。

优质的红枣应是果形饱满，具有本品种应有的特征，个大均匀；肉质肥厚，具有本品种应有的色泽，身干，手捏时不黏，杂质不超过 0.5%；无霉烂、浆头，无不熟果，无病虫、虫果、破头两项不超过 5%。

焙烤食品中常用红枣加工成枣泥，做糕点的馅料。

2. 山楂

山楂果实呈梨果球形或圆卵形，直径约 2.5cm，深红色且密布白色斑点；野山楂果实呈红黄色，近圆形。优质山楂果形整齐端正，无畸形，果实个大而均匀；果皮呈鲜艳的红色、有光泽、不皱缩、没有干疤、虫眼和外伤；具有清新的酸甜滋味。

山楂在焙烤食品中大多先制成山楂酱或山楂糕（又称金糕），然后才使用。

3. 葡萄干、桂圆、柿饼

葡萄干是由无核葡萄经自然干燥或通风干燥而制成的干果食品。优质葡萄干质地柔软，肉厚，干燥，味甜，含糖分多，表现为由青绿色到红褐色的一系列颜色。

桂圆是以新鲜桂圆经晾晒等干燥工艺加工而制成的干果食品。优质桂圆大小均匀，壳硬而洁净，肉质厚软，核小，味道甜，煎后汤液清口不黏。

柿饼是在柿子充分黄熟，肉质较硬而未软时采收，经晾晒、捏饼等工序加工制成的干果食品。优质柿饼色泽鲜黄，表面白霜多，洁净，肉厚，味甜适度。

（三）糖渍水果

糖渍水果是组织比较坚实的水果整个或半个糖渍处理后得到的产品。糖渍水果的原料应组织坚实，水果内的可溶性固体达到75％左右。如樱桃、菠萝、杏子、梨、苹果、李子、橘子、荔枝等。糖渍水果较大程度地保持了天然水果的质构与风味，应用到制品的馅心中效果较好。

（四）蜜饯

蜜饯是以干鲜果品、瓜蔬等为主要原料，经糖渍或盐渍加工而成的食品。其含糖量为40％～90％。多用于糕点的馅料加工及作为装饰料使用，在西点中直接加入面团或面糊中使用。常用的蜜饯类焙烤食品装饰材料有苹果脯、杏脯、糖橘饼、青梅、冬瓜条、红绿丝等。

（五）花料

花料是鲜花制成的糖渍类果料。糕点中常用的花料有甜玫瑰、糖桂花等，它们多用做各种馅心或装饰外表，桂花配入蛋浆时可起到除腥作用。

（六）果酱

果酱是水果熬酱之后制成的水果制品，果酱包括苹果酱、桃酱、杏酱、草莓酱、山楂酱及什锦果酱等，干果泥则有枣泥、莲蓉、豆沙等，果酱和干果泥大都用来制作糕点、面包的馅料或装饰品。焙烤食品中使用的果酱应根据生产需要来控制其可溶性固形物含量。一般作为夹心料的果酱可溶性固形物为75％左右。

四、可可粉

巧克力含有类黄酮抗氧化剂，有防止血管堵塞的作用，对心脏病、中风、高血压有一定的预防作用，同时巧克力味道可口，为人们所喜爱，故常应用于焙烤食品中。巧克力有以下几种分类。

① 牛奶巧克力。由可可脂、可可粉、乳制品、糖料、香料、乳化剂等制成。

② 白色巧克力。由可可脂、乳制品、糖料、香料、乳化剂等制成。

③ 黑色巧克力。是可可脂含量高的巧克力，根据可可脂的含量，黑色巧克力又可分为软质、硬质和超硬质三种。

巧克力中的可可脂是提高巧克力黏稠性的凝固剂。可可粉是巧克力的主要原料，有独特的口味和颜色。

以上几种巧克力都可作糕点、面包等焙烤制品的表面装饰或馅料等。

五、食碱

食碱（无水 Na_2CO_3）呈白色粉末。在和面时制成碱水加入小麦粉中。日本则是用混合碱水，其主要成分是 K_2CO_3、Na_2CO_3、Na_3PO_4 等。

1. 碱对制面工艺的作用

① 食碱对面筋质与食盐的作用相似，能收敛面筋质，使面团具有独特的韧性、弹性和滑爽性，但延伸性比盐水面团差。

② 碱可促进淀粉的熟化，提高面条的复水性，增进面条的口感。碱能加速淀粉形成凝胶，增加面粉黏度值，使面条蒸煮后坚实，同时也能缓和热度向面条中心的延伸速度，使面条在蒸煮过程中吸收更多的水分，以增加面条的出率。

③ 因碱性作用，能使面条中的类黄酮物质与铁离子结合，使面条出现淡黄色，起着色作用，但色泽不明亮。

④ 能使面条产生一种特有的碱性风味，吃时爽口不黏，煮时汤水不浑。

⑤ 能使面团的 pH 值达到9～11，酶类（破坏面条品质的酶类，包括会使面条产生黑

点的氧化酶、使面团弱化的蛋白酶、使淀粉形成流体的淀粉酶）不能产生作用，从而使面条保持光泽，同时也能使湿切面不易酸败变质，便于流通销售。

⑥ 碱会严重破坏面粉中的维生素，特别是 B 族维生素等营养成分。

2. 碱的使用

碱一般在和面时加入。但必须先将碱溶解于水，然后用碱水和面。溶解时要一点一点地把碱粉倒入水池中，同时进行搅拌才易溶解。在溶解食碱时会产生溶解热，使碱水温度升高，应冷却后再使用。通常在使用前一天把碱水调配好，或上一班为下一班配制好碱水。以方便面为例，制作时是用盐、碱水和面的，即先把碱在水中溶解好，调节好浓度，再加入一定量的食盐。

食碱的加入量为面粉质量的 0.15%～0.2%，不能任意提高加碱量。因太高的 pH 值会使面条表面在煮熟过程中损坏，食用品质降低。

【思 考 题】

1. 面粉的种类有哪些？其在烘焙食品中起的作用和性能是什么？
2. 何为面筋？影响面筋生成率的因素有哪些？衡量面筋工艺性能的指标有哪些？
3. 为什么荞麦、燕麦的营养价值高？
4. 糖的种类有哪些？糖在烘焙食品中有什么作用？
5. 油脂的种类有哪些？油脂对焙烤食品有什么影响？
6. 乳制品的种类有哪些？乳制品在焙烤食品中有何作用？
7. 蛋制品的种类有哪些？蛋制品在焙烤食品中有何作用？
8. 何为食品添加剂？食品添加剂的种类有哪些？其在焙烤食品中有何作用？
9. 何为淀粉的糊化和老化？其本质是什么？

实验一 小麦面筋制作及品质测定

一、实验目的

1. 掌握小麦面筋的制作过程。
2. 测定各种小麦的小麦面筋含量，并通过实验证明洗制面筋的产量随洗制条件而异。
3. 根据面筋的颜色、弹性及延伸性评定其品质。

二、仪器、试剂及材料

1. 仪器

天平（精确到 0.01g）、表面皿、细筛和二号标准筛、米尺、小瓷杯或大瓷杯。面筋单位伸长度测定仪。

2. 试剂

碘液、不同浓度的 NaCl 溶液。

3. 材料

正常的、冻伤的、自然的、过分干燥的或生虫的小麦籽粒。各种等级的新鲜小麦或长期储藏的陈面筋粉。

三、方法和步骤

1. 面筋的制作

取各种小麦子粒的试样 50g。清除尘埃杂质，用实验室磨粉机磨细，使全部的麦粒能通过筛孔孔径为 0.90~0.95mm 的金属筛，仔细将麦粉混合，从中称取定量样品（精确到 0.01g）：全麦粉 25g、特制粉 10g、标准粉 20g。将此样放入洁净的小瓷杯或小瓷皿中，加入室温清水（约试样质量的 1/2），先用棒和成团，再用手搓，至成球形面团而且不粘瓷皿及手指为好。将此面团放于杯中，盖上表面皿，静置 20min，使粉粒均匀地渗透水分，然后用 15~20℃ 的自来水约 1L 倒入小盆或大瓷杯内，把面团浸于水中用手指洗。当淀粉和麸皮在水中聚集很多时需换水，共换 2~4 次水。每次换水时需要用细密网筛或筛绢过滤，以便将偶然掉下的面筋碎屑并入洗得的面筋团内。当淀粉和麸皮完全洗去，面筋团挤出的水几乎透明时，洗揉即可停止。为了确保面筋是否完全洗净，可以在洗好的面筋中挤出一滴水来，于表面皿上加碘液 1 滴至无蓝色出现即可。

（1）湿面筋含量　将洗好的面筋团放于两手掌之间，挤出多余的水，在感到黏手时即可挤压，立即放于已称重的表面皿，用天平称量，接着再洗涤面筋 2~3min，再挤压称重，如果两次称重的差数不超过 0.1g 时，即可停止洗涤。计算样品的湿面筋含量，用百分数表示。

两次平行测定的差数不得超过 2%，取其平均值。

（2）干面筋含量　取洗好的面筋团称量后，放入在预先烘干并已经称量的玻璃板上摊成一薄层，然后放入 105℃ 的恒温箱内烘 2~3h，冷却后称量，在继续烘 1h，再冷却称量，直至质量不变，计算其百分数。

（3）改变洗制条件测定面筋含量　改变静置时间：取正常的、冻伤的、自然的、过分干燥的或生虫的小麦籽粒，用上述方法测定湿面筋含量，静置时间采用 70min 或 120min，改变洗水温度，使正常的或冻伤的小麦籽粒，用同种方法测定面筋含量，洗水温度采用 0℃、15℃、30℃。改变洗水酸度及其含盐量，取正常的小麦籽粒用不同的浓度（0、0.5%、2.0%、3.0%、4.0%、5.0%）的食盐水溶液洗涤测定面筋含量。

根据所得的结果说明洗涤条件对面筋含量的影响，并分析其原因。

2. 面筋品质的评定

（1）颜色　洗好的面筋在称量前，观察其色泽，发光带淡红色的为好面筋，发暗无光泽的为坏面筋。

（2）弹性　称量洗好的面筋 4g，放入 15~20℃ 的水中 15min，然后测定其弹性和延伸性。

弹性用手指挤压和拉长面筋来确定，可分为三种：良好弹性（面筋拉长时有很大的抵抗力，被手指按压后能迅速复原而不留抵压痕迹）；脆弱弹性（面筋被拉长时几乎没有抵抗力，它可以下垂，有时因本身重量而自行断裂）；适当弹性（介于两者之间）。

（3）延伸性　用左右手的三个手指，从两端将面筋在米尺上均匀的拉长，记录下拉至断裂的长度。面筋必须在 10s 内拉开，拉长时不得将其扭转。

面筋的伸长度分为三种：短的（8cm 以下）、中等的（8~15cm）、长的（15cm 以上）。根据弹性和延伸性可把面筋分为三种：第一种是弹性好伸长度为长的或中等的；第二种是弹性好伸长度短或弹性适中，而伸长度为长的或中等的或短的；第三种是弹性弱，容易拉长，掉挂时由于本身质量而自行破裂以及毫无弹性，容易流散。

（4）比延性　记录面筋的单位伸长度，其测定方法如下：称取洗好的面筋 25g，搓成球状，放置于 15~20℃ 水中 15min，然后取出穿挂在量筒盖的小钩上，其下端穿上 5g 砝码（不要使上下两钩在面筋球内接触）把它小心地放在盛有 30℃ 水的量筒中 2h，从开始放入起每隔 20min 记录一次面筋延伸的长度（可在贴于量筒的纸上，划一水平线），然后计算单位时间面筋的伸长度（cm/min）并绘制面筋伸长度曲线（以时间为横坐标，伸长度为纵坐标）。面筋可分为三种类型，如表2-35所示。另外，根据比延长性也可以进行面筋的品质评定。

表 2-35 面筋类型

面筋类型	过度坚韧易碎	正常	脆弱
单位时间伸长度/(cm/min)	0.4以下	0.4~1	1以上

四、测定时应该注意的问题

1. 面筋揉团时黏附在瓷杯或手指上的粉糊需用力刮下，并入杯内。
2. 洗涤不正常小麦籽粒的面筋时在出水时更应该缓慢细心。
3. 测定比延性时如果面筋非常脆弱不能黏结，经受不住砝码的质量而易断裂，则不必表明其单位伸长度，而简要地叙述实际观察到的情况即可。

五、讨论

1. 面筋含量和品质是小麦品质的重要标志，但测定面筋的方法是有条件的，必须严格遵守。
2. 洗涤面筋也可用面筋洗制机，先将揉好的面团，放于机内开放水门，以300r/min的速度冲洗，至洗水完全清晰、麸皮几乎完全洗净为止，然后将面筋团挤干称量。

第三章　焙烤食品制作基础知识

> **学习目标**
>
> 1. 掌握焙烤食品成型的基本方法。2. 掌握焙烤食品的成熟方法。3. 掌握常见馅料的制作技术。4. 掌握焙烤食品常见装饰品的加工使用技术。

第一节　焙烤食品成型的基本方法

一、面点成型基本技术

面点成型基本技术是指在制作中西点心的过程中,为面点制品生坯的成型而创造出良好条件的操作技术。它包括搓条、下剂、制皮、上馅等四个操作环节,同时又是连接面团调制基本技术和面点成型技术的唯一的桥梁。

（一）搓条

1. 搓条的操作方法

先用刀将较大的面团切成条状（有时也可直接将面团拉成长条）,然后双手均匀用力推搓,先中后外,边推边搓,逐次向两侧延伸（图3-1）。搓条时要求双手用力均匀,轻重有度。条子的粗细要根据剂子的大小而定。

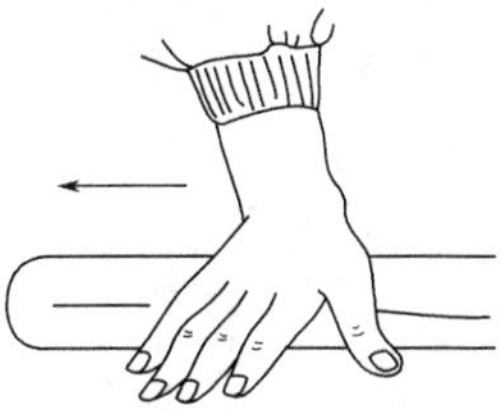

2. 搓条的质量标准

搓出的条子应达到粗细均匀、光滑圆整,无裂纹、不起毛,符合下剂的要求。

图3-1　搓条

（二）下剂

下剂是指将搓好条子的面团,按照制品的规格要求,下成大小一致的剂子。剂子大小是否一致,是关系到成品的分量是否准确、形态大小是否美观的关键。根据面团的特性,下剂的常见方法有揪剂法、切剂法、挖剂法等。不论采用哪种方法,其目的都是为了适应和符合制品质量的要求。

1. 下剂的操作方法

（1）揪剂法　左手握条,手心向身体一侧,四指弯曲,从虎口处露出相当于坯子大小的条头,用右手拇指和食指捏住面剂顺势向下用力揪下,然后转动一下左手中的条依次再揪,这样可使揪下的面剂外观圆整。此方法适用于水调面团中的水饺、蒸饺、糕点等品种的制作（图3-2）。

（2）挖剂法　左手托剂,右手四指弯曲,从剂头向中间由外向内凭借五指的力量挖截。此法适用于较柔软的面团或用于较粗的剂条。日常生活中所制作的大包、中包、馒头、烧饼等的面剂较大,都是用此法下剂的（图3-3）。

（3）切剂法　用刀将卷筒状的剂条进行切剂。此法速度快,截面平整,适用于油酥、花卷、面包、刀切馒头等品种的制作（图3-4）。

图 3-2　揪剂法　　　　　图 3-3　挖剂法　　　　　图 3-4　切剂法

2. 下剂的质量标准

剂子大小一致，圆整，无毛刺，利于制皮或包馅、成型，符合规定的分量。

（三）制皮

制皮是指将坯剂制成面皮的过程。凡是需要包馅成型的品种，都必须有制皮这一工序。由于面团的性质不同、制品要求不同，制皮的方法也有所不同。常用的制皮方法有按皮、擀皮、压皮、拍皮、摊皮等，它们的技术动作差别很大。

1. 制皮的操作方法

（1）按皮　将面剂撒上薄面粉，以右手掌将其按成中间稍厚的圆形皮即可。此法适用于糖包、鲜肉包等品种的制作（图 3-5）。

（2）擀皮　擀皮是主要的制皮方法之一，也是最普遍的制皮方法。它以擀面杖为工具，因擀面杖有不同的种类，所以擀的方法也不一样。一般情况是先根据制皮的需要选用擀面杖，然后再根据所选的擀面杖来确定具体的擀皮方法。图 3-6 和图 3-7 分别为单手杖擀皮和双手杖擀皮示意，图 3-8 为烧卖皮的擀法示意。

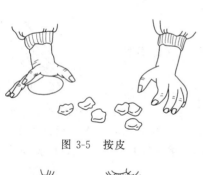 

图 3-5　按皮　　　　　　　　　　　　图 3-6　单手杖擀皮

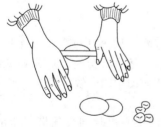 

图 3-7　双手杖擀皮　　　　　　　　　图 3-8　烧卖皮的擀法

（3）压皮　面团调制好后先搓条再用刀切剂，然后用手将面剂按扁，放在平整的案板上，用刀面按住，右手持刀，左手按刀面向前面旋压，将其压制成一边稍厚、一边稍薄的圆形坯皮。此方法适用于制作澄粉面团的制品（图 3-9）。

图 3-9 压皮

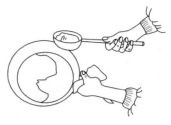
图 3-10 摊皮

(4) 拍皮　拍皮时一般是先按，按到一定圆度后，再用右手沿剂边用后掌逆时针拍皮，边拍边转即可。此方法一般适用于包制大包子等。

(5) 摊皮　待平锅烧热后，便将手中上劲的面团（摊皮的面要稀软，一般以每500g面粉掺水400～500g为宜，并且要略加盐，反复打搅，使面团起筋）用右手抓起不停地抖动，迅速朝平锅上顺势按转一摊即成圆形皮，再一按一转立即拿起面皮抖动，这样，反复多次就可以制成既圆又薄的春卷皮。制作时动作要快，圆形皮的薄厚要均匀，大小要一致（图 3-10）。

2. 制皮的质量标准

制出的皮要求平展、厚薄均匀、大小一致、圆整，符合包馅成型的要求。

（四）上馅

上馅是把馅料放于皮子上包入馅心的过程。上馅技术往往是与成型技术连贯在一起的，上馅的好坏，将直接影响到制品的成型。根据不同面点的形状要求，上馅的方法有包馅法、卷馅法、夹馅法、拢馅法等。

(1) 包馅法　将馅心放在皮的中间，然后采取不同的成型方法将馅心包在中间。此法是最常见的。如包子、饺子、汤圆等。但由于这些品种的成型方法不相同，如无缝、捏边、卷边、提褶等，因此上馅的多少、部位、方法也就随之不同。

(2) 卷馅法　先将面剂擀成一片，再全部抹馅（一般是细碎丁馅或软馅），然后卷成筒形，熟后切成块，露出馅心，如卷糕、豆沙花卷、卷筒蛋糕等。

(3) 夹馅法　一层粉料一层馅，上馅要均匀而平，可以夹上多层。对稀糊面的制品，则要蒸熟一层后再上馅，再铺另一层，如三色蛋糕等。

(4) 拢馅法　将较多的馅心放在坯皮的中间，上好馅后轻轻将坯皮拢起捏住，不封口，要露馅。此法多用于制作各式烧卖等品种。

二、面点成型技术

面点成型技术是指利用调制好的面团，按照面点的要求，运用各种方法制成多种多样形状的半成品或成品的一项操作技术。它同时又是面点制作工艺中一项技术要求高、艺术性强的重要的操作环节。它通过形态的变化，丰富了面点的花色品种，并体现了面点的特色。如龙须面、船点等面点，就是以独特的成型手法而享誉海内外。

面点的形态丰富多彩、千姿百态，其成型方法也多种多样，归纳起来有卷、包、捏、切、按、叠、剪、模具成型、滚沾、镶嵌等多种方法。

（一）卷

卷是面点成型中的一种常用的方法。卷的方法及各种造型见图 3-11。

1. 中点的卷法

在中式点心的成型中，卷又有"双卷"和"单卷"之分。无论是双卷还是单卷，在卷之前都要事先将面团擀成大薄片，然后或刷油（起分层作用）或撒盐或铺馅，最后再按制

图 3-11　卷的方法及各种造型

品的不同要求卷起。卷好后的筒状较粗，一般要根据品种的要求将剂条搓细，然后再用刀切成面剂，即制成了制品的生坯。

"双卷"的操作方法是：将已擀好的面皮从两头向中间卷，这样的卷剂为"双螺旋式"。此法可适用于制作鸳鸯卷、蝴蝶卷、四喜卷、如意卷等品种。"单卷"的操作方法是：将已擀好的面皮从一头一直向另一头卷起成圆筒状。此法适用于制作蛋卷、普通花卷等。

2. 西点的卷法

在西式点心的成型中，卷又有"双手卷"和"单手卷"之分。无论哪种都是从头到尾用手以流动的方式，由小到大地卷成。

"双手卷"的操作方法是：将蛋糕薄坯置于工作台上，涂抹上配料，双手向前推动卷起成型，卷制时不能有空心，粗细要均匀一致。如制作蛋糕卷等品种。

"单手卷"的操作方法是：用一只手拿着形如圆锥形的模具，另一只手将面坯拿起，在模具上由小头轻轻地卷起，双手配合一致，把面条卷在模具上，卷的层次要均匀。如制作清酥类的羊角酥等品种。

（二）包

包是将馅心包入坯皮内使制品成型的一种方法。它一般可分为无缝包法、卷边包法、捏边包法和提褶包法等几种。

（1）无缝包法　先用左手托住一张制好的坯皮，然后将馅心放在坯皮的中央，再用右手掌的虎口将四周的面皮收拢至无缝（即无褶折）。此法的关键就在于收口时左右手要配合好，收口时要用力收平、收紧，然后将剂顶揪除（最好不要留剂顶）。由于此法比较简单，常用于糖包、生煎包等品种的制作。

（2）卷边包法　在两张制好的坯皮中间夹馅，然后将边捏严实，不能露馅，有些品种还需捏上花边。此法常用于酥盒、酥饺类品种的制作。

（3）捏边包法　先用左手托住一张制好的坯皮，将馅心放在坯皮上面，然后再用右手的大拇指和食指同时捏住面皮的边沿，自右向左捏边成褶即成。

（4）提褶包法　先用左手托住一张制好的坯皮，然后将馅心放在坯皮上面，再用右手的大拇指和食指同时捏住面皮的边沿，自右向左，一边提褶一边收拢，最后收口、封嘴。此法要求成型好的生坯的褶子要清晰，以不少于18褶（最好是24褶）为佳，纹路要稍直。此法的技术难度较大，主要用于小笼包、大包及中包等品种的制作。如：苏式面点中的甩手包子实际上就是指提褶包子。由于甩手包子皮软、馅心稀，所以在包制时要求双手配合甩动，使馅和皮由于重力的作用产生凹陷，便于包制。

（三）捏

捏是以包为基础并配以其他动作来完成的一种综合性成型方法（图 3-12）。捏的难度较大，技术要领强，捏出来的点心造型别致、优雅，具有较高的艺术性，所以这类点心一一般用于中高档筵席等。如：中式面点中常见的木鱼饺、月牙饺、冠顶饺、四喜饺、蝴蝶饺、苏州船点和西式面点中常见的以杏仁膏为原料而制成的各种水果、小动物等，均是采用捏的手法来成型的。因捏的手法不同，捏又可分为挤捏（如木鱼饺就是双手挤捏而成）、推捏（如月牙饺就是用右手的大拇指和食指推捏而成）、叠捏（如冠顶饺就是将圆皮先叠成三边形，翻身后加馅再捏而成）、扭捏（如青菜饺就是先包馅后上拢，再按顺时针方法把每边扭捏到另一相邻的边上去而成型的），另外还有花捏、褶捏等多种多样的捏法。

图 3-12　捏

捏法主要讲究的是造型。捏什么品种，关键在于捏得像不像，尤其是中西面点中的各种动物、花卉、鸟类等，不仅色彩要搭配得当，更重要的是形态要逼真。

（四）切

切是借助于工具将制品（半成品或成品）分离成型的一种方法。此法分为手工切和机械切两种。手工切适于小批量生产，如小刀面、伊府面、过桥面等；机械切适于大批量生产，特点是劳动强度小、速度快。但其制品的韧性和咬劲远不如手工切。此法多用于北方的面条（刀切面）和南方的糕点等品种的制作。

（五）按

按是指将制品生坯用手按扁压圆的一种成型方法。在实际操作中，它又分为两种：一种是用手掌根部按；另一种是用手指按（将食指、中指和无名指三指并拢）。按的方法比较简单，比擀的效率高，但要求制品外形平整而圆、大小合适、馅心分布均匀、不破皮、不露馅、手法轻巧。此法多用于形体较小的包馅品种（如馅饼、烧饼等，包好馅后，用手一按即成）的制作。

（六）叠

叠是将坯皮重叠成一定的形状（弧形、扇形等），然后再经其他手法制成制品生坯的一种间接成型方法。叠的时候，为了增加风味往往要撒少许葱花、细盐或火腿末等；为了分层往往要刷上少许色拉油。此法多用于酒席上常见的兰花酥、莲花酥、荷叶夹、猪蹄卷等包馅品种的制作（图3-13）。

图 3-13　叠

（七）剪

剪是用剪刀在面点制品上剪出各种花纹。如：苏式船点中的很多品种，就必须在原成型的基础上再通过剪的方法才能得以完成；酒席点心中寿桃包的两片叶片，也可在成熟后用剪刀在基部剪制而成。

（八）模具成型

模具成型是指利用各种食品模具压印制作成型的方法。模具又叫模子、邱子，有各种不同的形状，如花卉、鸟类、蝶类、鱼类、鸡心、桃叶、梅花、佛手等。用模具制作面点的特点是形态逼真、栩栩如生、使用方便、规格一致。在使用模具时，不论是先入模后成熟还是先成熟后压模成型，一般都必须事先将模子抹上熟油，以防粘连（图3-14）。

（九）滚沾

先以小块的馅料沾水，放入盛有糯米粉的簸箕中均匀摇晃，让沾水的馅心在干粉中来回滚沾，然后再沾水、再次滚沾，反复多次即成生坯。此法适用于元宵、藕粉圆子、炸麻

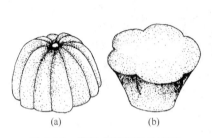

图 3-14 模具成型制作的面点

图 3-15 滚沾

团、冰花鸡蛋球、珍珠白花球等品种的制作（图 3-15）。

（十）镶嵌

将辅助原料直接嵌入生坯或半成品上。用此法成型的品种，不再是原来的单调形态和色彩，而是更为鲜艳、美观，尤其是有些品种镶上红丝、绿丝等，不仅色泽艳丽，而且也能调和品种本色的单一化。镶嵌物可随意摆放，但更多的是拼摆成有图案的几何造型。此法常用于八宝饭、米糕、枣饼、百果年糕、松子茶糕、果子面包、三色拉糕等品种的制作。

除了以上介绍的成型方法外，还有一些独特的成型方法，如搓、抹、挤注、押、削、拨、摊、擀、钳花等，操作示意详见图 3-16～图 3-21。在此不再一一叙述。

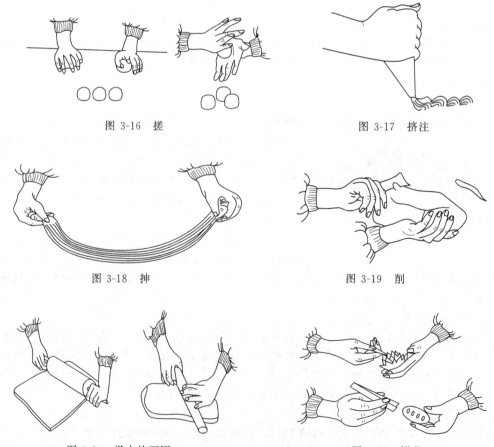

图 3-16 搓　　　　　图 3-17 挤注

图 3-18 押　　　　　图 3-19 削

图 3-20 擀大块面团　　图 3-21 钳花

第二节　焙烤食品的成熟方法

面点成熟技术是指在制作中西点心的过程中，利用不同的加热方法使制品生坯成熟，并使其在色、香、味、形等方面达到工艺性能要求的一项操作技术。它同时也是中西面点制作过程中的一道最重要的工序。因此，行业中有"三分做功、七分火功"之说。

在日常生活中，有些面点是先熟制而后成型的，例如糕点中的清水蛋糕、夹心奶油蛋糕等；而大多数面点制品都是先成型而后熟制的，这些制品的形态、特点基本上都在熟制前一次定型或多次定型，熟制中除部分品种在体积上略有增大、色泽上有所改变外，基本上没有什么"形"的变化。

使面点成熟的方法较多，归纳起来，在实际生产中主要有烤、炸、煎、蒸、煮、烙等六种最常用的方法。

一、烤

（一）基本概念

烤是利用烤炉内的辐射、对流、传导三种方式同时使制品生坯成熟的一种方法。此方法是中西面点制作中最常用的成熟方法，它的使用范围较广，主要适用于面包、蛋糕、浆皮类点心、清酥类点心、层酥类点心、饼干等品种的成熟，如戚风蛋糕、泡芙、软质面包、广式莲蓉月饼、叉烧千层酥等。

烤又叫烘烤、烘焙。制品生坯在烘烤过程中的受热成熟，是通过同时存在的辐射、对流和传导这三种方式来实现的。目前常用烤炉的特点是：炉温可在 0～300℃ 之间进行变化，可使制品受热均匀至成熟。

制品生坯在烘烤的过程中，由于在高温的作用下，就会发生一系列的物理化学变化。其主要变化是：一方面，制品表面的水分急剧蒸发、淀粉糊化、蛋白质变性、糖分焦化，使制品表面形成一层金黄色、韧脆的外壳；另一方面，当表面温度逐渐传到制品的内部时，温度不再保持原有的高温，降为 100℃ 左右，这样的温度仍可使淀粉糊化和蛋白质凝固，再加上内部气体受热膨胀、水分散发减少，这样就形成了制品内部松软而富有弹性的特性。

因此，烤制品具有色泽鲜明、形态美观、外部酥香、内部松软、富有弹性等特点。

（二）注意事项

1. 正确识别火候

烤制的关键在于火候的掌握，它比炸、煎、蒸、煮等其他成熟方法要复杂。烤箱内上下左右的温度对制品质量均有重要影响。

对于烤炉的火候，在行业中有不同叫法，如：按火候的大小可分为微火、小火、中火、旺火；按部位可分为底火、面火。同时，每种烤箱的体积、结构、火位不同，火候也不相同，致使烤箱内不同部位的温度也不一样。在实际操作中，对烤箱内的温度分类大致如下：120～150℃ 微火，150～180℃ 小火，180～210℃ 中火，210～240℃ 旺火。

一般来说，在烤制时主要是根据制品的要求来调节烘烤温度和烘烤时间。由于不同品种、不同阶段需要用不同的火力，技术较为复杂，因此很难做出统一的规定。

2. 合理调控炉温

在烘烤的过程中，大多数品种外表受热以 150～200℃ 为宜，即炉温应控制在 200～220℃。如温度过高，制品易呈外焦内生的现象；如温度过低，制品既不能形成光亮金黄的外壳，也不能促使制品内部成熟。

现在大多数品种都采用"先高后低"的调节方法，即刚入炉时，炉温要高，使制品表面上色。外壳上色后，降低炉温，使制品内部慢慢成熟，达到外脆内软的目的。但也有一些品种则采用"先低后高"的调节方法，即让制品组织发生变化后，逐渐提高炉温，使制品成熟定型。所以，炉温的调节应该根据具体品种来确定。

3. 掌握烤制时间

制品烤制的时间应根据具体品种而定，如制品的体积较小、较薄则时间要短；较厚、较大则时间要长。此外，由于面点特色不同，在烤制时间上也有许多差别，如制品质地松软的烤制时间要短；质地偏硬的则时间要稍长些。烘烤的总体要求是内外必须成熟。

4. 注意操作安全，预防烫伤或触电事故的发生

二、炸

（一）基本概念

炸是以油脂为传热介质，使制品生坯成熟的一种方法。此方法的使用范围较广，它主要适用于油酥面团、矾碱盐面团、米粉面团等类品种的成熟，如奶油炸糕、糖耳朵、酥盒、油条、油饼、萨其马、馓子、麻花等。

由于油脂在加热过程中能产生从常温20～340℃（燃点）之间的温度变化，因此，在炸制时使用较多的油量，通过人为的操作和控制其温度，就可使制品生坯在成熟过程中发生淀粉糊化、蛋白质变性、糖分焦化、水分挥发等现象，从而也使得炸制品具有外酥里嫩、膨大松发、香脆、色泽美观等与众不同的显著特点。

（二）注意事项

1. 了解油温的分类

炸制品在其成熟时应该需要多少度的油温，通常是根据该制品的风味和面团的特性等方面来确定的，这也就是说不同的品种需要用不同的油温来成熟。而在实际操作中，如果要使用温度计来测试实际油温则是不太现实的。再加上油脂在加热后所产生的温度升温和变化也较快，如果对油温控制调节不好，成品就容易出现焦、糊、不熟、色浅、不酥、不脆等问题。

在实际操作中如何来识别油温呢？在行业中一般以成数来测定，即每升高1成油温，温度则升高了30℃左右。从面点的炸制情况来看，最常用的油温可分为两类：一类是温油，它一般指3～4成油温，即90～120℃之间；另一类是热油，它一般指7～8成油温，即210～240℃之间。需要在此指出的是，此划分法虽然不够科学，且各地的标准也不一样，但在实际运用中，大都是使用温油和热油这两种油温的。

2. 正确调控油温

由于不同品种需要不同的油温，如：有的需要温度较高的热油，有的需要温度较低的温油，有的油温需先高后低或先低后高，情况极为复杂。因此，我们要根据制品所要求的口感、色泽及制品体积大小、厚薄程度等灵活掌握油温。一般情况下，需要颜色浅或个体较大的品种，油温要低些，炸制时间要稍长些，如奶油炸糕、烫面炸糕等；需要颜色较深或制品体小而薄的，油温可稍高，而炸制时间则相应缩短。有些品种需急火快炸以达到外焦脆而里松软的要求，如油饼、油条等；而有些品种则需小火慢炸，以达到酥脆要求，如麻花、开口笑等。

3. 掌握制品成熟时间

凡制品生坯较小、较薄或受热面积相对较大时，炸制的时间应短些，并及时起锅；反之，坯形较大、较厚或受热面积较小时，炸制的时间就应长一些。

4. 炸制时用油量要充分

一般来说，用油量宜多不宜少，有时可达生坯的十几倍或几十倍，这样才能使生坯有充分的活动余地。否则，用油量少易使生坯拥挤，影响其成熟或造成色泽不匀，严重的还会使生坯之间互相粘连，影响成品外观形状。

5. 油质要清洁

不洁的油会影响热传导或污染制品，不易成熟，色泽变差。如用新的植物油，还应预先烧热，以除掉异味。对使用过一次的油，要经过过滤后再用。

6. 注意操作安全，预防烫伤或火灾事故的发生

油是易燃物质，且温度变化很快，在操作时，精神一定要高度集中，如稍有疏忽，则极易发生热油烫伤或火灾事故。

三、煎

（一）基本概念

煎是利用油脂及锅体的金属热传递使制品生坯成熟的一种方法。此方法的使用范围较广，它主要适用于易成熟或复加热的品种，如煎班戟、三鲜豆皮、煎年糕等。

根据制品的特点，煎有下列两种方法：一种是油煎法，即将较少量的油加入平底锅中，使生坯在受热锅体及油温双重加热的作用下，煎至两面焦黄、香脆后即成熟。此方法在煎制时要经常翻身，挪动位置，它主要适用于加工各种饼类品种，如馅饼、盘香饼等；另一种是水油煎法，即将锅内放入少量油，烧热后将制品生坯放入，待煎至底面焦黄后再加入少量水，盖上锅盖，将这部分水烧开变为蒸汽，然后以蒸汽传热的形式使生坯成熟，即又煎又焖，致使生坯底部焦脆、上部柔软，最后成熟即可。此方法在煎制时一般都不翻身，不挪动位置，只有煎两面脆的制品才要翻一次，因此，煎制品具有香脆、柔软、油润、光亮等特点。它主要适用于加工煎包、煎饺等品种。

（二）注意事项

1. 掌握火力

煎制时，火力要均匀，且不宜过高。在生坯成熟的过程中，为使其达到受热均匀，还要经常移动锅位，或一排一排移动生坯位置，防止焦糊。另外，还要掌握好翻坯的次数。在一般情况下，煎制时间应视品种大小、厚薄而定。总之，要使制品成熟恰到好处，才能保证成品的特色和风味。

2. 放油量和放生坯的方法均要适当

锅底抹油不宜过多，以薄薄一层为宜。个别品种需要油较多，但也不宜超过所煎生坯厚度的一半。否则，制品水分挥发过多，易失去煎制品的特色。在煎多量生坯时，放生坯要从锅的四周外围放起，逐步向中间摆放，这样可以防止焦糊和生熟不匀。

3. 掌握好洒水量

在使用水油煎法时，洒水量及次数要根据制品成熟的难易程度而定。每煎制一锅，需洒上几次少量的水（或和油混合的水）。洒水后必须盖紧锅盖，使水变成蒸汽传热焖熟，防止出现夹生现象。

4. 注意操作安全，预防烫伤

四、蒸

（一）基本概念

蒸是指在常温、常压下，将已成型好的制品生坯放入蒸笼里，利用水蒸气的热传导使其成熟的一种方法。此方法是中式面点制作中最常用的成熟方法。它主要适用于膨松面

团、米粉面团、水调面团等品种的成熟。

当制品生坯入蒸笼受热后，生坯面皮中所含的蛋白质和淀粉就会逐渐发生变化：蛋白质受热后开始变性，温度越高，变性越大，直至蛋白质全部变性凝固；淀粉受热后膨胀糊化，并在糊化的过程中，吸收水分变为黏稠胶体，出笼后因温度下降又冷凝成凝胶体，使成品表面光滑。

因此，蒸制品具有形态完整、口感松软、馅心鲜嫩、易被人体消化吸收等特点。

（二）注意事项

1. 蒸锅内的水量要适当

蒸锅内的水量如过满，当水沸腾时，易冲击浸湿蒸笼，影响制品的质量；水量如过少，则产生的蒸汽不足，也会影响制品成熟。所以，蒸锅内的水量一般以八成满为宜。

2. 要待水开汽足才能上笼蒸制

上笼蒸制时，必须水开汽足后才蒸，如蒸锅内是冷水或温水时就将生坯上笼蒸制，则会严重影响制品的质量。

3. 在蒸制过程中应保持旺火大汽，并盖紧笼盖

即要一次蒸熟、蒸透，防止漏汽，中途不能开盖，不宜加冷水。以免因走汽或温度不足而延长成熟时间，使面点出现粘牙、坍塌等现象。

4. 不同体积的蒸制品，应掌握不同的蒸制时间

当制品成熟后，要及时下笼。如蒸制时间过长，则容易出现水状斑点等现象，进而影响到制品的质量。

5. 保持蒸锅内水的清洁

大量蒸制后，蒸锅内的水质会发生变化（如水发黄呈碱性或有油腻浮层等），影响蒸制品的质量。因此，要注意经常换水，以保持锅中水的清洁。

6. 注意操作安全，预防被蒸汽或开水烫伤

五、煮

（一）基本概念

煮是指把已成型好的生坯，下入沸水锅中，利用水分子的热对流作用，使其成熟的一种方法。此方法的使用范围较广，它主要适用于面制品和米制品等类品种的成熟，如面条、馄饨、汤圆、元宵、粥、米饭、粽子等。

根据品种风味的不同，煮又可分为出水煮与带汤煮两种。出水煮主要用于半成品的成熟，成熟后加上烹调好的调配料、汤汁再食用，如抻面、水饺等。带汤煮主要指汤汁或清水连同主料、配料、调料一同煮制，或先后加入，使制品成熟。带汤煮主要用于原汁原汤的品种，如三鲜米粉、八宝粥等。

由于煮的温度在100℃或100℃以下，所以，煮制品生坯的加热时间较长，成熟较慢，其表皮易糊化，除体积上略有增大、色泽上有所改变外，基本上没有什么"形"的变化。

煮制品具有爽滑、韧性强、有汤汁等特点。

（二）注意事项

1. 锅内加水要足

即行话所说的"水要宽"，一般水量比制品要多数倍，这样才能使制品在水中有充分的滚煮余地，并使之受热均匀，不致粘连，汤也不容易浑浊。

2. 开水下锅并保持旺火沸水

煮时要待水开才能将生坯放入锅内，并且要始终保持水呈沸而不腾的状态。若滚腾较

大时可添加适量的冷水，行话称为"点水"。一般来说，每煮一锅，要点水三次以上。

3. 生坯下锅的数量要适当

同一锅中煮制制品的生坯数量要适当，数量过多（或水量不足）时易造成煮制品粘锅、粘连、糊化、破裂等现象。煮制时应边下生坯边用勺推动，防止煮制品堆在一起，受热不匀，相互粘连。

4. 制品成熟后，要及时起锅

制品成熟后，若不及时起锅，极易造成制品糊烂、露馅等。不管什么制品，煮制时既要达到成熟，又要恰到好处，其关键在于起锅及时，这样才能保证制品的质量和风味特点。

5. 保持锅内水的清澈

在连续煮制时，要不断加水，当发现水变浑浊时，要更换新水，以保持汤水清澈，使制品质量优良。

6. 注意操作安全，预防开水烫伤

六、烙

（一）基本概念

烙是通过金属传热使制品生坯成熟的一种方法。此方法主要适用于水调面团、米粉面团、发酵面团等品种的成熟，如家常饼、大饼、春饼、荷叶饼、烧饼等。

烙的热量直接来自温度较高的平锅锅底。烙制时，将金属的锅底加热，使锅体含有较高的热量。当制品生坯的表面与锅体接触时，便立即得到锅体表面的热能，同时生坯表面的水分迅速汽化，使其表面产生韧脆的外壳，不至于粘锅，然后慢慢地进行热渗透。经两面反复与热锅面接触，生坯就逐渐成熟了。由此可见，锅底受热的均匀程度将直接影响到制品的质量。

根据不同的品种需要，烙主要有下列三种方法之分：一是干烙，即将空锅架火，在底部加温使金属受热，不刷油、不洒水、不调味，使制品生坯的正反两面直接与受热的金属锅底表面接触而使其成熟；二是油烙，其烙制方法与干烙基本相似，不同之处是在烙制之前要在锅底的表面刷上适当的油，以达防粘和着色之目的；三是加水烙，即在烙制前预先在锅底表面上淋少许油，再将制品生坯置于锅内烙制，待着色之后再洒入适量的水，使水变为蒸汽后盖上锅盖焖熟。

因此，烙制品具有皮面香脆、内部柔软、呈类似虎皮斑的黄褐色等特点。

（二）注意事项

1. 预热锅体

在每一次烙制时，都必须先烧热平锅锅底后，再放生坯。若凉锅放生坯，则会出现粘底现象。

2. 保持锅底表面清洁

在烙制过程中，每次烙完后都要及时用潮湿干净的抹布把锅体表面擦净，以达保持清洁并相应降低温度的目的，保证后面烙制品的质量。

3. 烙制时要使生坯受热均匀

即要做到及时移动锅位和翻动生坯的位置，以促进统一成熟。

4. 控制烙制的火候

一般较厚或带馅的生坯要求火力适中或稍低，成熟时间则稍长；饼坯薄，要求火力稍大，成熟时间稍短。锅体温度越高，汽化水分越快，热渗透也相应加快。当锅体热度超过成熟需要时，就要进行压火、降温，以保持适当的锅体热量，适合成熟的需要。

5. "洒水"要洒在锅最热的地方，使之产生蒸汽

如一次洒水蒸焖不熟，要再次洒水，直至成熟为止。每次洒水量要少，宁可多洒几次，不要一次洒得太多，防止蒸煮烂煳。

6. 注意操作安全，预防烫伤

第三节 常见馅料的制作

制馅，就是利用各种不同性质的原料，经过精细加工，调制或熟制，制成形状多样、口味各异、具有面点特色的成品或半成品。

制馅是制作面点品种的一个重要工艺过程，馅心质量、口味的好坏直接影响面点品种的风味特色。要制出口味佳、利于面点成型的馅心，不仅要有熟练的刀工、烹调技巧，而且要熟悉各种原料的性质和用途，善于结合坯皮的成型及熟制的不同特点，采用不同的技术措施，这样才能取得较好的效果。

一、馅心及馅心分类

馅心是用各种不同性质的原料，经过加工调制或熟制，包入面点皮坯内的心子。馅心制作对面点的色、香、味、形、质都起着很重要的作用。

(一) 馅心在面点中的作用

1. 影响面点的口味

凡包馅的面点，馅料对整个点心来说一般都占有较大的比重（少则皮馅各占 50%，多则馅量可高达 60%～90%），因此馅心的味道对点心的口味起着重要的决定性作用。许多面点之所以闻名，深受广大人民群众的喜爱，其主要原因是用馅讲究、制作精细、巧用调料，达到了鲜、香、油、嫩、润、爽等特色，如"薄皮鲜虾饺"、"蟹黄灌汤包"、"三丁包子"、"翡翠烧卖"、"天津狗不理包子"等，都是由馅心体现的。

2. 影响面点的形态

馅心制作与面点的成型有着密切的关系，有的面点由于馅料的装饰，使形态更优美、生动逼真。另外，制品成熟后，形态是否能保持"不塌"、"不走样"，馅心也起着重要的作用。在制作面点时，必须根据具体品种的要求，将馅心制作恰到好处，一般馅心以稍有粘连性、凝固性、湿而不泻、干而不硬为好，这样制出的馅心与皮坯相得益彰，利于成型、熟后不变形。烤制、炸制的各类点心，其馅心应先成熟后再包制成型，否则容易出现外焦内不熟的现象。对于有特色的花色饺子，馅心既要有鲜嫩度，而且还要有一定的粘连性，如北方的打水馅，一定要打黏稠不泻水，只有这样才可以保持包子的完美形态。由此可见，馅料与成型关系的密切。

3. 形成面点的特色

各种面点的特色虽与所用坯料以及成型加工和成熟方法有关，但所有馅心往往亦可起到衬托甚至决定性的作用，形成浓厚的地方风味特色。如广式面点鸡仔饼，它的馅心所占比重较大，质地松中带脆，味道甘香柔软，整个鸡仔饼的特点都是由馅心反映出来的；苏式面点馅心讲究色、香、味、形俱佳，口味鲜美、汁多肥嫩、风味独特，如汤包馅心、烧卖馅心；京式面点馅心注重咸鲜适口，并喜用葱、姜、黄酱、芝麻油等，肉馅多掺水，使馅心鲜嫩油润。所以说，特色风味的形成取决于馅心。

4. 形成面点品种的多样化

面点的花色品种主要由用料、做法、成型等的不同而形成，但由于所用馅料的品种不同、味道各异，亦使花色品种更为丰富多彩。例如大包、汤包、水饺、蒸饺等花色名称，

大都以馅料来区别。如大包类有菜肉大包、三鲜大包、豆沙大包、枣泥大包；小笼汤包有菜肉、鲜肉、蟹粉、虾仁等品种；蒸饺则有牛肉、羊肉、三鲜、韭菜、鲜肉等品种。北方元宵亦多因所用馅料不同而形成多类品种，如菠萝馅、红果馅、黑芝麻馅、百果馅、麻蓉馅、豆沙馅等。广式月饼馅料有几十种，馅料一变口味就变，品种也就不同。用于馅料的原料多、范围广、方法各异、口味不同，馅心的多种多样使得面点品种变化无穷，形成了面点品种的多样化。

综上所述，馅心和面点的品质、成型、特色、花色品种等各方面都有密切的关系。因此，制馅是面点制作中重要的一个生产环节。

（二）馅心的分类

中式面点的馅心品种繁多、种类复杂，一般以口味不同分类，主要分为咸馅、甜馅和复合味馅三大类；从馅料的制作方法上，馅心又分为生馅、熟馅两大类。

其中咸馅按所用原料可分为荤馅、素馅、荤素馅等。

二、咸馅制作工艺

咸味馅是使用最多的一种馅心，用料广、种类多。按馅心制作方法可分为生咸馅、熟咸馅两大类；按原料性质分，常见的有菜馅、肉馅和菜肉馅三类。素菜馅指的是只用蔬菜不用荤腥原料，加适当的调味品所调成的馅心；肉馅多是用牛、羊、猪、鱼、虾等原料经加工制成的馅心；菜肉馅是将肉类原料与蔬菜原料经加工调制而成的荤素混合馅，是一种大众化的馅心，其在口味、营养成分上的配合比较合适，在水分、黏性等方面也适合制馅的要求。

（一）生咸馅

生咸馅是用生料加调料拌和而成的。生咸馅能保持原汁原味，具有清鲜爽滑、鲜美多卤的特点，适用于煮、蒸、煎的面点中。

1. 生咸馅制作的一般原则

（1）选料加工要适当　生咸馅用料主要为动物性的原料，其次是时令鲜蔬。在选料上要注意选择最佳部位，如猪肉最好选用猪前腿肉，也叫"前胛肉"或"蝴蝶肉"，此部位肉的肉丝络短、肥瘦相间、肉质嫩、易吸水，搅得的馅心鲜嫩味香、无腥味；若用牛肉，应选择较嫩的部位，如果肉较老，则应适当加点小苏打或嫩肉粉使其变嫩；蔬菜大多需要焯水，一是便于制品的成熟，二是原料焯水后软化去除过多的水分，利于包馅，如萝卜切丝后焯水。

（2）馅料形态要正确　馅料形态大小要根据生咸馅及制品的特点来确定。肉末有粗、细、茸等不同规格，如天津包子的馅，猪肉需要剁得较粗些，因为粗馅搅的馅心成熟后较松散。而一般的饺子馅则要稍细点。各种鱼茸馅、虾茸馅需要剁成茸泥，细小的形态可增加原料的表面积，扩大馅料颗粒之间的接触面，增强蛋白质的水化作用，提高馅吸附水的能力，因而使馅心黏性增强、鲜嫩、多卤。

（3）馅心打水要适宜　掌握好生咸馅的水分含量，这关系到馅心的口感，是保证馅质量的一个关键因素。肉馅根据肥瘦的比例调制，肥肉吃水少，瘦肉吃水多，水少黏性小，水多则泻水。为保证馅稠浓、易包捏，在打水的基础上，需要将馅静置冷藏后才能黏稠。南方制作咸馅时习惯加皮冻，称"掺冻"，作用同样是增加馅心的黏性，增进馅心的口味，增加馅心的卤汁量。

（4）调味要鲜美　调味是保证馅心鲜美、咸淡适宜、清除异味、增加鲜香味的重要手段。各地由于口味和习惯的不同，在调味选配和用量上存有差异，北方偏咸，江浙喜甜。各地应根据本地的具体特点、食用对象来进行调味，味薄的要加入各种鲜味料如鸡汤、味精、鸡精粉及各种调料，使味道更鲜美。北方喜用葱、姜、香油提味，南方喜用胡椒、大油（猪油）、糖来提鲜。馅心调味时，各种调料的配合比例要正确，加入调料的顺序、入味的时间应掌握得当，使馅心鲜美可口、咸鲜适度。

2. 生咸馅制作实例

鲜 肉 馅

鲜肉馅是生咸馅的基本馅，使用范围极广，其馅的调制是调制生咸馅的基本功，应很好地练习、掌握。

用料：

猪前胛肉 1000g、精盐 25g、浅色酱油（或生抽）50g、白糖 40g、味精 20g、熟油 100g、麻油 20g、葱白 50g、姜末 25g、胡椒粉 3g、水淀粉 75g、清水约 400g。

制作方法：

（1）将前胛肉洗净剁成茸（或用绞肉机绞成茸），加精盐搅拌至起胶上筋后，逐步加清水，边加水边搅拌，直至其软硬程度符合要求。

（2）将香葱末、姜末、白糖、味精、酱油、胡椒粉、水淀粉调入拌匀。

（3）最后加入熟油、麻油调拌均匀即可。

质量要求：

肉质滑嫩，色泽鲜明，鲜美有汁，软硬度符合要求。

技术要领：

（1）选料应掌握好肥瘦比例。夏季可用 8 分瘦、2 分肥的比例；冬季可用 7 分瘦、3 分肥的比例。肥瘦的比例还可根据各地情况、品种而定。

（2）注意掌握吃水量。吃水量不足，馅心卤汁少，吃口"渣口"；吃水量过多，馅心过于稀软，难以成型。如馅心要掺"冻"，吃水量应适当减少。加水量可根据品种要求适当增减。

（3）投料顺序不宜颠倒，否则搅拌不易上筋。应先加盐搅拌，利用盐的渗透性，使肉的吃水量增大，然后再调入其他调料。另外，加了水淀粉后才落油。如先投放了油再加水淀粉，肉茸裹不上淀粉，馅心久置后易出现泻水现象，影响馅心的滑嫩度。

（4）打水或掺"冻"的馅心要注意冷藏，避免泻水、变质。

韭菜肉馅

用料：

韭菜 3000g、猪前胛心肉 1000g、精盐 40g、味精 30g、白糖 100g、酱油 30g、熟油 250g、麻油 50g、胡椒粉 3g、水淀粉 50g。

制作方法：

（1）韭菜摘选干净，切碎调入精盐拌匀，挤干水分。

（2）猪肉剁成茸，加精盐搅拌上筋，调入白糖、味精、酱油、水、淀粉。

（3）将调好味的韭菜和猪肉拌和在一起，加入熟油、麻油拌匀即可。

质量要求：

口味清鲜，色泽鲜明、油润，软硬度符合要求。

技术要领：

（1）蔬菜的选择可根据地方及时令选用。

（2）菜肉馅为荤素结合的馅心，蔬菜和肉的比例可根据具体情况灵活变化。

（3）一些蔬菜需焯水后挤出多余的水分，调味后与猪肉拌匀，如大白菜、萝卜等。

虾 饺 馅

用料：

虾仁 1000g、肥膘肉 200g、笋丝 200g、精盐 20g、味精 10g、白糖 25g、鸡蛋清 30g。

制作方法：
（1）虾仁洗净，挑去虾肠，用洁净干白布吸干水分，用刀稍斩成粒。
（2）肥膘肉焯水切成细粒，笋丝焯水拧干水分待用。
（3）虾仁加精盐，在碗中搅拌至起胶上筋后，加入味精、白糖、肥膘粒、笋丝、鸡蛋清拌匀，入冰箱冷藏，随用随拿。

质量要求：
色白净，成团不散，软硬符合要求，成熟后爽口鲜美。

技术要领：
（1）虾饺馅工艺过程严格细致，虾仁必须冲洗干净，去除虾肠、血水，否则会影响馅心的色泽。
（2）虾仁、肥膘肉颗粒大小要均匀，不宜过粗大或过细小。过粗大不利包裹，过细小影响口感。
（3）调馅时不宜放酱油、料酒、葱、姜等，以免影响馅心的口味及颜色。

（二）熟咸馅

熟咸馅即馅料经烹制成熟后，制成的一类咸馅。其烹调方法近似于菜肴的烹调方法，如煸、炒、焖、烧等，此类馅的特点是醇香可口、味美汁浓、口感爽滑。

熟咸馅运用的烹调技法较为复杂，味道变化多样，是制作特色面点的常用馅。

1. 熟咸馅制作的一般原则

（1）**形态处理要适当**　熟咸馅要经过烹制，其形态处理要符合烹调的要求，便于调味和成熟，既要突出馅料的风味特色，又要符合面点包捏和造型的需要。如叉烧馅应切成小丁或指甲片等形状，切得过碎小就难体现出鲜香的风味；鸡肉馅常切成丝或小丁，才可突出鲜嫩的口感。在煸炒馅时如形态过大，则难入味，达不到干香的口味。因此在馅料形态要细碎的原则下，合理加工，选择适当的形态是十分重要的。

（2）**合理运用烹调技法**　熟咸馅口味变化丰富，有鲜嫩、嫩滑、酥香、干香、爽脆、咸鲜等，要灵活地运用烹调技法，结合面点工艺合理调制，方能达到较好的效果。如素什锦馅的各种素料，需用的火候不一样，且先后顺序要根据质地来决定。如动物性原料较难成熟，而植物性原料易过火，所以要选好烹调方法，把握火候，才能制出味美适口、丰富多彩的各式馅心。

（3）**合理用芡**　熟咸馅常需在烹调中勾芡。勾芡是使馅料入味、增强黏性、防止过于松散、提高包捏性能的重要手段。

常用的用芡方法有勾芡和拌芡两种。勾芡是指在烹调馅料的炒制中淋入芡汁；拌芡是指将先行调制入味的熟芡拌入熟制后的馅料中。勾芡和拌芡的芡汁粉料多用淀粉或面粉。

2. 熟咸馅制作实例

三 丁 馅

三丁馅是熟咸馅中用途极广泛的馅心，它将三种不同的原料切成丁，经过调味烹炒后，形成味美爽口、干湿适度的馅心，故名三丁馅。其中苏式面点中的扬州富春三丁包子的三丁馅很有特色。

用料：
熟鸡肉200g、熟前夹心肉300g、冬笋300g、精盐15g、味精5g、白糖50g、酱油20g、料酒30g、水淀粉50g、鲜汤300g、葱、姜末适量。

制作方法：
（1）将鸡、肉煮熟去骨切成丁，冬笋去壳衣焯水切丁。
（2）炒锅加油，用葱、姜末炝锅，将三丁倒入煸炒调味，加鲜汤稍煮进味，勾芡出锅。

质量要求：
馅粒均匀，味鲜美纯正，芡亮不泻、不黏不烟，色泽微酱色。

技术要领：

(1) 煸炒时要炝锅，使烹炒出的馅心增加香气。

(2) 勾芡厚薄要准确，馅粒清爽、丰满，味浓香，有油润感。

(3) 如在三丁料的基础上增加虾仁、海参丁便为五丁馅。

叉 烧 馅

叉烧馅是广式点心中常用的馅心，其口味大甜大咸。叉烧馅工艺独特，肉与芡汁分别制作后再调拌而成，以形成叉烧馅卤汁浓厚油亮的风味。广式点心中蚝油叉烧包、叉烧千层酥是典型使用叉烧馅的品种。

用料：

猪瘦肉 1000g、精盐 10g、酱油 60g、白糖 100g、酒 20g、味精 15g、葱 100g、姜 50g、红曲米粉或食用红色素少许。

制作方法：

(1) 猪肉洗净切成长约 10cm，厚约 3cm 的长条，用精盐、酱油、糖、酒、味精、葱、姜腌制约 2h。

(2) 将腌好的肉用吊钩挂好或用烤盘摆放，入烤炉中烤至金黄焦香成熟。

(3) 将烤好的叉烧切成丁或指甲片，拌入适量的面捞芡（工艺附后）即可。

质量要求：

色泽酱黄，大甜大咸，油亮入味。

技术要领：

(1) 猪肉切条时最好顺着肉的纹路直切，以免吊烤时断裂。

(2) 叉烧也可用锅烧的办法，先用葱、姜炝锅，投入腌好的肉，加水加盖煮至卤汁收干，色泽红亮。

面 捞 芡

面捞芡是专用于拌制叉烧馅的芡汁，拌入叉烧粒中，使叉烧馅成熟后油润光亮，入味有汁。

用料：

面粉 500g、花生油 500g、白糖 500g、酱油 200g、味精 50g、葱 150g、清水约 2000g。

制作方法：

(1) 先用油将葱炸至金黄，捞出，将面粉投入炸至金黄。

(2) 加入清水，调味制成芡汁便可。

质量要求：

色泽酱黄，大甜大咸，不稠不泻，芡汁油亮。

技术要领：

(1) 炸面粉时，不可不上色或焦苦。

(2) 如调蚝油叉烧馅，在此基础上调入蚝油 250g 便可。

春 卷 馅

春卷是我国较有代表性的面点之一。春卷馅常以肉丝、冬笋、银芽（绿豆芽）、香菇丝、韭黄等为原料调味烹炒而成，也可在此基础上加入其他原料，形成各具特色的春卷馅。

用料：

猪瘦肉 500g、冬笋（去壳）100g、水发香菇 100g、韭黄或葱 75g、精盐 15g、白糖 25g、味精 5g、料酒 25g、熟油 100g、麻油 25g、胡椒粉 3g、水淀粉 35g、鲜汤约 250g。

制作方法：

(1) 将肉、冬笋、香菇切成丝状，韭黄或葱切成段。

(2) 肉丝加精盐、水淀粉调拌，入温热油中划油刚熟捞出沥干油分，冬笋丝用鲜汤焖煮进味。

(3) 炒锅留底油，投入姜末、葱白炝锅，投入三丝煸炒调味，勾芡、落尾油便可。

质量要求：

三丝均匀，味鲜美适口，色泽鲜明、油亮，芡汁厚薄合适。

技术要领：

（1）三丝粗细、长短要尽量一致，以利包馅。

（2）如用银芽做馅时，银芽应先划油，炒馅待起锅时才投入，以免银芽出水泻芡。

（3）芡量要适度，不糊不泻。

三、甜馅制作工艺

甜馅是以食糖为基础，配以果仁、干果、蜜饯、油脂等原料，经调制形成风味别致的一类馅心。甜馅品种繁多，从总体上来说，甜馅的特点是甜而不腻、香味浓郁。按加工工艺，甜馅可分为生甜馅和熟甜馅两大类。

（一）生甜馅

生甜馅是以食糖为主要原料，配以各种果仁、干果、粉料（熟面粉、糕粉）、油脂，经拌制而成的馅。果仁或干果在拌之前一般要去除壳、皮，进行适当的熟处理。

生甜馅的特点是甜香、果味浓、口感爽。

1. 生甜馅制作的一般原则

（1）选料要精细　生甜馅所用果料品种多，各具有不同的特点，在制馅中正确选配原料是关系到馅质量的关键。如选用含油性较强的干料，如核桃、花生、腰果、橄榄仁等，由于它们吸潮性较大易受潮变质，又因含油大、易氧化而产生哈喇味，并易生虫或发霉，所以必须选用新鲜料，不能用陈年老货，只有这样炒熟后的味才香。如果选用质量不好的原料，制成的馅料质量也较差。为保持新鲜，购进的原料要存放在干燥的地方。

（2）加工处理要合理　生甜馅的加工处理包括形状加工和熟化处理。形状加工要符合馅的用途要求，如核桃仁形体较大，在制馅时应适当切小，但也不能切得过碎，配馅时最好用烤箱烘至有香味会更好。芝麻在炒制时火候要合适，若是黑芝麻则较难辨别，只有注意观察炒香，调出的馅才能香气扑鼻。合理的加工处理，就是要最大限度地发挥原料应有的效能，使香气突出，口味更美。

（3）擦拌要匀、透　生甜馅制作中要用搓擦的方法拌制。擦糖是指将绵白糖"打潮"，与粉料黏附在一起，俗称"蓉"，从而使馅料粘成团，不易松散便于包制。白糖、粉料的比例要适当，还要适量加入少许饴糖、油或水，使其有点潮性，再搓擦。因粉料有吸水强的特点，故蒸熟后糖溶化而不软塌、不流糖。为了使生甜馅内容较为丰富，在馅心中可掺入炒熟的碾碎麻仁、蜜饯、鲜果、香精香料等原料。

（4）软硬度适当　生甜馅中粉料与水量的比例，直接影响到馅的软硬度。加入粉料和水有粘接作用，便于包馅且易于填充，使馅熟制后不液化、不松散。但过多掺入粉料，会使馅结成僵硬的团块，影响馅的口味和口感。检验的方法是用手抓馅，能捏成团不散，用手指轻碰散开为好。捏不成团、松散的为湿度小，可适当加水或油、饴糖再搓擦，使其捏成团而碰不散。粘手则水分多，应加粉料擦匀。

由于生甜馅没有经过加热成熟工序，其存放时间较短，故一般是现调制现用，避免长时间存放，以免出现发酸现象。

2. 生甜馅制作实例

五　仁　馅

五仁馅是极受欢迎的甜馅，常用于制作月饼、酥饼等烘烤制品。五仁是指橄榄仁、瓜仁、麻仁、核桃仁、杏仁等，各地可根据情况选用原料。

用料：

白糖 2000g、核桃仁 200g、橄榄仁 150g、杏仁 100g、瓜仁 100g、麻仁 200g、甜橘饼 150g、瓜糖 600g、桂花糖 50g、水晶肉 400g、猪油 600g、糕粉 700g、水约 600g。

制作方法：

(1) 将五仁选洗干净，然后烤香。将大粒的核桃仁、橄榄仁、杏仁斩成小粒，甜橘饼、瓜糖斩成小粒。

(2) 将加工好的果仁、蜜饯与白糖拌匀，然后加水、油拌匀，最后加入糕粉调和成团便可。

质量要求：

成团不松散，软硬合适，利于包馅，稍有光泽，有浓郁的果仁、蜜饯香味。

技术要领：

(1) 五仁、蜜饯的用量可根据情况投放，但油、水、糕粉的比例要恰当，否则馅心松散不成团或成熟时馅心泻塌，影响成品的形状。

(2) 大颗粒的果料要加工成小粒，如果料颗粒过大，在面点造型时会破皮露馅。

(3) 原料的投放应按程序进行。

麻 蓉 馅

麻蓉馅是以芝麻、绵白糖、生猪板油为主料，经搓擦成的一种馅心，常用于制作香麻汤圆、麻蓉包、烧饼等制品。

用料：

绵白糖 250g、黑芝麻 150g、生猪板油 250g、熟面粉 25g。

制作方法：

(1) 将芝麻炒香碾碎成粉末。

(2) 生板油去网衣搓擦成蓉。

(3) 将绵白糖、芝麻末、猪板油、熟面粉搓擦均匀即可。

质量要求：

芝麻香味浓，香甜可口。

技术要领：

(1) 芝麻一定要炒香，火候适度，突出风味特点。

(2) 如果使用花生、腰果，也应该将其炸香擀成蓉末，制法同上。

百 果 馅

百果馅是以各种蜜饯、配以白糖、香油等原料制成的一种馅心，是北方制作月饼的常用馅。

用料：

白糖 250g、青梅 20g、瓜条 10g、苹果脯 20g、葡萄干 20g、杏脯 10g、核桃仁 20g、糖渍油丁 50g、香油 50g、猪油 30g、熟面粉 30g、饴糖 10g、桂花酱 20g。

制作方法：

(1) 将各种果脯切成小方丁放在香油盆内拌均匀，静置 1h 备用。

(2) 40g 猪板油丁加 10g 白糖拌均匀，渍 1h。

(3) 将白糖、果脯丁、饴糖、桂花酱、面粉等原料拌在一起搓匀即可。

质量要求：

果料味浓，色泽美观，香甜适口。

技术要领：

(1) 果脯丁切好后要用香油拌匀，制出的馅味道才纯正。

(2) 猪板油丁渍的时间越长味道越香。

（二）熟甜馅

熟甜馅是以植物的果实、种子及薯类等为原料，经熟化处理后制成的一类甜馅，因大多数原料都制成蓉泥状，也称为泥蓉馅。

这类馅心南北方使用都较普遍，虽制作方法有所不同，但其特点基本相同，在面点工艺中使用范围较宽。常见的有豆沙馅、枣泥馅、莲蓉馅、薯茸馅、奶黄馅等。

1. 熟甜馅制作的一般原则

（1）加工处理要精细　熟甜馅的原料要精心选择，如红小豆要选个大饱满、皮薄的；莲子要选用质好的湘莲；红枣要选用肉厚、核小的小枣；薯类要选用沙性大的。在加工过程中一般应去皮、澄砂或去核，只有原料加工细腻，炒出的馅心才符合标准。

（2）炒制火候要恰当　熟甜馅都要经炒制或蒸制成馅，与烹制菜肴一样，火候是决定质量的关键。熟甜馅炒制的主要作用：一是炒干水分，使馅内水分蒸发，以便于入味和稠浓，便于包捏成型；二是炒制入味使香味突出。糖、油的香味和甜味只有在原料成熟的过程中才能体现，因此炒制使原料在熟化过程中更为香甜。但此种馅心在炒制时很容易产生糊味，因为含糖量高，糖易焦化变色，而淀粉易吸水糊化产生粘锅现象。因此炒馅时要掌握好火力，先用旺火，使大量水分蒸发后改用小火慢慢炒制，将其炒浓、炒香、炒变色。应防止糊锅现象，轻微的糊味都会影响整锅馅的质量。

（3）软硬度适当　各种蓉馅的软硬度一定要根据品种特色而定。馅太软，对成型要求严格的点心不利于包捏；馅如果过硬，则口感粗糙、不细腻。在配料时，主料、糖、油比例要正确。一般0.5kg豆子炒制后可出大约1.5kg的馅，0.5kg枣约出1kg的馅。总之，馅的软硬度对馅的口味、成品的形态都起着决定性作用。

2. 熟甜馅制作实例

豆沙馅

用料：

红小豆500g、白糖500g、熟花生油150g。

制作方法：

（1）将红小豆洗净，加入清水约2500g，旺火烧开，待豆子膨胀，转用中火焖煮，当豆子出现破皮开口时转用小火，直至将豆子焖煮酥烂。

（2）将焖煮酥烂的豆子放入细筛内加水搓擦、沉淀，然后沥干水分。得出的豆沙放入锅中加部分油、白糖同炒，炒至水分基本上蒸发待尽时，将剩余的油分次加入，直至油被豆沙吸收便可离火。

（3）装入容器中冷却后，面上抹上熟花生油以防干皮。

质量要求：

色泽红亮，质地细腻，口感爽滑，软硬合适，无颗粒、焦苦现象。

技术要领：

（1）煮豆时水应一次性放足，中途加冷水豆子难以酥烂，中途也避免用铲或勺等工具搅动，以免豆子间的碰撞加剧，豆肉破皮而出，使豆汤变稠，容易造成糊锅焦底的现象。

（2）擦沙时应选用细眼筛，以保持馅心的细腻程度。

（3）炒沙时要注意掌握火候。防止发生焦糊而影响口味。

（4）炒出的豆沙不能接触生水，否则不利于存放。应放于干燥容器中，抹平，面上淋上熟油，起到隔绝氧气、水分的作用，利于存放。

莲茸馅

莲茸馅是甜馅中档次较高的馅心，有"甜馅王"的美称。莲茸馅根据工艺的不同可分为红莲茸和白莲茸两种。红莲茸色泽金黄油润，口味香甜；白莲茸色泽白中略带象牙色，口味清香。以下是红莲茸的制作工艺。

用料：

通心白莲500g、白糖750g、熟花生250g。

制作方法：

(1) 白莲加热水（以浸过莲子为准），入蒸锅中蒸至酥烂开花，趁热将酥烂的莲子用磨浆机磨成泥。

(2) 起炒锅，先将100g的白糖炒至金黄色后，倒入莲子泥、白糖、部分花生油，用中火炒。

(3) 待水分挥发黏稠后改用小火，并分几次将花生油加入，直至油被吸收，软硬适度便可离火。

(4) 装入容器中，面上抹上熟花生油以防干皮。

质量要求：

色泽金黄，油润细腻，软硬适中，口味香甜，无颗粒，无返沙，无焦苦现象。

技术要领：

(1) 莲子不能用冷水浸泡或蒸时加过多的冷水，防止莲子出现"返生"现象，不易酥烂。

(2) 落锅后要勤翻铲，火候先旺、继中、后慢，防止焦锅。

(3) 炒茸最好用铜锅或不锈钢锅，用铁锅炒茸色泽欠金黄。

(4) 如炒制白莲茸，可不经炒糖色工序。

枣 泥 馅

枣泥馅是以枣为主料（红小枣、大枣、黑枣），加入糖、油等原料，经熟化处理后的一种馅心。此馅口味上乘、营养丰富，是制作各类点心的熟甜馅之一。

用料：

红枣500g、白糖300g、澄粉25g、猪油15g、桂花酱30g。

制作方法：

(1) 将红小枣加工成枣泥。

(2) 铜锅或不锈钢锅上火，放入枣泥、白糖、猪油、桂花酱用中火煮沸，边煮边铲炒至浓稠状，筛入澄粉，铲匀至光润即成馅。

质量要求：

纯甜柔软，枣香味浓。

技术要领：

(1) 枣有一定的甜度，所以糖的比例要小点。

(2) 炒制时注意火候的调整。

(3) 根据不同的面点品种掌握好馅的软硬度。

奶 黄 馅

用料：

鸡蛋1000g、白糖2000g、黄油500g、精面粉400g、玉米粉100g、鲜奶1000g、吉士粉50g。

制作方法：

(1) 先将鸡蛋放入盆中打匀，加入鲜奶、面粉、玉米粉、白糖、黄油、吉士粉搅匀。

(2) 将盆放入蒸笼内蒸，蒸约5~10min打开笼盖搅一次，如此反复至原料成糊状熟透即可。

质量要求：

蛋、奶香味浓郁，细滑光亮。

技术要领：

(1) 调搅生料时要注意细滑不起粒，蒸时要边蒸边搅，成品才细腻软滑。

(2) 火候不宜过大，应用中火。

(3) 如有椰酱，则奶黄馅可直接用椰酱制作，其配料以1000g椰酱加鸡蛋250g、澄面150g调匀，然后上笼边蒸边搅至熟。用椰酱制的奶黄馅质量口味更佳。

第四节　常用装饰品

一、果料

本部分内容参考第二章第十节中果料部分介绍。

二、肉与肉制品

糕点中使用的肉与肉制品有：鲜肉、海鲜、香肠、火腿、板油、肥膘等。肉与肉制品主要用做馅料，多数是咸的。

我国肉制品的种类繁多，常见的肉制品有腌腊制品、干制品、酱卤制品、熏烤制品、灌肠制品等。在面包、糕点食品中常用的肉制品主要有火腿、香肠、肉松、鱼松等。我们在这里也可以把他们看作是糕点的装饰料。

腌腊制品是最常见的肉制品。有名的产品有金华火腿、广东腊肉、去骨火腿（方火腿）、南京板鸭、灌肠等。

将肉类切成肉丁和肉糜状态，加入辅料，混匀后灌入动物或人造肠衣内，经过烘焙、煮制、熏烟等加工而成的肉制品称为灌肠制品。常见的灌肠有小红肠（热狗）、大红肠（茶肠）、腊肠（广式香肠）、香肠等。

熟肉干制品因加工原料不同，有牛肉松、猪肉松、兔肉松、鱼肉松等肉松类；有五香牛肉干、咖喱牛肉干和各种肉脯，还有烤鱼片制品。

三、巧克力与可可粉

巧克力与可可粉广泛用于蛋糕、西点、饼干的生产，以改善制品的风味和外观。

（一）巧克力及巧克力制品

巧克力是由可可液块、可可粉、可可脂、类可可脂、代可可脂、乳制品、白砂糖、香料和表面活性剂等为基本原料，经过混合、精磨、精炼、调温、浇模成型等工序的加工，具有独特的色泽、香气、滋味和精细质感的、精美的、耐保藏的、高热值的香甜固体食品。

巧克力常作为面包、饼干、糕点、膨化食品的馅心、夹层和表面涂层，赋予制品浓郁而优美的香味，华丽的外观品质、细腻润滑的口感和比较丰富的营养价值。

使用巧克力时，应先熔化巧克力，在糖油搅拌时加入。巧克力用于蛋糕装饰时，因为可可脂起塑性范围小，熔化成液体及固化的温差小，因此巧克力用水浴慢慢加热，熔化温度不超过48℃，微冷却至35~40℃，即可装饰。如直接加热，巧克力容易烧焦，味道不好，巧克力的种类繁多，按原料组成和加工工艺可分为纯巧克力和巧克力制品两大类。常见的巧克力制品有夹心巧克力、涂层夹心巧克力和糖衣夹心巧克力三大类。

（二）可可粉

可可粉是西式糕点的常用辅料，用来制作各种巧克力蛋糕、饼干和装饰料等。

可可粉是指以可可豆为原料，经脱脂而成的商品可可粉。从可可液块经压榨除去部分可可脂后即为可可饼，再将可可饼粉碎、磨油、筛分后即制得可可粉。

可可粉是一种营养丰富的食品，不但含有大量的脂肪，而且还含有丰富的蛋白质和碳水化合物。可可粉中所含的生物碱、可可碱和咖啡碱具有扩张血管、促进人体血液循环的功能。

使用可可粉制作糕点时应注意以下几点：将可可粉加入牛乳内，再加入面糊内；可可粉在糖、油拌和时加入一起搅拌；制作巧克力海绵蛋糕或天使蛋糕时，可可粉与面粉混合过筛，搅拌完后再加入；如制作布丁或其他各种不同馅料时，可可粉先溶于部分牛乳和水内，减少淀粉的使用量。

【思 考 题】

1. 焙烤食品成型的基本方法有哪些？
2. 焙烤食品成熟的方法有哪些？
3. 如何制作豆沙馅？
4. 制作麻蓉馅的技术要领有哪些？
5. 列举你所见到的焙烤食品装饰品。

实验二 各种面团成形基本操作

成形工艺是指将调好的主坯，按照品种的要求，运用各种手法形成半成品或成品生坯的工艺过程。成形是焙烤食品制作技术的核心内容之一，是一项具有较高技术性和艺术性的工序。

一、实验目的

1. 了解面团成形的方法。
2. 熟练掌握揉和卷的手法。

二、实验材料

面粉、水、盆、搅拌器具等。

三、实验过程

1. 揉

揉又称搓，是一种基本的比较简单的成型方法。它是用双手互相配合，将小块面团揉搓成圆形或半圆形的生坯。用于制作面包，馒头等。揉的方法分为两种：双手和单手。形状：圆形和蛋形等。

（1）双手揉　分为揉搓和对揉。

① 揉搓。拿一小块面团，用左手食指与拇指挡住面团，掌跟着案，右手拇指掌根按住面团向前推揉，小拇指掌根将面团回带，使面团沿顺时针方向转动，并使面团底面光滑的部分越来越大，将面团翻过来即成。

② 对揉。将面团放在两掌中间对揉，使面团旋转致表面光滑，形态符合要求即可。

（2）单手揉　双手各拿一个面团，握在手心放在案上，用拇指掌根按住向前推揉，其余四指将面团拢起，然后再推起，使面团不停地向外滚动，右手为顺时针，左手为逆时针转动。手在案上成八字形，往返移动，至面团揉褶越来越小，呈圆筒形时即成面团生坯。

（3）操作要领　收口越小越好，揉光后将口朝下。

2. 卷

卷是面点制作中常用的一种方法，一般是将排列好的坯料，经加馅、抹油或直接根据品种的要求，卷成不同形状的圆柱状，并形成间隔层次的方法。然后可改刀制成成品或半成品。常用于制作花卷、凉糕等。卷分为单卷和双卷两种。

（1）单卷法　将制好的坯料、经抹油加馅或直接根据品种要求，从一边卷到另一边，呈圆筒形。切成坯后刀口向两侧，用双手拉住每段的两头，分别向左右拧成麻花型即成麻花卷。

（2）双卷法　双卷法又分为反向双卷和单项双卷。反向双卷是指将擀制好的坯料，经抹油或加馅后，向中间对卷，卷到中间时使两端向中间对卷。操作时要注意两端要一样粗细。两卷紧靠，条缝向下，再用双手捋条。使其粗细均匀，切成坯后即可做如意卷。

（3）操作要领

① 卷前要将坯料擀成长方形，卷时两段要对齐，卷紧，有些坯料卷时在两端抹水使其黏结，防止裂开。

② 卷得要粗细均匀，切断时要求一致。

③ 卷制时需要抹馅的，要注意不要在卷时使馅挤出，影响美观。

第四章 面包制作技术

> **学习目标**
>
> 1. 了解面包的种类及特点。2. 了解面包常用生产设备与用具的种类及使用。3. 掌握面包制作方法、工艺流程及各工艺的操作要点。4. 了解面包基本配方的设计。5. 掌握面包的质量标准及要求。6. 熟练掌握面包加工中常出现的问题及解决方法。

第一节 概 论

一、面包的概念

面包是一种经发酵的烘焙食品,是以面粉、酵母、盐和水为基本原料,添加适量的糖、油、蛋、乳等辅料,经搅拌调制成团,再经发酵、整形、醒发后烘烤或油炸而制成的一类方便食品,是西点中的一大类。制品组织松软,富有弹性,风味独特,营养丰富,易被人体消化吸收,因此深受广大消费者喜爱。

二、面包的特点

1. 易于机械化和大规模生产

生产面包有定型的成套设备,可以大规模机械化、自动化生产,生产效率高,便于节省大量的能源、人力及时间。

2. 耐储存

面包是经200℃以上的高温烘烤而成,杀菌比较彻底,甚至连中心部位的微生物也能杀灭,一般可储存几天不变质,并能保持其良好的口感和风味。很适于店铺销售或携带餐用,比米饭、馒头耐储存。

3. 食用方便

面包包装简单、携带方便,可以随吃随取,经发酵和烘烤不仅最大限度地发挥了小麦粉特有的风味,味美耐嚼、口感柔软,不像馒头、米饭还需要配菜。特别适应旅游和野外工作的需要。另外,也可做成各种方便快餐(热狗、汉堡包等)。

4. 易于消化吸收、营养价值高

① 制作面包的面团经过发酵,使部分淀粉分解成简单和易于消化的糖,面包内部形成大量蜂窝状结构,扩大了人体消化器官中各种酶与面包接触的面积。

② 面包表皮的碳水化合物经糊化后,都有利消化和吸收。一般来说,面包在人体中的消化率高于馒头10%,高于米饭20%左右。

③ 面包的主要原料面粉和酵母含有大量的碳水化合物、蛋白质(酵母的含氮物质中包括蛋白质63.8%)、脂肪、维生素和矿物质,且酵母中赖氨酸的含量较高,能促进人体生长发育,可作为人类未来营养物质(蛋白质)的一个重要来源。

④ 酵母中还含有的几种维生素以及钙、磷、铁等人体必需的矿物质均比鸡蛋、牛奶、猪肉丰富得多。

5. 对消费需求的适应性广

无论从营养到口味，还是从形状到外观，面包逐渐发展成为一类种类特别繁多的食品。有满足高级消费要求的含有较多油脂、奶酪和其他营养品的高级面包；有方便食品中的三明治、热狗；有具有美化生活、丰富餐桌的各类花样面包；还有作为机能性营养食品，添加了儿童生长发育所需营养成分和维生素的中小学生午餐面包，所以面包对消费需求适应性广。

由于生活习惯和生产、经济水平等原因，面包在我国被看作是方便食品，属于糕点之类，发展水平还很低。但随着国民经济的发展，目前，面包的生产已经基本普及，并形成了完整的工业化体系，是食品行业的一个重要产业。面包以其营养丰富易于消化、食用方便等特点开始进入国内普通人家的餐桌，在人们的饮食生活中占有越来越重要的地位。

三、面包的分类

面包的种类十分繁多。目前，国际上尚无统一的面包分类标准。特别是随着面包工业的发展，面包的种类不断翻新，面包的分类也各不相同。

1. 我国面包的分类

近年来我国面包行业发展迅速，市场上面包品种不断增加种类繁多，分类方法各异。现将常见的一些面包品种分类总结归纳如表 4-1。

表 4-1 我国面包品种分类

按原料及使用目的	按口味	按成型方法	按形状	按配料及工艺操作	按熟成方法	按邦式	按面包硬度
主食面包、花式甜面包、加馅面包、嵌油面包、保健面世、油亦面包、三明治、象形面包	淡面包、咸面包、甜面包、花色面包	听形、非听形（方面包、圆顶面包、英式软面包）	有圆形、枕形、菱形、三角形、辫子形、牛角形、羊角形、棒形、橄榄形、棍形、夹层形、包馅形等	清甜型、水果型、夹馅型、椒盐型、嵌油型	烤面包、油炸面包等	法式面包、意式面包、美式面包、港式面包、日式面包、德式面包	软式面包、硬式面包

2. 国外面包的分类（根据用料不同）

（1）主食面包 作为主食来消费的面包，其配方特点是油糖的比例较低，其他辅料也较少。主要品种有吐司面包和法式面包。

（2）花式面包 是目前世界各国特别东南亚和我国台湾地区流行的面包。配方中油和糖的含量比主食面包高，品种极为丰富。一般是以甜面包为基本包坯，再通过各种馅料、表面装饰料、造型（如辫子状）、油炸或添加其他辅料（如果干、果仁等）等方式来变化品种。花式面包常当作点心食用，故又称为点心面包。

（3）调理面包 是二次加工的面包，常作为快餐方便食品。其代表品种有三明治、汉堡包和热狗。制作时一般以主食面包为包坯，切开后，抹上沙拉酱或番茄酱，再夹入火腿、鸡蛋、奶酪、蔬菜或牛肉饼、鸡肉饼等。带有咸味馅料或装饰料（如葱花、火腿肠、玉米粒等）的花式面包，习惯上亦称为调理面包。

（4）酥皮面包 是将发酵面团包裹油脂后，再反复擀折而制成的一类面包。它兼有面包与酥皮点心的特色，酥软爽口、风味奇特。酥皮面包的代表品种为丹麦面包和可松面包（大多为牛角形，且常做成三明治，表面撒芝麻）。

四、面包制作的主要设备及工具

制作面包的工艺并不复杂，目前工厂生产所需设备也不多。从制作过程看，制作面包主要分搅拌（和面、调粉）、发酵、成型和烘烤四个阶段，所需的设备也就分为搅拌、发酵、成型和烘烤四大类。但是，花样面包的制作未完全工厂化，面包在面包房制作仍然占很大比例，制作面包工具也比较繁多。了解各种设备、工具的使用、功能尤为重要，这里对常用的设备与工具做一简单的介绍。

1. 设备

（1）烘烤箱（烤箱） 烘烤箱是制作面包的主要设备之一，为烘焙食品热能的主要来源，其作用是将发酵完成的面团经加热后转变成可口的食品。制作面包的烤箱有转炉和平炉两种。它们各有优缺点，可视具体情况选用。

① 转炉。生产效率高，适合大中型企业使用。近来市场上也有适合小型企业使用的小型转炉。转炉比较适用于烘烤法式、土司及丹麦类面包。烘烤出来的面包色泽均匀，但表皮较厚且色泽较深。

② 平炉。生产效率较低，适合小型企业及个体企业使用，用于烘烤花色小面包较理想。烤出来的面包表皮较薄，烘烤时色泽深浅容易控制，但色泽不够均匀。用于烘烤吐司类面包有一定难度，需要工人有一定的经验。

另外，根据加热方式看，烤箱又可分为电烤箱和煤气烤箱。

① 电烤箱。是以电能为热源的一类烤箱的总称。构造比较简单，目前国内通常使用的是双层或三层组合式电烤炉。这种烤炉每一层都是一个独立的工作单元，分上火和下火两部分。由外壳、电炉丝（红外线管）、热能控制开关、炉内温度指示灯等构件组成。高级的烤炉对上、下火分别控制，配有温度计、定时器等。同时具有喷蒸汽、警报器等特殊功能（图4-1）。

图 4-1 电烤箱

电烤炉工作原理是通过电能转换的红外线辐射能、炉膛内热空气的对流和炉膛内金属板热传导三种热传递方式，使所烘烤的制品成熟上色。在烘烤食品时，一般要将烤炉上火、下火打开预热到炉内温度适宜时，再将成型的面包坯放入烘烤。

电烤箱使用方便，适应性强，而且在使用中不产生废气和有毒的物质。产品干净卫生。

② 煤气烤箱。是以煤气为热源，一般为单层结构，底部和两侧有燃烧装置，有自动点火和温度调节的功能，炉温可达300℃。

工作原理是使用煤气燃烧的辐射热、炉膛内空气的对流热和炉内金属板的传导热，将被烘烤的制品成熟上色。

煤气烤箱具有预热快，温度易控制的特点。但烤箱的卫生清扫比较困难。

（2）和面机（搅拌机、调粉机） 和面机是用来专门调制面包面团的专用机械设备。它是由电动机、传动装置、搅拌器、搅拌缸、变速器、转速调节开关等部分构成

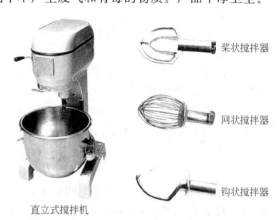

图 4-2 和面机

(图 4-2)。其作用是将搅拌器内的各种材料混合均匀,在搅拌的同时,使面粉与水结合,先形成不规则的小面团,进而形成大面团,并在搅拌器的剪切、折叠、压延、拉伸、拌打和摔揉的作用下,将面团面筋搅拌至扩展阶段,成为具有弹性、韧性和延伸性的理想面团。和面机的主要参数如下。

① 缸壁与搅拌臂的间隙要适当,间隙过小,容易引起面筋的过早破坏。间隙过大,对面团的搅拌压延作用会减少。一般较软的面团使用间隙小的和面机,较硬的面团使用间隙大的和面机。

② 搅拌臂的粗细、形状和运动。搅拌臂多为圆柱形,旋转运动,臂越粗对面团压延能力越大(作用面积大),但过粗则动力负荷大。

③ 转速、搅拌臂长度。和面机的搅拌臂转速越大、臂越长,搅拌作用力就越大。

和面机主要有立式搅拌机(即钩形搅拌机)和卧式搅拌机两种。根据搅拌面粉量又可分为 25kg、50kg、100kg 等多种规格。最大容量为 450~900kg。一般面团与调粉机容器容积比在 30%~65%。

① 立式搅拌机。搅拌速度快,面团容易打出面筋,适合搅拌各种类型的面团,是制作面包的首选搅拌机。此型搅拌机附有桨状、钩状及网状等三种搅拌器,其中桨状搅拌器多用于拌打奶油或白油等面糊类;钩状搅拌器则适用于面包类各种面团的调制;网状搅拌器则多用于蛋液、鲜奶油或蛋白的打发,为最常使用的基本设备。

② 卧式搅拌机。搅拌速度较慢,搅拌时间较长,面团在搅拌时会发酵,故面筋不容易打出。经卧式搅拌机搅拌后的面团,一般要经过压面机反复压至具有适当筋力后才能使用。生产高质量的面包要具有一定的转速,通过搅拌达到面筋充分扩展并缩短面团的调制时间。

(3) 压面机 压面机是由机身架、电动机、传送带、轴距调节器等部件构成(图 4-3)。

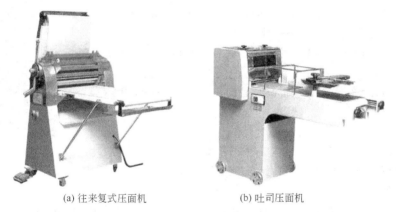

(a) 往来复式压面机　　(b) 吐司压面机

图 4-3　压面机

压面机的功能是将揉制好的面团通过压辊之间的间隙,压成所需厚度的皮料,以便进一步加工。常用于裹油类面团的整形用。

压面机也通常用于制作硬质面包,配合卧式搅拌机使用。

(4) 分割机 分割机构造比较复杂,有各种类型,其用途主要是把初步发酵的面团均匀地进行分割、定量,并制成一定的形状。分割机的特点是分割速度快、份量准确、形态规范。

(5) 发酵箱(醒发箱) 发酵箱的型号很多,大小也不尽相同。发酵箱的箱体大都是由不锈钢制成的,由密封的外框、活动门、不锈钢管托架、电源控制开关、水槽和湿度调

图 4-4 发酵箱

节器等部件组成。自动的温度、湿度及空气调节设备通常被安装在发酵箱的顶部。在调节系统内装有空气分散器，使温度和湿度分布均匀（图 4-4）。

发酵箱工作原理是靠电热丝将水槽内的水加热蒸发，使面团在一定的温度和湿度下充分发酵、膨胀。发酵面包时一般要先将发酵箱调节到理想的温湿度后方可进行发酵。发酵箱在使用时水槽不可无水干烧，否则设备会遭到严重的损坏。

（6）电冰箱　电冰箱是现代西点制作的主要设备，按其构造可分直冷式、风冷式两种类型，按其用途可分为保鲜冰箱和低温冰箱。

无论哪种冰箱都是由制冷机、密封保温外壳、门、橡胶密封条、可移动的货架、温度调节器等部件构成。

保鲜冰箱通常用来存放成熟食品和食物原料，低温冰箱一般用来存放冷冻面团，使面团和辅料达到同一温度，便于操作。

（7）搓圆机　搓圆机的主要作用是将由分割机分割出来的面团搓成外表整齐平滑、形状和密度一致的小圆球。经分割机分割的面团，由于受机械的挤压作用，其内部已失去一部分 CO_2，外观形态不整，因此，使用搓圆机的作用是使切割后的面团表面光滑，保住气体。

搓圆机分为两种，一种是圆锥形搓圆机，另一种是伞形搓圆机。

（8）切片机　切片机的主要作用是将冷却后的面包加以切割成片。一般可分为两种，一种是与包装机连接在一起的全自动切片机，另一种是独立的半自动切片机。主要用于吐司切片。

（9）成型机　主要是面包连续成型机，用于面团形成面包生坯。常见的是吐司整形机和法棍成型机。

（10）产品框及陈列架　主要为提供烤焙完成的产品出炉后冷却用（图 4-5）。

（11）案台　案台是制作面包制品的工作台。一般采用木质案台和不锈钢案台。

图 4-5 产品框

2. 工具

（1）刀具　刀具是制作面包制品不可缺少的工具，一般用薄板或不锈钢板制成。刀具按其形状与用途分为分刀、抹刀、锯刀、刮刀、刀片等。

① 分刀。通常分为不锈钢切面刀及塑胶刮板两种，多用来切割面团（图 4-6、图 4-7）。

图 4-6 切面刀

图 4-7 塑胶刮板

② 抹刀。是由弹性较好的不锈钢板材料制成，无锋刃，用于涂抹原料之用（图 4-8）。

③ 锯刀。由不锈钢板材料制成，有如锯子一样的刃，是用来对酥、软制品进行分割的工具，可保证分割的制品形态完整（图 4-9）。

④ 橡皮刮刀。可用来搅拌材料或刮除沾在容器边缘的材料（图 4-10）。

图 4-8　抹刀　　　　　　　图 4-9　锯刀　　　　　　　图 4-10　橡皮刮刀

⑤ 刮刀。无刃工具，主要用于手工调制面团和清理案台及制作面包时切面团用。

⑥ 刀片。主要用于烤尖面包和脆皮面包切口。

⑦ 三角形面团轮刀（三角轮刀）。中间部位用不锈钢制作并有木制把手。它的尺寸大小不一，可根据需要购买，主要用于牛角面包的分割（图 4-11）。

⑧ 车轮刀。主要用于切割面皮，并可修饰其花边，增加美观（图 4-12）。

图 4-11　三角轮刀　　　　图 4-12　车轮刀　　　　图 4-13　烤盘

（2）模具　制作面包常用的模具有以下几种。

① 烤盘。是烘烤面包的主要模具，一般由白铁皮、不锈钢钢板等材料制成，并有高边和低边之分（图 4-13）。烤盘的大小是由炉膛的规格所决定的。近来研发有矽利胶不沾烤盘及铁弗龙制等各式材质的烤盘，使用更为方便；可直接用于各种烘焙食品的烤焙。

② 面包模具。面包的模具一般是用薄铁皮制成的，规格大小不一，烤模厚度一般 0.4～1.0mm。无盖的模具上口为 28cm 长、8cm 宽，底为 25cm 长、7cm 宽，总高 7cm，为空心梯形模具。主要用于制作主食大面包（图 4-14）。有盖的面包模具一般为长方体空心形，是制作吐司面包的专用模具，依面团重量通常可分为 2kg 及 1.2kg 两种规格（图 4-15）。

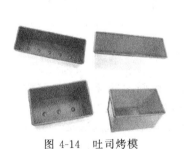 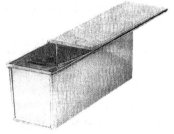 

图 4-14　吐司烤模　　　　图 4-15　带盖吐司烤模　　　图 4-16　打蛋器
（不带盖长条吐司烤模）

③ 萨瓦兰面包专用模具。一般用白铁皮制成，形状为下口小上口大带瓦棱形的圆形模具。

3. 其他工具

① 打蛋器。是用多条钢丝捆扎在一起制成的，大小规格不同，有木把、铁把之分，是抽打蛋糊及搅拌物料的常用工具（图 4-16）。

② 裱花嘴。多用不锈钢片制成，形状很多，规格不一。常见的有扁形、圆形、锯齿形。在制作面包时用于装饰、填充物料、馅料等用途（图 4-17）。

图 4-17　裱花嘴

③ 撒粉罐。用薄铁皮制成，其规格为高 12cm、长 6.5cm，上有活动并带眼的盖，主要用于撒糖粉、可可粉、面粉等干粉。

④ 擀面用具。各种擀面用具，多是木制材料制成的圆而光的制品，常用的有通心槌、长短擀面杖等，主要用于面点的制作和蛋糕的制作（图 4-18）。

⑤ 各种衡器。常见的衡器有台秤、电子秤等，主要用于称量原料、成品的质量（图 4-19）。

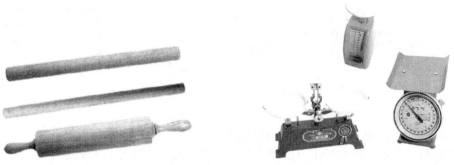

图 4-18　走锤　　　　　　　　图 4-19　天平、电子秤

⑥ 调料盆。有平底和圆底之分，用不锈钢、铝材料等制成，主要用于调拌配料、搅打鸡蛋、奶油及盛装各种原料。

⑦ 平底铜锅。制作各种馅心及熬制果酱的理想工具，有大、中、小之分，铜锅具有传热均匀，不易糊底的优点。

⑧ 面粉筛。又称筛网，一般为不锈钢制成，通常用于干性材料的过滤。

此外，剪刀、各种刷子、防热手套等也是制作面包的常用工具。

第二节　面包制作方法

面包的制作方法很多，工艺不尽相同，最重要的区别是面包面团的搅拌及发酵的方法。采用哪种方法，要根据工作的环境、原料的品质和设备的条件来决定。目前经常使用的方法有：直接发酵法、中种发酵法（二次发酵法）、液种面团法、快速发酵法、过夜种子发酵法、冷冻面团法及其他一些方法。

一、直接发酵法

直接发酵法也称一次发酵法，是将配方中的原料以先后的顺序放入搅拌机内，一次混合调制面团后进行一次发酵的方法。即面包经一次搅拌，一次发酵后制成。是面包制作广泛采用的方法。

优点：操作简单，发酵时间短，口感、风味较好，面团发酵中损耗低，具有较浓郁的麦香味，并能节约设备、人力及空间。

缺点：面团的机械耐性、发酵耐性差，成品品质受原材料、操作误差影响较大，一旦搅拌或发酵过程出现失误（如在搅拌面团时，搅拌过度；或发酵时发酵过度），无法弥补，且面包老化较快。

工艺流程：

配料 → 搅拌 → 发酵 → 切块 → 搓圆 → 整形 → 醒发 → 焙烤 → 冷却 → 成品

（1）标准直接发酵法

基本配方：面粉100%（其中强力粉70%，中力粉30%），糖3%～7%，油脂2%～4%，盐1.2%～2%，鲜酵母2%，酵母营养物0.1%～0.4%。

面团成形：将原料中除油脂、乳化剂以外的干性原辅料一起加入和面机搅拌缸内，以钩状搅拌器以慢速搅拌混合1～2min。加入45%～50%水（需注意控制水温），一般来说，水和其他湿性原料（如蛋、牛奶等）一起加入，中速搅拌3min，至面团成胶黏状。在面筋未扩展时放入油脂，慢速搅拌1min，达到油脂均匀后，再以中速搅拌8min，此时为面筋的扩展阶段。最后加盐，最好面团完成前5～6min再加入，再以快速搅拌1～2min，至面团具有良好的扩展性及弹性即可，此时面团最理想的温度为26～28℃。

面团发酵：搅拌好的面团放入发酵箱中进行发酵，发酵温度28℃，相对湿度75%～80%，约2h（鲜酵母）或2.5～3h（即发酵母）。待面团发酵膨胀至1.5倍量，进行翻面，再继续发酵30min左右。

翻面（即揿粉）是待面团发酵到一定的程度后，通过用手将周围的面团往中间挤，轻轻的按压出空气（CO_2），最好将压过的面团顺手拉向一面或底面，使面团的表面光泽完整。

目的是使面团内充入新鲜空气，降低面团内二氧化碳浓度，因二氧化碳浓度太大时会抑制发酵；使面团温度均匀，发酵均匀；促进发酵和面筋的扩展，增加面筋对气体的保持力，加速面团的膨胀。

发酵结束后即可把面团放在工作台上立即整形，其过程包括分割、滚圆、整形、装盘等。面团再经最后醒发后即可烘烤，温度190～220℃（一般视面包的种类、大小不同而定），或使用上火大下火小的温度，使其皮面上色。

（2）速成法　加大酵母（增加1倍）、酵母营养物、改良剂的用量，酌减盐（但不可低于1.75%）、奶粉和糖的用量，也可使用1%～2%的乙酸，搅拌面团时控制温度高些，并提高面团发酵温度，缩短制作时间。速成法一般是为了应付紧急情况的需要才使用。与正常发酵相比，成品味道和品质都有较大差距。

（3）无翻面法　不管发酵多长时间，中间不翻面，其他工序同上。

（4）后加盐法　先将除食盐以外的原料调制成面团，发酵2～2.5h后，再加入食盐搅拌捏合，因为盐有硬化面筋的作用，与面团形成时要求面筋充分吸收水分相矛盾。采用后加盐方法可使面团筋力更强。

二、中种发酵法

中种发酵法（二次发酵法、间接法）是美国19世纪20年代开发成功的面包制作法。采用二次搅拌、二次发酵的方法。

中种发酵法是将配方中面粉量分成二段投入，第一次搅拌的面粉投入量为70%～85%，然后放入相应的水，以及所有的酵母、改良剂等用中、慢的速度搅拌，使其成为微光滑且均匀的面团，此时的面团叫中种面团。然后将面团放入发酵室进行第一次发酵后，再与配方中剩余的面粉、盐、水及各种辅料一起进行第二次搅拌至面筋充分扩展,此时的面团叫主面团,然后再经短时间的第二次发酵,即可进行分割、整形、醒发、烘烤等工序的制作方法。

优点:因酵母有足够的时间繁殖,发酵充分,面筋伸展性好,所制成品体积较一次发酵更大,面包内部组织细密柔软,富有弹性,面包发酵的香味浓厚,不易老化。也是面包制作广泛采用的方法。

缺点:需二次搅拌,操作烦琐,费时费力。

工艺流程:

(1) 标准中种发酵法

第一次搅拌制作中种面团:第一次搅拌的面粉投入量为70%~85%,然后放入相当于面粉量50%~60%的水以及所有的酵母、改良剂等,用钩状搅拌器以慢速搅拌3~5min,使其呈微光滑且均匀的面团,即为中种面团,温度最好控制为25℃。夏天用粉量可少些,冬天则多些。含筋量高、筋力强的面粉用量应多于较差的面粉。

基本发酵(第一次发酵):将中种面团放入发酵室进行第一次发酵,发酵箱的温度控制为26~28℃,湿度为75%,待面团发酵至原体积的4~5倍大时,表明第一次发酵结束,所需时间为3.5~4.5h。

第二次搅拌制作主面团:先将发酵好的中种面团放入搅拌缸内,添加配方中剩余的材料(除油脂和乳化剂外)以慢速搅拌2min至面筋未扩展时加入油脂(约6%),慢速搅拌1min,再改用中速搅拌8min至面筋充分扩展面团完成阶段为止,即为主面团,搅拌后的面团理想温度为26~28℃。

第二次发酵:第二次搅拌完成的主面团,需经第二次发酵。所需的时间一般为20~30min。

经第二次发酵之后的主面团再进行分割、整形、醒发、烘焙、冷却及包装,即为成品。

(2) 100%中种法 是在中种面团中使用100%的面粉量。

(3) 全风味法 是100%中种法的变种,将除砂糖、食盐外的全部原辅料先制成中种面团发酵后,再加入糖、盐制成的主面团发酵。

(4) 加糖中种法 加糖中种法是在标准中种面团中加入少量的糖,主要适于面团配方中用糖量较多的面包品种。另外,中种面团中加一些糖还可为酵母提供营养基质,也可增加酵母的耐糖性。

三、液种面团法

液种面团法也称水种法,是把除小麦粉以外的原辅料(或加少量面粉)与全部或一部分的酵母做成液态酵母(即液种),进行预先发酵后,再加入小麦粉等剩余的原料,调制成面团。

优点:水种可大量制造,并在冷库中保存,节约时间,产品柔软、老化较慢。

缺点:面包风味稍差。这种方法制作的面包呈酸味,制作过程中需加入缓冲剂。根据所加缓冲剂的不同分为如下几种方法。

①酿液法:缓冲剂是碳酸钙,面包风味较差。②面粉酿液法:缓冲剂是面粉,面包风味较好。③ADMI(美国乳粉协会)法:缓冲剂是脱脂奶粉,面包风味最好。以上这三种均属于间歇式分批发酵法。④连续面团制造法:用于规模较大的生产方法,一边制作液

种、发酵并储存;一边调制面团生产面包,并可流水作业。此法源于德国、前苏联等国家,是做黑面包的传统发酵方法。目前已逐渐被直接发酵法和中种法所替代。

四、快速发酵法

面包制作的大量时间都用在发酵上,制作时间较长。为了加快面包生产效率需采用快速发酵法。这种方法是随着1986年即发干酵母的引进,逐渐流行的一种发酵法。

该法利用快速的方法使面团提早完成发酵,以达到节省在面包制作当中正常发酵所需的时间,可在短时间内生产出更多的产品。

方法:增加酵母的用量(增加一半),减少盐、糖的配比,适当地增加搅拌时间(延长1~2min),提高面团温度(但不可超过30℃),同时还要改变发酵室的湿度(相对湿度75%~80%)以达到节省时间的目的。

特点:这种方法制作出的面团,容易导致组织紧密,体积小,品质粗糙,味道及保质期差,易老化变硬,但生产周期短(2.5~3h),产量大,操作方便。

工艺流程:

配料 → 面团搅拌 → 静置(发酵) → 压片 → 卷起 → 切块 → 搓圆 → 成形
成品 ← 冷却 ← 焙烤 ← 醒发

五、过夜种子发酵法

过夜种子发酵法(基本中种法、宵种法)是集快速发酵法的快速和二次发酵法品质好的优点而采用的一种发酵方法。是为适应小型面包工厂,多种面包制作而总结的方法。改变早上调粉,下午或晚上才能烘烤的现状,可以随时储存和发酵一些中种(酵面)。

就是使中种进行长时间发酵的方法,一般过夜的种子面团是在前一天根据第二天的生产量及制作面包的配方进行搅拌(面粉、酵母及水)成发酵的面团,上边盖上湿布或保鲜膜放入冰箱内,低温0~5℃的冷藏库内进行低温发酵,一般发酵时间长达9~18h。中种可以在这段时间任意割取,制作面包更方便。

使用时,用量不超过主面团的20%~40%,过多使用反而影响面包的品质。使用前从冰箱中取出,放在常温下或将其分成小块面团以助快速软化。

这种方法制作的面包体积大,发酵风味和香气浓郁。具备了二次发酵法的优点,将逐渐被广泛使用。

工艺流程:

搅拌过夜面团 → 冷藏发酵 → 过夜面团软化 → 搅拌主面团 → 基本发酵
成品 ← 烘烤 ← 中间醒发 ← 搓圆 ← 分割

六、冷冻面团法

随着人民生活水平的不断提高及人们对食用面包制品概念的更新,现代人喜欢选择式样变化多的面包。从事烘焙业的人员必须在短时间内制造出多样的面包制品,从而不断地提供新鲜面包给顾客,这样就受到了场地、人员配备、设备等许多条件的局限。

为了适应新形势,使用冷冻面团是可行的方法之一,这样既可解决工具、设备、人员的不足所带来的困难,又可大大提高产品的数量和新鲜度,提供给顾客花式繁多且新鲜的面包。

冷冻面团法是20世纪70年代以后发展起来的一种新式加工方法,现在发展很迅速。即在大工厂集中进行面团调制,以及发酵、分割、整形等工作。然后把面团急速冷冻,再分运到各零售点的冷库中，各面包店也配有相应的冷库、解冻、烤炉等设备，按店内销售情况，随时烤出新鲜面包。

面团急速冷冻温度：在面团整形后于－40～－30℃急速冻结，－20℃左右储藏。当需要时进行解冻，然后发酵、焙烤成新鲜的面包。

特点：搅拌、分割、整形等工艺都是提前完成的，随时需要，随时解冻、发酵、烘烤。这样可保证面包新鲜，缩短加工周期。但这种制作方法，酵母在低温下会受到影响，因此抗冻酵母的研制成为现代面包工业的一大课题。

工艺流程：

搅拌 → 发酵 → 分割 → 整形 → 冷冻 → 解冻 → 最后醒发 → 烘烤 → 冷却 → 包装

七、老面发酵法

这是自古流传至今的发酵法。是前一天发酵面时留一块发好的面团不烤，放着任其发酵。第二天就把这块面团用温水搅匀，放入新材料里揉匀，这样不必放酵母就可发酵了。

这块隔夜的发酵面团叫老面，又叫面肥、起子、酵面。应用该法制作的制品质地细腻，香醇可口，胜于一般发酵的产品。因此许多人喜欢吃老面手工的馒头。但老面隔夜发酵会发酸，用时需加碱粉来中和其酸味。

第三节　面包制作工艺

面包的制作无论是手工操作还是机械化生产，都包括4大基本工序，即面团搅拌、面团发酵、面包成形和成品焙烤。其中最重要的是前两工序，有人总结说，面包的制作成功与否，调制面团占25%，而面团发酵的好坏占70%，其他工序只占5%。面包生产工艺流程见图4-20。

一、面团调制（调粉）

所谓面团，就是按配方规定量的面粉、酵母、食盐和水四大要素原料，再添加一定配比的营养辅料和其他风味料，按照一定的顺序和操作工艺制成的，具有弹性和可塑性的含水固形物。

面团调制是在机械力的作用下，使原料混合，面筋及其网络结构生成和扩展，最后形成一个有足够弹性、柔软而光滑的面团。面团的调制也称搅拌、捏合，是面包制作的第一道工序，也是最重要的工序。面团的调制不足或过度，都会直接影响面包的品质。

1. 面团调制的目的

① 使各种原辅料均匀混合，并均匀地分布在面团的每一个部分，形成质量均一的整体（即面团）。

② 使面粉吸水、胀润，加速形成面筋的速度，缩短面团形成的时间。因面粉遇水后表面会被水润湿，形成一层胶韧性膜，阻止水的扩散。调粉时的搅拌，使面粉表面韧膜在机械的作用下破坏，使水分很快向更多的面粉粒浸润，快速形成面筋。

③ 扩展面筋，使面团具有良好的弹性和延伸性，改善面团的加工性能。

④ 拌入空气有利于酵母需氧发酵，并形成气泡核心，有助于蜂窝结构的形成。

2. 原辅料使用前的处理

① 面粉。在制作一般面包过程中，要求使用面筋含量高、筋力强的面粉。

为了给酵母发酵创造合适的条件，还应注意面粉的温度，冬天应储存在温度高的地方

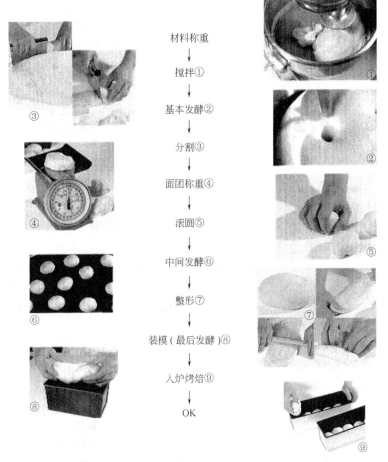

图 4-20 面包生产工艺流程

(引自：许洛晖，郑桑妮. 西点面包烘焙. 辽宁科学技术出版社，2004.)

或提前搬进车间。有利于酵母生长繁殖，促进发酵成熟。

面粉使用前需过筛，使面粉松散并清除杂质，同时可使混入多量空气，促进面筋氧化，面筋网络结构的形成，有利于面团形成。另外，过筛时一般安装磁铁装置，以除掉面粉中铁屑之类的金属杂质。

② 酵母。酵母对面包的发酵起着决定作用。但要注意使用量，如果用量过多，面团中产气量增多，面团内的气孔壁迅速变薄，短时间内面团持气性很好，但时间延长后，面团很快成熟过度，持气性变劣。

鲜压榨酵母用温度为 25～30℃、5 倍量于酵母的水溶解，温度不可过高或过低，要搅拌均匀，使酵母均匀地分布于面团内，有利于面团的发酵（图 4-21）。

活性干酵母（即发干酵母）使用前须活化，用温度为 40～43℃、为酵母量 4～5 倍的温水，将其溶解混匀，放置 5～10min，让酵母重新恢复原来新鲜状态的活力。也可加入 1% 的糖改善其性能（图 4-22）。

注：酵母投入前不能与砂糖、食盐、油脂等直接混合或溶于溶液中，否则将影响酵母的活力。投入前酵母也不能与酵母营养物及改良剂等混在一起。

③ 砂糖。一般添加量小于 6%，甜面包达 20%。使用前先用温水溶解，过滤除杂。

④ 食盐。一般添加量为 1%，小于 2%（咸面包）。使用前需先溶解，过滤除杂。搅

图 4-21　鲜酵母　　　　　　　　　图 4-22　即发干酵母

拌面团时最后加盐，因盐可增加面筋的筋力、韧性，会使面筋网络更加致密。一般应在面筋已扩展，但未充分扩展，或面团搅拌完成前 5～6min 时再加入。

⑤ 奶粉。使用前先用适量水将其调制成乳状液后使用。也可以与面粉、糖混匀使用，避免结块而影响面团调制。

⑥ 油脂。液态植物油可直接使用。固态油脂（猪油、起酥油及麦淇淋等）应在 30～40℃ 的室内自然熔化，软化后成半固体或液状，使调粉均匀。否则油脂储藏温度较低，直接添加会呈硬块状。夏季选用熔点较高的油脂以防走油，冬季选用熔点较低的油脂，易于熔化。

另外，油脂的投入，一定要在面粉水化作用充分进行后，即面团形成后面筋未充分扩展之前投入。否则与面粉直接接触，会将面粉的一部分颗粒包住，形成一层油膜，不利于面粉的水化作用。

⑦ 水。面团调制时加水量的多少不仅影响面筋的形成，还影响工艺操作，一般加水量为 45%～55%。加水量适当，面粉充分吸水形成面筋，面团具有良好的保气性，易形成膨松性良好的面包；加水量过多，面团过软发黏，工艺操作带来困难；加水量过少，面团发硬，起发不良，延缓发酵速度，制品内部组织粗糙。水的温度一般控制在 28～30℃。

影响加水量的因素有面粉的吸水量、气温、油脂与糖的添加量及配方中其他液体量。一般，油脂与糖的添加量增加则水添加量则相应减少，蛋、果汁、鲜奶等添加量增加时，水添加量也相应减少。

水质以中等硬度（8～12）的水为好，也可换算成含碳酸钙的浓度来表示，在 40～120mg/kg 范围内。水的硬度适当，发酵顺利，操作性好，成品良好；水过硬，面粉吸水增加，面筋发硬，口感粗糙，面团易裂，发酵缓慢，成品无韧性，必要时需增加酵母使用量，提高调粉面团温度和发酵室温度才可避免；水过软，吸水减少，面筋软化，面团发黏，操作困难，成品不膨松，一般可稍加食盐，添加微量硫酸钙、碳酸钙、磷酸钙来缓解以上弊端。

生产面包用水的最适 pH 值为 5～6，偏酸性。pH 值低则水会使面筋溶解，面团失去韧性，需要碳酸钠等中和；pH 值高则水会抑制酵母活性和促使面筋的氧化，添加适量乳酸可以改善。

⑧ 其他少量的添加剂。如改良剂。由于使用量较少，直接添加不易混匀；另外，直接添加也会花费较多的能量和时间。使用时先与一部分水混合溶解，再添加。

3. 面团的搅拌速度和时间控制

淀粉和面粉中的面筋性蛋白质在与水混合的同时，会将水分吸收到粒子内部，使自身胀润，这种过程称为面粉的水化作用。淀粉粒的形状近似球形，水化作用比较容易，而蛋白质由于表面积大，水化所需时间较长。尤其是强力粉，与水接触时会形成胶质的面筋膜，阻止水分向面粉浸透，阻止水和面粉的接触。在搅拌的机械作用下，不断地破断面筋的胶质膜，扩大水和新面粉的接触。为加速面粉的吸水，可先把 1/3 或 2/3 的面粉和全部的水混合做成面糊，然后再加入其余的面粉。

影响面粉吸水速度的因素列举如下。

① 调粉时的水温——水温低，面粉吸水速度快；水温高，面粉吸水速度慢。
② 材料的配比——配方油性原料多，则会软化、包裹面筋，使吸水率减少。
③ 搅拌速度——搅拌速度慢，面筋扩展也慢；搅拌速度快，面筋扩展就快。
④ 搅拌速度分为慢、中、快。搅拌机速度越快则面团达到理想扩展情况越快，所以受室内温度的影响不大；反之速度越慢，搅拌时间越长，则面团受室内温度影响就会变大。

在调制面团的初期和放入油脂的初期，搅拌速度一定要慢，从而防止机械因承担载荷过大而发生故障以及粉、油脂和水的飞溅。更重要的是未水化的面粉和水一起高速搅拌时，会因为搅拌臂强大的压力而生成黏稠的结合面团膜，将未水化的面粉被包住，并阻止面粉和水的均匀混合。

在用直接法、快速法和液种法调制面团时，最初要低速搅拌 5min 以上。中种法的主面团调制，因为已有 70% 的面粉水化完毕，所以余下的水、面粉分散比较容易，初期低速搅拌 2min 就可以了。

4. 面团调制时温度的控制

面团调制终了的温度对后面发酵工序及其他工序有很大影响。制作面包时，应视面团的制作方法控制搅拌后面团的温度，并依面团温度的高低给予面团适当时间的基本发酵，以控制产品的品质。尤其是大规模生产时对温度要求更严。如果搅拌后面团温度太高，酵母气体产生较快，则面团发酵速度快，容易发酵过度，烤出的面包酸味太重，味道不正，产品外面及形状不佳。反之，搅拌后面团温度太低，酵母繁殖较慢，气体产生不足，造成面团发酵不够，结果做出来的面包体积小、内部组织紧实、缺乏面包应有的香味。一般而言，依据面包制作方法的不同，其搅拌后面团所测得的温度变化有异。例如，中种面团的调制，要求终了温度在 24.5℃，误差为 ±0.5℃。

在调粉过程中，酵母的发酵作用实际上已经开始。因此面团的温度应适宜于酵母的生长繁殖，并利于发酵作用，缩短生产周期。

面团的温度在没有自动温控调粉机的情况下，主要靠水的温度来调节。酸面包制作法的面团温度为 24～27℃，快速制作法为 30℃，正常法为 25～28℃。冬天搅拌面团应用温水，夏天搅拌面团就用冰水或冷水。

除水的温度外，调制面团的温度还与调粉机的构造、搅拌速度、室温、材料配合、粉质、面团的硬软、重量有关。其中搅拌的速度影响大，因搅拌时由于机器摩擦会增高面团的温度。一般情况下，低速搅拌可使面团温度升 3～5℃，中速搅拌升温 7～15℃，高速搅拌升温为 10～15℃，手工搅拌升温 2～3℃。

调制面团适用水温的计算法：

直接制作法、中种法的中种面团加水温度＝理想面团温度×3－（室温＋粉温＋摩擦升高温）

主面团加水温度＝理想面团温度×4－（室温＋粉温＋摩擦升高温＋中种面团发酵后的温度）

通过以上公式求出适用水温之后，如果适用水温比自来水的温度高，则将配方中水的用量加热至此温度；反之，适用水温比自来水温度低，需使用冰块或碎冰，来降低面团的温度，其用量计算在总水量内。

5. 面团调制的六个阶段与现象

通过面团的搅拌将面包的原辅料混合均匀，同时使面粉中的蛋白质和水形成面筋。面筋是面粉加水搅拌之后所扩展出来的具有弹性的网状蛋白质结构。面团搅拌时的现象因个别产品而有所不同，不应墨守成规，一成不变，许多因素会影响搅拌。

面团的搅拌过程可分为如下六个阶段。

① 原料混合。这是面团搅拌的第一阶段。蛋白质和淀粉开始吸水，蛋白质分子表面的亲水基与水分子相互作用形成水化离子，干性物料与湿性物料相互拌和在一起，面团湿润不均匀，物料呈分散的非均态混合物形式。此时面粉被水调湿，似泥状，没有形成一体，水化作用仅在表面发生，面筋没有形成，用手捏面团，很硬，无弹性和延展性，黏性大［图4-23(a)］。

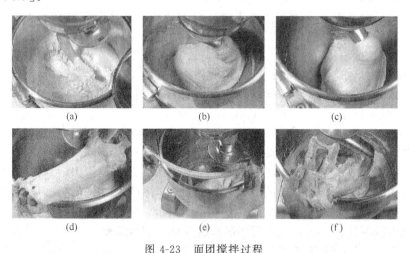

图4-23 面团搅拌过程

（引自：许洛晖，郑桑妮. 西点面包烘焙. 辽宁科学技术出版社，2004.）

② 面筋形成。水分被小麦粉全部吸收，面团形成一个整体，一部分蛋白质形成面筋，用手捏面团，仍有黏性，手拉面团无良好的延伸性，易断裂，缺少弹性，表面湿润。面团成为一体绞附在搅拌钩的四周，并随之转动，搅拌缸上黏附的面团也被黏干净［图4-23(b)］。

③ 面筋扩展。继续搅拌初步形成的面团，面团表面已逐渐干燥，变得较为光滑，且有光泽，用手触摸时面团已具有弹性并较柔软，水分分布均匀，达到工艺上所要求的软硬度。但用手拉取面团时，虽具有伸展性，但仍易断裂。硬式面包及一般不需要烤模，流性强的面团皆搅拌到此阶段［图4-23(c)］。

④ 面团的成熟。此阶段面筋达到充分扩展，用手拉面团，具有最佳的延伸性和弹性，面团非常柔软，表面干燥且有光泽，细腻整洁而无粗糙感。搅拌钩在带动面团转动时，会不时发出"噼啪"的打击声和"嘶嘶"的黏缸声。用手拉开面团时可形成玻璃纸般的薄膜，一般甜面包及各种软式吐司面包等搅拌到此阶段。当面团调制到完成阶段应立即停止调粉，开始发酵［图4-23(d)］。

⑤ 搅拌过度。达到完成阶段后若继续搅拌面团，面筋超过搅拌耐力，面粉吸收的水分会重新释放，面团表面渗水出现黏性，变得黏手，开始黏附在缸的边沿，不再随搅拌钩的转动而剥离。且弹性下降。用手拉起时面团无弹性但有非常强的伸展性［图4-23(e)］。

⑥ 面筋的破坏。面筋的结合水大量漏出，继续搅拌面团时，面筋开始断裂或弱化，面团表面变得非常的湿润和黏手，面团的弹性和韧性减弱，面团的工艺性能变劣。搅拌停止后，面团向缸的四周流动，搅拌钩已无法再将面团卷起。用手拉时，手掌中有一丝丝的线状透明胶质。洗面筋时已无面筋可洗出 [图 4-23(f)]。

6. 搅拌对面包品质的影响

① 面团搅拌不足，面筋未充分扩展，未达到良好的伸展性和弹性，过于强韧，不能较好地保持发酵中所产生的二氧化碳气体，没有良好的胀发性能。故所制作的面包体积小，内部组织粗糙，色泽差，颗粒多，容易老化及面包两侧凹陷。另外，面团黏且硬，操作困难，强制整形将会使面团破裂，使烤好的面包外表不匀称。

② 搅拌过度，面团湿黏，整形困难，无法挺立，向四周流散。面团无弹性及伸展性，更无法保持气体，制作的面包体积小，内部空洞多且大，组织粗糙且多颗粒，品质极差。此现象若不严重时则可待松弛（中间醒发）后再次搓圆即有改善。

判断面团是否搅拌成熟的方法：通常称为"拉膜法"。一般是用双手的食指和拇指小心地伸展面团，如能像不断吹胀气球表面那样成为非常均匀并且很薄的膜时为好，且出现的孔洞边缘整齐，此时用手触摸面团时可感到黏性，但不黏手，而且面团表面手指摁过的痕迹会很快消失（图 4-24）。

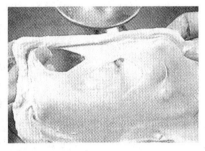

图 4-24 "拉膜法"判断面团搅拌成熟

7. 面团形成的原理

① 水化作用。面粉中的淀粉和面筋蛋白在与水混合的同时，会将水分吸收到粒子内部，使自身胀润。

② 结合或聚合作用。面筋蛋白的结合形式主要有二硫键（—S—S—）结合，与盐结合，与氢结合，与水分子结合。其中二硫键结合力最大，使得小麦醇蛋白和小麦谷蛋白可以通过—S—S—结合形成面筋网状结构。

③ 氧化作用。面筋蛋白中的巯基（—SH）被氧化成—S—S—键，形成立体网络结构。—SH 键具有和—S—S—键迅速交换位置，使蛋白分子间容易相对移动，在机械搅拌作用下增加面筋的弹性及伸展性。

8. 影响面团调制的因素

① 加水量。水分的多少将影响面团的软硬。加水量少，会使面团的卷起时间缩短，而卷起后的扩展阶段中应延长搅拌时间，以使面筋充分扩展。但水分过少时，会使面粉的颗粒难以充分水化，形成面筋的性质较脆，稳定性差。故水分过少，所做出来的面包品质较差。相反，如面团中水分多，则会延长卷起的时间，但一般搅拌稳定性好，当面团达到卷起阶段后，就会很快地使面筋扩展，完成搅拌的工作。在无奶粉使用的情况下，加水率大约在 60% 左右。

② 温度。面团温度低，所需卷起的时间较短，但需扩展的时间较长。温度过高，虽

能很快完成结合阶段，但不稳定，稍搅拌过时，就会进入破坏阶段。另外，温度低，面团稳定性好；如温度过高，则会使面团失去良好的伸展性和弹性，无法达到扩展的阶段。这样的面团脆而发黏，严重影响面包品质。据研究表明，面团温度越低，吸水率越大；温度越高，吸水率越低。

③ 搅拌机的速度。搅拌机的速度对搅拌和面筋扩展的时间影响甚大。一般稍快速度搅拌面团，卷起时间快，完成时间短，面团搅拌后的性质亦佳。如慢速搅拌则所需卷起的时间较久，而面团达到完成阶段的时间就长。对面筋特强的面粉如用慢速搅拌，很难使面团达到完成阶段。面筋稍差的面粉，在搅拌时，应用慢速，以免将面筋打断。

④ 面粉。面粉的品质对调粉操作影响最大。面粉中蛋白质含量越多，成团时间、面团形成时间、软化时间越长；蛋白质品质差的面粉，要特别注意搅拌过度的问题。

⑤ 辅料。

a. 奶粉。添加奶粉会使吸水率提高，即一般加入1%脱脂奶粉，对于含2%盐的面团，吸水率要增加1%。但加奶粉后，水化时间延长，所以搅拌中常感到加水太多了，其实延长搅拌时间后会得到相同硬度的面团。

b. 糖。糖的添加量会使面团吸水率减少，为得到相同硬度的面团，每加入5%的蔗糖，要减少1%的水。但随着糖量的增加会使水化作用变慢，因而要延长搅拌时间。

c. 食盐。食盐对吸水量有较大影响，如果添加2%食盐，比无盐面团减少吸水3%。食盐可使面筋硬化，较大地抑制水化作用，因而影响搅拌时间。

d. 油脂。油脂对面团的吸水性和搅拌时间基本上无影响，但当油脂与面团混合均匀后，面团的黏弹性有所改良。据说这是可塑性油脂的持气性和其含有的乳化剂作用的结果。

e. 氧化剂。速效氧化剂可使面筋结合强化，面团变硬，吸水率增大，搅拌耐性增大，搅拌时间延长。如钙盐、磷酸盐及碘酸钾等。

f. 酶制剂。淀粉酶、蛋白酶的分解作用使面团易软化，搅拌时间缩短，但使面团机械耐性降低，所以要限制使用。

g. 乳化剂。常用的面包乳化剂为硬脂酰乳酸钙（CSL），易与面筋胶体结合，使面筋性质变化，在面筋水化作用中使面筋的稳定性和弹性增加，增加面团的揉和耐受性。

⑥ 产品的品种特点与调粉的程度。对于一些特殊的面包，最佳搅拌阶段则可能不是完成阶段。例如硬式面包，需要较硬的面团，所以在还未达到面筋充分扩展时，便结束调粉，这样做是为了保持这种面包特有的口感。对于丹麦式面包，由于面团还要经过裹入油脂及多次辊轧、伸展的操作，为了使这种延伸操作容易进行，通常也是在面筋结合还比较弱的情况下结束调粉。而对于欧美式甜面包有的要进行类似于饼干那样的挤出成形操作，所以要采用搅拌过度的办法，降低面团的弹性。也就是说调粉的方法与产品的种类、工艺特点有很大关系。

二、面团发酵

面团发酵是面包加工过程中的第二个关键工序。发酵好与否，对面包产品的质量影响极大。面团在发酵期间，受面粉及酵母内的淀粉酶、糖化酶等的作用，酵母利用面团中糖，释放出CO_2气体，使面团膨胀，其体积为原来的5倍左右，形成疏松、似海绵状的物质。同时生成酒精、氨基酸、酯类、各种有机酸和无机酸，使面团具有芳香气味，并增加面团酸度，由于各种不同的变化会改变面筋的胶体性质，因此形成薄而能保留气体的细胞，同时保留面筋的延展性和弹性，因而能忍受机械作用所加的压力（如分割、整形等），而不致使细胞破裂。面团在发酵的同时也进行着一个成熟过程，使面团的物理性质（如伸展性、保气性等）均达到制作面包最良好的状态。

1. 面团发酵的目的

① 使酵母大量繁殖，产生二氧化碳气体，促进面团体积膨胀。

② 改善面团的加工性能，使面团具有良好的延伸性，降低弹韧性，为面包的最后醒发和烘烤时获得最大的体积奠定基础。

③ 使面团组织结构均匀细密，得到疏松多孔、柔软似海绵的组织和结构。

④ 在面团发酵过程中积蓄发酵产物，产生大量的小分子的挥发性物质（氨基酸、有机酸、酯类等），使面包具有诱人的芳香风味。

⑤ 有利于烘烤时的上色反应。

2. 影响面团发酵（酵母产气能力）的因素

① 温度。温度对气体产生能力的影响最大。10～35℃之间是发酵管理最重要的温度范围。温度高，酵母的产气量增加，发酵速度快。但过高，产气过快，不利于面团的持气和气泡的均匀分布。面包酵母发酵的最适温度约在25～28℃。

② 酸度。面包的酸度是衡量面包品质的重要指标。面团中的酸度主要是乳酸，其次是乙酸等。面团发酵过程中注意乳酸菌和醋酸菌的污染、严格控制发酵温度，才能有效控制面包成品的酸度。最适pH值为5.0～6.0，在此pH值下酵母产气能力强。

③ 渗透压。面团发酵过程中，影响酵母活性的渗透压主要由糖和盐引起。因此，使用时注意用量。

④ 酵母的发酵力和用量。酵母的发酵力（面团在规定时间内，经酵母发酵产生的二氧化碳气体的体积，用发酵仪直接测定）是酵母质量的重要指标，一般要求在650ml以上。一般在使用压榨酵母或干酵母时，最初混合于面团时发酵力很弱，要经过一个活化期，气体发生力才会增加。为了缩短这一活化时间，可用30℃的稀糖水溶液将酵母化开，培养10～40min，有时还可加入少量的面粉、铵盐或氨基酸，对增强酵母的发酵力效果好。另外，酵母的用量多，产生二氧化碳气体量也相对地增大。用标准粉生产面包，酵母用量约为面粉的0.5%，用特制粉生产面包，用量为0.6%～1%。

影响发酵的因素还有糖、盐、pH值、酵母营养剂、淀粉酶等。

3. 影响面团持气能力的因素

要得到好的面包必须有两个条件：一个是直到进烤炉之前，面团中的发酵都要保持旺盛地产生二氧化碳的能力；另一个是面团必须变得不使气体逸散，即形成有良好伸展性、弹性，可以持久地包住气泡的结实的膜。影响面团保持气体能力，即胀发性能的因素如下。

① 面粉。面粉中蛋白质的数量和质量是面团持气能力的决定性因素。另外，制粉前的新陈程度及制粉后的新陈程度也与气体保持能力有密切关系。不管是太新或是太陈，气体保持能力都会下降。如果属于新粉，那么延长发酵时间或使用氧化剂的方法可以调整；如果太陈，则比较困难。即使蛋白质很多，但等级低的面粉，也就是麸皮多的面粉，气体保持力也小。因此生产面包应选择面筋含量高而且筋力强的面粉。

② 奶粉和蛋品。奶粉和蛋品均含有较多的蛋白质，对面团发酵具有酸度缓冲作用，均能提高面团的发酵耐力和持气性。

③ 面团搅拌。当小麦品质一定，那么对于面团气体保持能力而言，面团搅拌就是关键因素，掌握好搅拌的程度是得到理想面团的保证。面团搅拌适度，面团的持气性最好。搅拌不足或过度，都会引起面团气体保持力下降。当搅拌时面团的结合不够理想时，可通过增加发酵时间，使面团在发酵过程中结合，使气体保持力得到提高。但当采用快速发酵

法时，面团的搅拌就成了面团气体保持力形成的决定因素。

④ 加水率。一般加水率越高，面筋水化和结合作用越容易进行，气体保持力也好。加水过多，面团的膜的强度会变得软弱，气体保持力会下降。同时，加水多的较软的面团易受酶的分解作用，所以气体保持力很难长久。相反，硬面团气体保持力维持时间长。

⑤ 面团温度。面团在调粉时和发酵时的温度，影响面团的水化、结合作用和面团的软硬度，因此影响面团的气体保持能力。调粉时温度高，面团水化作用不好。尤其是发酵温度高时，会使面团中酶的作用加剧，气体不能长时间保持。因此，长时间发酵，需保持较低的温度。

⑥ 面团的pH值。面团的pH值为5.5时，对气体保持能力最合适。当随着发酵进行，pH值降到5.0以下时，气体保持能力会急速恶化。

⑦ 酵母用量。当酵母使用量多时，面团膜的薄化迅速进行，对于短时间发酵有利，可提高气体保持力。但对于长时间发酵、酵母使用量过多，则易产生过成熟现象，气体保持力的持久性（也就是发酵耐力）会缩短，因此如果进行长时间发酵，酵母的用量应少一些。

⑧ 辅料的影响。蛋的pH值高，不仅对酸有缓冲作用，还起乳化剂的作用，一般对面团稳定性有好的影响；糖类的用量在20%以下，可以提高气体保持力，但超过这一值，则气体保持力逐渐下降；牛奶类可以提高面团的pH值，也就是有pH值下降的缓冲作用，但对于含有较多乳酸菌或多糖的面团，生成乳酸的速度很快，在这种情况下，气体保持力的稳定性会下降；食盐有强化面筋，抑制酵母发酵的作用，还抑制所有酶类的活动。

4. 面团的发酵工艺参数

面团的发酵温度28～30℃，相对湿度80%～85%，发酵时间因使用酵母种类、用量以及发酵方式的不同而不同。

面团发酵时，经过一系列复杂的变化，达到制作面包的最佳状态，称为成熟面团。这一过程称面团的熟成；即调制好的面团，经过适当时间的发酵，面筋的结合扩展已经充分，伸展性也达到一定程度，氧化也进行到适当地步，使面团有最大的气体保持力和最佳风味条件。对于还未达到这一目标的状态，称为不熟，如超过这一时期则称为过熟，这两种状态的气体保持力都较弱。在实际面包制作中，发酵面团是否成熟是保证成品品质的关键。

① 成熟面团的特征：成品皮质薄，表皮颜色鲜亮，有适当的弹性和柔软的伸展性，由无数细微而具有很薄的膜的气泡组成，表面比较干燥，内部组织均匀、洁白、柔软，具有浓郁香味，总体胀大。

② 未成熟面团的特征：成品皮部颜色浓而暗，膜厚，内部组织不均匀，严重者内部灰暗，香味平淡。

③ 过熟面团的特征：成品皮部颜色比较淡，表面褶皱较多，胀发不良。虽然膜比较薄但内部组织不均匀，分布着一些大的气泡，呈现没有光彩的白色或灰色，有令人不快的酸臭或异臭等气味。

如何判断发酵面团是否成熟十分重要。利用成品的特征来判断面团发酵是否成熟往往是必要的，也比较好掌握。也可通过观察发酵面团来判断成熟度。鉴别面团发酵成熟的方法有如下几种。

① 回落法。面团发酵一定时间后，在面团中央部位开始向下回落，即为发酵成熟。但要掌握在面团刚刚开始回落时，如回落幅度太大则表示发酵过度。

② 手触法。当面团膨胀至原来体积的2倍大时，即表示发酵作用完成。发酵完成时，

以食指轻压面团会留下指形凹口,如凹口很快恢复,则表示发酵作用尚未完成。而发酵不足的面团,其产品除了体积无法提升外,质地亦会变得较为粗糙。若凹口周围呈现明显下陷,则表示已发酵过度,若是面团发酵过度或发酵温度太高时,面团则会变得黏稠,凹口不会复原,且面团难以操作,并带有酸味而使产品品质变差。在正常的发酵情况下,以手指轻压面团时会留下凹口,其凹口面积与手指的大小相同,且复原速度缓慢(图4-25)。

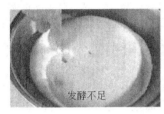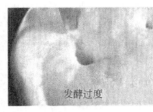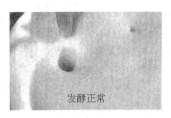

图 4-25　手触法鉴别面团发酵程度

③ 温度法。面团发酵成熟后,一般温度上升4~6℃。

④ pH值法。面团发酵前pH值为6.0左右,发酵成熟后pH值为5.0,如果低于5.0则说明发酵过度。

三、整形

发酵后的面团在进入烘烤前要进行整形工序,包括分割和称量、搓圆(滚圆)、中间醒发(静置)、整形、装饰、装盘等。在烘烤前还要进行一次最后发酵工序(成形)。因此,整形处于基本发酵与最后发酵这两个在定温、定湿进行的发酵的工程之间,但在这期间面团的发酵并没有停止,为了在整形期间不使面团温度过低(尤其是冬季)或表面干燥,需要控制好车间的温湿度,特别是硬式面包在最后发酵之前,在车间内操作时间较长。如车间温湿度不当会给面包品质带来较大影响。一般车间的理想温度为25~28℃,相对湿度65%~70%。

整形工序的作用:①对面包坯进行定量;②压出面团内的CO_2气体,补充氧气,有利于面团的醒发;③调整面团结构,压实面团,使面团表面光滑,内部CO_2细小均匀,形成均匀细密的气孔结构,使醒发烘烤后面包组织内部孔洞均匀细密、膨松柔软,并无大孔洞等不良现象;④决定面包的外形。

1. 分割与称量

这是两个有密切联系的操作步骤,是将发酵成熟的面团按成品面包要求切块、称量,为整形做准备。在称重过程中,必须考虑在烘烤过程中因水分蒸发所导致的重量减轻的现象,减少的量约为面团重量的10%~13%,因此在每500g面团中多增加50~60g的量,以弥补烘烤过程中所流失的分量。在称量时要避免超重和不足现象。实际的烘焙流失量,需视烘烤的时间、面团的大小以及面团是否置于烤盘中等状况而定。

将面团分割成小块时,面团发酵仍然在进行中,因此分割与称量应尽快完成,以避免面团过度发酵,使面团发酸、发黏,分割出的面团重量不一致,做出的面包品质不好,易老化,且内部有深洞,表皮颜色苍白及储存时间较短。最理想是15~25min以内完成。

分割与称量有手工操作和机械操作两种。手工分割效率低,劳动强度大,但面团受损伤小,在炉内胀发大,较弱的面粉也能做出好的面包。机械分割效率高,但比用手分割所引起的面团组织的破坏要严重。

2. 搓圆(滚圆)

使分割出来的不规则的小面块用手或用特殊的滚圆机器搓成圆球形状,使面团内部组织结实,表面光滑,结构均匀。

搓圆的方法：即是将面团放在工作台上（或手掌心），轻握并扣住面团，做定向绕圆回转，面团表层会因不断地转动而伸展至光滑状。搓圆分为手工搓圆和机械搓圆，机械搓圆机有伞形、锥形、圆桶形搓圆机等。

搓圆的目的有如下三个。一是压出 CO_2 气，补充氧气，并使所分割出来的面团外围再形成一层皮膜，以防新生气体的失去，同时使面团膨胀。不管用手或机器分割出来的面团，都已失去一部分由发酵而产生的二氧化碳，使面团的柔软性降低。若分割的面团不加以滚圆，由于切面孔洞的存在，再发酵产生的二氧化碳仍会失去。二是恢复因切块而破坏的面筋网络结构。三是使分割的面团有一层光滑的表皮，在后面操作过程中不会发黏，使烤出的面包表皮光滑好看。

在搓圆时，必须要注意撒粉适当。如果撒粉不均匀，会使面包内产生直洞；如撒粉太多，将使滚圆时面团不易黏成团，在最后发酵时易散开，使面包外形不整，所以撒粉尽可能少一些。

3. 中间醒发（静置）

面团在分割和搓圆过程中内部及表面会产生机械损伤。搓圆后的面块还会使内部呈紧张状态，可称为加工硬化现象。若立即进行整形，面团的筋性非常强韧，且易引起面筋的收缩，形状不齐。滚圆完成的面团必须经短暂休息，使面团结构松弛一下，减少机械加工而产生的硬化状态，并且使受损伤的面块通过醒发得到复苏。一般称为中间醒发，也称静置，俗称"松弛"，指滚圆后到整形之间的发酵。

① 中间醒发目的：使搓圆后的紧张面团得到松弛缓和，利于后道工序的操作；搓圆后的面块内部气体含量甚少，进一步的整形加工时就会因弹性加大而无法延展，而醒发后会使酵母产气，调整面筋网络结构，改善内部纹理结构，增加塑性，易于整形；使面团表面光滑，持气性增强。

② 中间醒发条件：在进行中间醒发时，面团放在发酵箱内发酵，这种发酵箱称为中间发酵箱，大规模工厂生产时，滚圆后的面团随连续传动带经过机器内的中间发酵室进行发酵。理想的中间发酵环境控制湿度及温度，一般理想温度范围亦是人体感觉舒适的温度，大概是在 26~28℃ 之间较合适，而相对湿度则是比面团总含水量微高，大概是在 70%~75%，时间 8~15min。

温度太高则发酵快，面团老化快，结果使面团的保气性差；温度太低则发酵慢，中间醒发的时间延长。

湿度过低，易使面团表面结皮，面包内部组织产生深洞；湿度过高表皮发黏，整形时必须使用大量的撒粉，结果使得成品内部组织不好。

③ 适宜程度的判断：主要观察面团体积膨大的倍数。通常以搓圆时的体积为基数。面包坯的体积相当于静置前体积的 0.7~1 倍时，就可认为是合适的程度。假定体积膨胀不足，面块伸展性就比较差。如膨胀过度在成形时将急速起发，容易引起表皮开裂。

4. 整形与装饰

面团经过中间发酵后，将面团整成一定的形状，如圆形、长条形、橄榄形及吐司标准整形等，再放入烤模或烤盘内。此操作技巧性很强，决定面包的成品形状。正确的整形是烘焙前最重要的整形工序步骤，所有面团中的气体在装模时应被挤出，面团内部组织较均匀，烤焙出来的面包内部组织会均匀细致，否则留在面团中的气泡，将会在烘烤过程中使产品产生大的气洞。整形分为手工整形和机械整形两种方式。

① 手工整形时，听形面包比较简单，由听子的形状决定，一般是上大下小的长方体，听中涂油防粘模；圆形面包则搓圆后不再整形，在入炉前用锋利的小刀划出几道口子；花

色面包则需编花、切花、夹馅等,随意进行。

② 机械整形则分为压片、卷起、压实。压片的作用是排除面团内的 CO_2 气体、促进面筋结合、改善面团内部纹理结构。整形机主要有直进式成型机、交叉式成型机、翻转式成型机、拧花式成型机等。

整形时与其他操作相同,应尽量减少撒粉。如撒粉太多会使内部组织产生深洞,表皮颜色不均匀。一般撒粉多用高筋面粉或淀粉,以面团的1%为准。

面包表面装饰用的原辅料很多,①将蛋白、蛋黄打匀加适量清水,用毛刷将蛋液涂刷在面包表面,进炉烘烤后,表面会出现棕黄色的光泽;②将白砂糖撒在面包表面,用稍低的炉温烘烤,面包表面形成一层晶莹的砂糖粒;③将白糖粉撒在烤熟后涂油或糖浆于面包的表面,增加美观和甜度;④将包括花生、芝麻、核桃及椰丝之类的果仁撒在面包表面,增加和改善外观;⑤将五颜六色的水果蜜饯切成小丁,撒在表面增加美观,提高口味和营养价值;⑥淇淋浆是一种特殊的面包表面涂料,能增加美观;⑦白马糖是一种特殊的面包表面装饰料,能增加美观和甜味;⑧此外还有奶油膏和蛋白膏。

5. 入模及烘烤盘

面团经整形后应立即放入烤模或烤盘中,装入烤模或烤盘时必须将面团的接合处向下,防止面团在最后发酵或烤焙时裂开,影响面包的外表,除此之外也必须注意烤模的温度,平常是以常温状态下操作进行,最高的温度不得高于最后发酵室温度,太热或太冷皆会影响面团发酵速率,并造成面团发酵不均,导致面包内部组织粗细不一。

听形面包用模具放置方法很多,有纵式、横式、麻花式、螺旋式、W式或U式等,非听形面包直接入烤盘。

烤模和烤盘在使用前必须做适当的处理,处理方法因材质不同而有所差异。一般烤盘的清洁顺序是先用清洁布或用洗涤机清除杂质,必要时用剩余面团搓揉盘面,使杂质与面团黏结,接着将烤盘送到烤盘喷油机或涂油处做抹油防黏处理。另一种为矽利胶模,其处理方法较简单,只需用清洁布擦拭或经洗涤机清洗即可,不必再经抹油处理。

6. 成型(最后醒发)

成型就是使整形完了的面包坯,再经最后一次发酵,使其达到应有的体积和形状。因此成型也叫醒发或最后发酵。

① 最后醒发(成型)的目的。

a. 使整形后处于紧张状态的面团得到恢复,使面筋进一步结合,增强其延伸性,以利于体积充分膨胀,保证烘烤后成品体积大而丰满,并具有一定外形。

b. 酵母再经最后一次发酵,使面包坯膨胀到所要求的体积。

c. 能通过发酵产气,改善面包的内部结构,形成均匀细密的蜂窝组织,使其疏松多孔。

d. 积累产物,增强面包的香气和风味。

② 最终发酵的操作和条件。将装好面团的烤盘放在架或托盘上送入最终发酵室。要尽快使面包坯体积达到近似于成品的体积,因此采取的成型温度可适当提高,但应考虑烘烤炉的烘烤能力,以适应整个工序的生产平衡。成型时间与温度有关,温度高则时间可短,温度低则时间可长。同一温度下,成型时间的延长或缩短都会影响到成品质量。另外,还要控制适当的湿度。

常规温度35～40℃(平均38℃)。也有特殊温度要求的面包,最终发酵温度为23～32℃,如丹麦式面包、牛角酥,因油脂裹入太多,温度过高使油脂熔化而流失;又如欧式硬面包,希望在炉内胀发大些,得到特有的裂缝。最后发酵温度过高,发酵后面团体积过大，上部蜂窝组织孔洞过大，内部组织粗糙，底部发死，产生酸味或其他不良气味。温度过低，则发酵时间延长，组织粗糙。

相对湿度80%～90%（平均85%）。湿度高，面包坯表面易产生结露现象，产生斑点，甚至造成坯体塌架，并且面团表皮会形成气泡，韧性大；湿度过低，则面包坯皮表面易发生结皮干裂现象。一般辅料较丰富、油脂多的面团要求湿度较低（60%～70%）。另外，成熟过度的面团，相对湿度太高会使表皮糖化过度而发脆。

成型时间一般在30～60min（理想的发酵时间为45min），但受外界温度、酵母用量、面团柔软度、整形操作、前期发酵程度等因素的影响很难固定。时间过长，易导致酸度升高味道不良，或成品体积过大而塌陷，且生产周期延长，效率下降。时间过短，则成品体积小，表皮颜色过深。一般要求最后发酵时间应越短越好。

③ 成型操作的设备。有成型室、醒发箱和自动醒发机。

a. 成型室（醒发室）。是在室内保持一定的温度和湿度。加温、加湿的措施各种各样，温湿度不容易控制，且生产不能连续化生产，半成品出入易受震动影响面包质量。

b. 醒发箱。它是在一个箱体结构下方装有水，通过加温使水温度升高，蒸汽挥发使箱内湿度增加的一种简易设备，体积一般较小，适合于小型生产。缺点同醒发室。

c. 自动醒发机。可方便地控制醒发湿度、温度，面包坯受热均匀，可自动传送进入烘烤，减少中间搬动，提高产品质量，便于连续化自动化生产。

④ 成型适宜程度的判别。最终发酵到什么程度入炉烘烤，这是关系到面包质量的一个关键问题。在这一点上采用如下三种方法来判断。

a. 以达到成品体积为标准。一般最后发酵结束时，面团的体积应是成品体积的80%，其余20%留在炉内胀发。但在实际中对于烤炉内胀发的面团，醒发时可以体积小一些（60%～75%）；对于炉内胀发小的面团，则醒发终止体积要大一些（85%～90%）。对于方包，由于烤模带盖，所以好掌握，一般醒发到80%就行，但对于山形面包和非听形面包就要凭经验判断。一般听形面包的判断都以面团顶部离听子上缘的距离来判断的。

b. 以达到整形体积的倍数为标准。要求生坯膨胀到装盘时的3～4倍。

c. 以观察外形、透明度和触感为标准。发酵开始时，面团不透明和发硬。随着膨胀，面团变柔软，由于气泡的胀大令膜变薄，使人观察到表面有半透明的感觉。用手指轻摸面团表面，感到面团越来越有一种膨胀起来的轻柔感，用手指轻轻一按，被压扁的表面很难恢复其原来的平整状。如恢复缓慢则成型良好，应马上进炉烘烤。如弹性大，马上恢复原状，表示未成型好；发酵过度时用手一触则面团破裂塌陷。

最后发酵结束后时，由发酵箱取出时应略微在室内停放使其定型，在运送过程中应避免震动，防止坯体漏气塌架。

入炉前面包坯表面还可以进行刷蛋或刷糖浆以强化表面色泽。

⑤ 影响最终发酵的因素。

a. 面团的品种。根据面包种类不同发酵程度有所变化，一般来说，体积大的面包，最终发酵程度要大一些；体积小的面包品种，最终发酵程度要小一些。对于欧式面包，希望在炉内胀发大些，得到特有的裂缝，所以在最终发酵时不能胀发过度；反之，对于入炉后膨胀小的面包，发酵程度通常要大一些。又如葡萄干面包，在面团中含有较重的葡萄干，胀发过大，会使气泡在葡萄干的重压下变得太大，所以要发酵程度小一些。

b. 面粉的强度。强力粉制作的面团由于弹性较大，如果在最终发酵中没有产生较多气体或面团成熟不够，在烘烤时将难以胀发，所以要求醒发时间长一些。薄力粉面团比前者发酵轻一些入炉后也能充分膨大。如果薄力粉也像强力粉那样发酵，醒发时间过长，则由于面筋脆弱，面筋气泡膜就会胀破而塌陷。

c. 面团成熟度。面团在发酵中如果达到最佳成熟状态，那么采用最短的最终发酵时间即可。如果面团在发酵工艺中未成熟，则需要经过最终发酵弥补。但对发酵过度的面团，最终发酵则无法弥补。

d. 烤炉温度和形式的影响。一般烤炉温度越低，面团在炉中胀发越大；反之，温度越高，胀发越小。因此，前者面团最终发酵时间可以短一些，后者应该长一些。一般炉内有高温部分（顶部、两侧等）放射强的辐射热时，可使面包膨胀受到抑制，所以发酵程度就要大一些。如果炉内没有高温部分，是由空气对流来烘烤时，这会使面包在炉内膨胀程度最大，所以发酵程度最小为好。

四、烘烤

烘烤是面包加工的最后工序，由于这一工序的热作用，使生面包坯变成结构疏松、易于消化、具有特殊香气的面包。

1. 面包坯烘烤的作用

① 淀粉糊化，蛋白质变性凝固，面包坯由生变熟，消化性提高。
② 面团中气体膨胀，使面包坯体积充分膨大到成品体积（烘焙弹性）。
③ 面筋蛋白质变性凝固，面包体积固定，形成成品外形和内部蜂窝组织（海绵状组织）。
④ 面包表皮上色。

烘烤是决定面包最终价值的关键工序，生产流水线上，其他所有的设备能力均要以烤炉的能力为基准来衡量，因此烤炉是决定产量的主要设备。

2. 烘烤过程中面包坯的变化（烘烤反应）

面包在烘烤过程中发生的变化可归纳为物理变化和化学变化两大部分。烘烤中的物理变化：a. 面团表面形成薄膜（36℃）；b. 面团内部所溶解的二氧化碳逸出（40℃）；c. 面团内气体热膨胀（→100℃）；d. 酒精蒸发（78～90℃）；e. 水分蒸发（90～100℃）。烘烤中的化学变化：a. 酵母继续发酵（→60℃死灭）；b. 二氧化碳继续生成（→65℃）；c. 淀粉糊化（56～100℃）；d. 面筋凝固（75～120℃）；e. 褐变反应（150℃→）；f. 焦糖化褐变反应（190～220℃）；g. 糊精变化（190～260℃）。

① 面包在烘烤过程中的温度变化。在烘烤过程中，面包内外温度的变化，主要是由于面包内部温度不超过100℃，而表皮温度超过100℃。在烘烤中，面包内的水分不断蒸发，面包皮不断形成与加厚以致面包成熟。烘烤过程中面包各部分的温度变化情况以曲线表示，即烘烤曲线（图4-26）。由曲线图得出以下结论。

面包皮各层温度很快达到并超过100℃，最外层可达180℃以上，与炉温几乎一致。

面包瓤的任何一层温度直到烘烤结束都不超过100℃，而以面包瓤中心部分的温度最低。

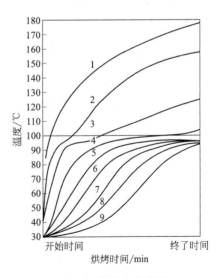

图 4-26 温度变化曲线
1—面包表面；2～4—距面包表面1/4、2/4、3/4的表层厚度；5—面包皮与瓤的分界层；6～8—由面包皮内层到面包瓤中的距离的1/4、2/4、3/4；9—面包瓤中心点

面包皮与面包瓤分界层的温度，在烘烤将近结束时达到100℃，并且一直保持到烘烤结束。

② 面包在烘烤过程中的水分变化。烘烤过程中，面包中发生的最大变化是水分的大量蒸发，面包中水分不仅以气态方式向炉内扩散，又以液态方式向面包中心转移。当烘烤结束时，使原来水分均匀的面包坯成为水分不同的面包。

当冷的面包坯刚进入烤炉，热蒸汽遇低温而冷凝到面包坯表面，形成了薄薄的水层，这个过程大约发生在入炉后的3~5min。随烘烤进行水分逐渐蒸发而使表层迅速失水形成面包皮，由于面包皮的产生阻碍了蒸发层蒸发出来的水分的扩散，使蒸发区域压力增加，而蒸发层内部温度低，水蒸气压力小，形成了外高内低的蒸气压差，使水蒸气由蒸发区域向内迁移，当遇到内部低温便冷凝下来，形成一个冷凝区域，随着烘烤进行温度逐渐升高，蒸发层向内迁移，而冷凝层也不断内移，至烘烤结束，面包瓤内水分不但不减少反而增加，即面包水分的再分配（图4-27）。

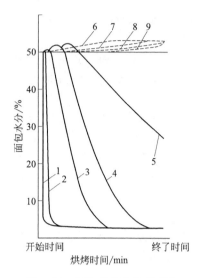

图4-27 面包各层水分的变化
1—面包表面；2~4—距面包表面1/4、2/4、3/4的表层厚度；5—面包与瓤的分界层；6~8—由面包皮内层到面包瓤中心距离的1/4、2/4、3/4；9—面包瓤中心点

③ 面包在烘烤过程中的表面上色和香气的形成。面包表面在烘烤过程中产生金黄色或棕黄色的主要途径如下。

美拉德反应：烘烤时由于面团中尚有一部分剩余糖和氨基酸存在，当表层温度达150℃以上，这些物质便发生美拉德反应，不仅是面包上色的最重要物质，而且也是产生面包香味的最重要的成分。

焦糖化反应：这种反应的温度比美拉德反应高，一般为190~220℃。该反应产生两类物质，即糖的脱水产物——焦糖或称酱色和裂解产物挥发性醛、酮类物质。前者对面包的色泽有一定作用，后者则可增加面包风味。由于焦糖化反应是在很高的温度下才能进行，所以面包的色泽和香味主要是美拉德反应的结果。

另外，还有糊精的变化，面包的外表由于烘烤开始的水凝固和后来的升温会生成多量的糊精，这些糊精状物质在高温下凝固不仅使面包色泽光润，而且也是面包香味的成分之一。

④ 面包在烘烤过程中重量变化。重量损耗主要是水分，另外还有少量酒精、CO_2及其他挥发性物质，重量损耗一般在10%~13%之间。

⑤ 面包在烘烤过程中的体积变化。体积是面包的最重要的质量指标。面包在烘烤中的体积变化，可分为两个阶段：第一阶段是体积增大阶段；第二阶段是体积不变阶段。面包坯入炉后，面团醒发时积累的CO_2和入炉后酵母最后发酵产生的CO_2及水蒸气、酒精等受热膨胀，产生蒸气压，使面包体积迅速增大，这个过程大致发生在面包坯入炉后的5~7min内，即入炉初期的面包起发膨胀阶段。因此面包坯入炉后就控制上火，即上火不要太大，应适当提高底火温度，促进面包坯的起发膨胀。如果上火大，就会使面包坯过早形成硬壳，限制了面包体积的增长，还会使面包表面断裂、粗糙、皮厚有硬壳，体积小。

同样，在烘烤开始时，如果温度过高，很快停止面包体积的增长，就会使面包体积小或造成表面的断裂。如果炉温过低，烘烤时间延长，将会引起面包外形的凹陷或面包底部的粘连。

3. 面包烘烤关键工艺参数

面包的烘烤主要应控制好烘烤温度、相对湿度及时间。各种不同的产品，焙烤时需要不同的温度及相对湿度，一般面包的适用温度为190～232℃。

① 不同烘烤过程的工艺参数。

a. 初期阶段（起发）。应当在较低温度和较高相对湿度（60%～70%）条件下进行。炉温底火（180～185℃）高于面火（120℃），以利于水分充分蒸发，面包体积最大限度地膨胀。对于最普通的100～150g面包，约需5～6min。

b. 中间阶段（定型）。此时面包内部温度约达到50～60℃，面包体积已基本上达到成品体积要求，此阶段需要提高温度使面包定型。面火、底火可同时提高，约为200～210℃（最高可达270℃），时间约为3～4min。

c. 最后阶段（上色）。此阶段的主要作用是使面包表皮上色和增加香气。应面火高于底火，面火约为220～230℃，底火约为140～160℃。

② 相对湿度。在烘烤过程中，对于特殊的产品如硬式面包还需要湿度较大的烤炉，因此需要在烤炉内喷入蒸汽以增加烤炉湿度，以使产品产生光滑的表皮。

③ 烘烤时间。焙烤时间应依温度高低、面包大小、炉内湿度、面包种类、模具、烤盘及面包形状等因素而定，温度高焙烤时间短，反之则长。一般高成分配方需要低温长时间的烘烤，低成分配方需高温短时。糖及奶粉对热比较敏感，很快且明显地产生棕色，假如面团内有较多的糖及奶粉存在，高温焙烤时，易使面包内部未烤熟前，在其表面有太深的颜色。同样原理，发酵不足的面团，亦含有较多的剩余糖，亦需要在较低温度下烤。成分低的面团则相反，只有一小部分的糖和奶粉，很难因为糖的焦化得到充分的颜色，故必须利用高温，使淀粉在高温作用下形成着色的焦糊精。如果在普通的温度下焙烤，要烤到理想的表皮颜色，焙烤时间必须增长，但这样会使产品太干、品质不良。同样发酵太久的老面团，由于面团内的糖等因发酵而用尽，所以焙烤条件应与低成分的面团相同。

烤炉的各种不同的设计，甚至在同样形态的烤炉中，其不同部分热的分布、蒸汽的条件亦不同。所以无法定出何种产品的最好焙烤条件，一般应依照现有条件，如配方、最后发酵情形、产品的种类以确定具体烘烤工艺。只有适合炉温（215～230℃）烘烤才能使面团内部温度升高速度适中，正好与外表形成最理想的烤色相应。

4. 常见烤炉的影响因素

① 烤炉热度不足（低热炉190～210℃）。面包体积太大，易导致制品凹陷或塌架，颗粒、组织粗糙、皮厚、内部已充分烤熟时，往往表面颜色比较浅，总水分蒸发量大，烘焙损耗大。因面团温度低，酶的作用时间长，面包凝固时间亦增长，使面团的焙烤弹性太大，结果面包体积太大，失去了应有的细小颗粒及光滑组织。焙烤时间长，表皮干燥时间就长，使表皮比正常的厚，同时热力不足无法使表皮达到充分焦化，缺乏金黄色，但温度低的最严重缺点为焙烤损耗增加。因为过分的水分蒸发及挥发性物质的蒸发，使面包重量减轻。刚磨制成的新鲜面粉，面筋弱的面粉及发酵不足的面团适合于温度低的烤炉。

② 烤炉热度太高（高热炉240～260℃）。内部温度虽然上升比较快，但表面温升更快，面包会过早形成表皮而限制面包膨胀，减少焙烤弹性，使面包体积小。尤其是高成分面包在内部还未到达成熟时，表面已经有了较深的烤色，易产生内生外焦现象。低成分面团、硬式面包适合热度高的烤炉，可使之产生理想的表皮颜色及产生风味。

③ 烤炉内蒸汽太多。经过最后发酵的面团的皮表温度约为35℃，进烤炉后因炉内绝对湿度和温度很高则蒸汽在面包皮表凝结成水。这样，有助于面包的焙烤弹性及增加面包体积，但也易使面包表皮坚韧及起泡。大量蒸汽及高温适合于制作硬式面包，可使面包表

面有光滑、光泽的脆表皮。否则会使此产品表皮破裂。

④ 烤炉内蒸汽不足。焙烤时表面结皮太快，易使面包表皮与内部组织分离，形成有盖样的上皮，尤其是不带盖吐司面包为甚。改进方法为使用高湿度的最后发酵室或在烤炉内喷入水蒸气。

⑤ 烤炉内热的不正常分布。一般常遇到的问题是炉边、加热板及炉底热量不足，使面包上面表皮已烤至适当程度，甚至面包内部组织也烤熟，而面包底部及边沿尚未烤至适当的程度，因此无力支撑面包的组织，结果面包扁平，两边陷入。

⑥ 焙烤时烤盘位置不适当。焙烤时烤盘的适当位置对于焙烤相当重要，假如烤盘放置太紧密，热气循环不良，会导致焙烤不均匀。

五、冷却与包装

1. 冷却

① 冷却目的。刚出炉的面包温度高，表皮 170~180℃，中心温度 98℃ 左右。且水分分布不均匀，外表皮水分只有 15% 左右，而面包内部的水分为 42% 左右。皮硬瓤软没有弹性，经不起外界压力，稍用水指一碰就会使面包压扁，压坏的面包不能再弹起来，这种面包吃起来好似吃面疙瘩，影响面包固有的形态和风味（图 4-28）。不经冷却直接热包装的面包，会出现以下问题。

a. 刚出炉面包皮硬心软，包装易损坏面包皮，压坏面包组织。

b. 刚出炉的面包温度高，散发大量热蒸汽，包装后水蒸气会冷凝为水滴，组织浸水状，表皮软化及变形起皱。且易导致微生物（霉菌）生长使质量败坏。

c. 对于切片的面包，刚烤好的面包表皮高温低湿，硬而脆；内部组织过于柔软易变形，切片操作困难。

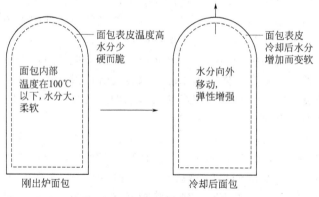

图 4-28 面包冷却机制模型

为解决以上问题，在面包进行包装或进行下步深加工工序前，要进行冷却。在冷却过程中，温度逐渐降低，外皮降温快，内层降温慢，形成温度梯度差，内部热量向外扩散，水分从中心向表皮扩散，可以使外层水分增加而有所软化，使内层水分进一步蒸发和冷却而变得具有一定硬度，用手指按压，手一松面包就会迅速恢复原状。此过程还约损失 1%~3.5% 的重量，一直冷却到室温即可包装。

② 冷却方法。冷却操作要注意的问题是控制水分的蒸发损失。面包冷却时，如大气的空气太干燥，面包蒸发太多的水分，会使面包表皮裂开、面包变硬、品质不良。如相对湿度太大，蒸汽压小，面包表皮没有适当的蒸发，甚至于冷却再长亦不能使水分蒸散，结果面包好像没有烤熟，切片、包装都因软而困难。

一般面包厂都缺少面包出炉后的冷却设备。让其自然冷却到室温，比较费时，而且受季节的变动，大气的温度及湿度影响大。夏季室温 35～40℃ 需排风，春季、秋季、冬季室温 20℃，可自然冷却。为了加速面包的冷却，目前有如下三种常见的方法。

a. 空气冷却。在密闭的冷却室内，出炉面包从最顶上进入，并沿螺旋而下的传送带依次慢慢下行，一直到下部出口，切片包装。在冷却室上面有一空气出口，最顶上的排气口将面包的热带走，新鲜空气由底部吸入使面包冷却。这种方法一般可使冷却时间减少到 2～2.5h，但这种方法不能有效控制面包水分损耗。

b. 有空气调节设备的冷却。面包在适当调节的温度及湿度下，约 90min 内可冷却完毕。

c. 真空冷却。此种方法是现在最新式的，冷却时间只需 32min。面包真空冷却设备包括两个主要部分：先在一个控制好温度及湿度的密闭隧道内使面包预冷，时间约 28min；第二阶段为真空部分，面包进入真空阶段的内部温度约为 57℃，面包经过此减压阶段水分蒸发很快，因而带走大量潜热。在适当的条件下，能使面包在极短时间内冷却，而不受季节的影响。但此方法设备成本较高。

随着面包的冷却，面包内外的温差产生剧烈的变化。外壳接触到冷空气以后，很快就可以冷却下来。但是内部的温度很难马上降下来，因为面包瓤心的热量需逐渐透过面包层，传到外壳才会慢慢地冷却下来。一般使面包瓤心冷却到 35℃，面包表层温度达到室温时为宜。

2. 包装

面包保质期很短，在储运销售过程中很容易发生细菌引起的面包瓤发黏，霉菌引起的面包皮霉变和淀粉结晶和水分丧失引起的面包老化变硬。将面包包装后可保持面包清洁，防止面包变硬，增加产品美观，并可保持面包的风味。

选择包装材料时要求除卫生安全性、机械适应性和印刷适应性良好外，还要求其阻湿性、阻气性好，以防止水分、香气散失及氧气透过。面包包装的材料种类较多，一般常用有耐油纸、蜡纸、醋酸纤维素薄膜、聚乙烯、聚丙烯等。常用的包装材料有两种，一种是纸制品包装，是以纸为原料制成的商品包装。对面包包装用纸应选择包装效果最佳的纸张。要求透气性小，抗拉强度高，延伸性小，耐破裂力大等。另一种是塑料制品包装，是目前使用最多的种类，具有使用方便、透明度强的优点，一般都制成塑料袋，印有彩色商标图案，商品宣传效果很好。

优良面包包装方法主要有简易折叠包装、袋式包装、收缩包装，也可以采用泡罩包装。

六、面包配方举例

1. 普通面包配方

① 咸面包（白面包）。高筋粉 1000g，糖 50g，盐 20g，奶粉 20g，油脂 40g，即发酵母 10g，改良剂 5g，水约 580g。

② 甜面包。高筋粉 1000g，糖 200g，盐 10g，鸡蛋 50g，奶粉 40g，油脂 80g，即发酵母 10g，改良剂 5g，水约 500g。

③ 甜面包（中种法）。

中种面团：高筋粉 700g，鸡蛋 100g，即发酵母 10g，水 300g。

主面团：高筋粉 300g，糖 200g，盐 10g，油脂 100g，奶粉 30g，改良剂 5g，水约 180g。

④ 三明治面包（土司切片）。高筋粉 1000g，糖 100g，盐 20g，油脂 50g，奶粉 20g，即发酵母 10g，改良剂 5g，水约 520g。

⑤ 三明治面包（中种法）。

中种面团：高筋粉700g，即发酵母10g，水400g。

主面团：高筋粉300g，糖100g，水约180g，盐20g，油脂60g，奶粉30g，改良剂5g。

2. 高成分面包

高成分面包是一类富含蛋、奶、果料等成分的甜面包，属于非主食用的点心型面包。

① 鸡蛋面包。高筋粉900g，低筋粉100g，糖150g，盐15g，鸡蛋200g，奶粉30g，油脂100g，即发酵母10g，改良剂5g，水约420g。

② 鲜奶面包。高筋粉1000g，糖160g，盐15g，鸡蛋120g，油脂120g，鲜牛奶（全脂）520g，即发酵母10g，改良剂5g。

③ 蛋奶面包。高筋粉1000g，糖220g，盐8g，鸡蛋100g，炼乳50g，奶粉40g，油脂120g，即发酵母15g，改良剂10g，水约430g。

④ 葡萄干面包。高筋粉1000g，糖120g，盐15g，鸡蛋60g，奶粉50g，油脂70g，葡萄干150g，即发酵母10g，改良剂5g，水约550g。

⑤ 椰子面包。高筋粉1000g，糖150g，盐10g，椰蓉100g，鸡蛋40g，奶粉40g，即发酵母10g，改良剂5g，水约550g。

3. 面包配方设计

目前，国内饼屋面包的主要品种是花式面包，其次是调理面包和吐司面包（甜）。这些面包的配方均可以甜面包配方作为基础。如以面粉量为100%，其他原料的用量范围如下：

奶粉2%～4%，糖10%～20%，酵母1%～1.5%，盐1%～2%，改良剂0.3%～0.5%，油脂4%～10%，水45%～60%，蛋6%～10%。

在配方设计中需注意如下几点。

① 用糖量甜面包一般为20%，调理面包及吐司面包根据口味需要可酌情降低糖量。

② 用盐量甜面包一般以1%为宜，调理面包及吐司面包可适当增加盐量，但不要超过2%。

③ 油脂、蛋、奶粉：在一定范围内用量越多，面包的风味越好，组织及面包皮越柔软、滋润、细腻，即面包档次越高，可根据生产条件及品种需要自行调节。

④ 酵母（即发酵母）：在面包中的用量一般为1%，冬天或酵母放置过久，其用量可稍许增加。

⑤ 水的用量：可根据面粉吸水量及气温的不同而不同，当油脂与糖量增加时，加水量相应减少，反之则增加，如法式面包，糖、油脂各为1%，水的用量为60%。若配方中其他液体量（蛋、果汁、鲜牛乳等）增加时加水量则相应减少。如鸡蛋面包中因添加鸡蛋20%，水降为约42%；蛋奶面包中鸡蛋添加10%，水降为约43%；又如主食面包属低成分面包，其加水量增加约为58%。

第四节 面包的质量标准及要求

一、面包的质量标准

1. 规格

由于各地习惯的不同，不做统一规定。用料为100g面粉的各种面包，在达到冷却标准时的质量：淡面包、甜面包不低于140g，咸面包不低于135g，花色面包不低于145g；其他规格的面包，在达到冷却标准时的质量可参照GB 7099—1998。

2. 感官指标

(1) 色泽　表面呈金黄色或棕黄色，顶部稍深，四周及底部稍浅，无斑点，有光泽，不能有烤焦和发白现象。

(2) 表面状态　光滑、清洁，无明显撒粉粒，没有气泡、裂纹、变形等情况。且表皮薄而柔软。

(3) 形状　各种面包应符合所要求的形状，枕形面包大小一致。用面包听制作的面团不黏手，用烤盘制作的面包黏边不得大于面包周长的 1/4。

(4) 内部组织　从断面观察，气孔细密均匀，呈海绵状，不得有大孔洞，且富有弹性。颜色洁白或浅乳白色并有丝样的光泽。

(5) 口感　松软适口，不酸、不黏、不牙碜、无异味（霉味、油脂酸败味），无未溶化的糖、盐等粗粒。香味浓郁（包括外皮部分在焙烤过程所发生的羰氨反应和糖焦化作用形成的香味，小麦本身的麦香，面团发酵过程中产生的香味，各种辅料形成的香味）。

3. 理化指标

(1) 水分　以面包中心部位为准，应在 34%～44%。

(2) 酸度　以面包中心部位为准，不得超过 5。

(3) 比体积　比体积=面包体积（ml）/面包质量（g），如咸面包 3.4 以上，淡面包、甜面包、花色面包 3.6 以上。

4. 卫生指标

① 无杂质、无变霉，无虫害、无污染。

② 砷含量小于或等于 0.5mg/kg。

③ 铅含量小于或等于 0.5mg/kg。

④ 食品添加剂按 GB 2760—1996 规定添加。

5. 细菌指标

细菌指标见表 4-2。

表 4-2　面包细菌指标

细菌总数	指标
出厂/(个/g)	小于 750
销售/(个/g)	小于 1000
大肠菌群/(个/100g)	小于 30
致病菌(系指肠道致病菌及致病性球菌)	不得检出

二、面包质量的检验方法

1. 色泽、表面状态、形状、内部组织及口感

采用感官检验——香味：将面包的横切面放在鼻前，用两手压迫面包，嗅闻所发出来的气味。如果酸味重，则可能发酵过度，或搅拌时面团的温度太高；如淡淡的稍带甜味，则发酵不足。

2. 水分测定

以电烘箱 105℃恒重法为标准方法。如用其他方法测定，应与此法校对。迅速称取（称量瓶恒重）面包心 3～4g，加以破碎，在（105±2）℃烘箱中烘 2h 后取出，放入干燥器内，冷却 0.5h 后称重。然后再放入（105±2）℃烘箱中烘 1h 后取出。放入干燥器内，冷却 0.5h 后称量，至前后两次质量差不超过 0.005g 为止，如后一次质量超过前一次质量，以前一次质量计算［如公式（4-1）］。

$$水分(\%)=(m_1-m_2)/(m_1-m_3)\times 100\% \tag{4-1}$$

式中　m_1——称量瓶和试样的质量，g；
　　　m_2——称量瓶和试样干燥后质量，g；
　　　m_3——称量瓶重量，g。

3. 酸度的测定

酸度是指中和10g面包试样的酸所需0.1mol/L KOH体积［如公式（4-2）］。

$$酸度=(K\times V\times 250/25)/m=10KV/m \tag{4-2}$$

式中　V——滴定试样滤液所消耗的碱液体积，ml；
　　　m——试样质量，g；
　　　K——0.01mol/L碱液校正数，配碱液浓度/所需碱液浓度。

用天平称面包心1.25g（准确到0.01g），倒入250ml容量瓶内。加入60ml蒸馏水，用玻璃棒捣碎，搅拌至均匀状态，再加蒸馏水至250ml，振摇2min，于室温下静置10min，再摇2min，再静置10min，用纱布或滤纸将面上清液过滤，取滤液25ml，放入125ml锥形瓶中，加入2~3滴酚酞指示剂，用0.01mol/L氢氧化钾标准溶液滴至显粉红色于1min内不消失为止。

4. 比体积测定

第一种测定方法：取一代表性面包，称重（M）后放入一定体积的容器中，将小颗粒填充剂（小米或菜籽）加入容器摇实。用直尺将填充剂刮平，取出面包，将小颗粒填充剂倒入量筒量出体积。

第二种测定方法：取一大烧杯（视面包大小而定），用大米填满、摇实，用直尺刮平。将大米倒入量筒量出体积V_1。再取一面包，称重后放入烧杯内，加入大米，填满、摇实，用直尺刮平。取出面包，将大米倒入量筒量出体积V_2［公式（4-3）］。

$$比体积=\frac{V_1-V_2}{M} \tag{4-3}$$

三、检验规则

第一，成品由检验人员进行检验，保证产品符合本标准规定。

第二，取检验次数，感官检验每班至少1次，理化检验每周至少2次，特殊情况随时检验。

四、标志、包装、运输

1. 标志

应标明厂名、产品、商标、生产日期。

2. 包装

包装必须用食品包装纸。包装图案要正，包装整齐美观，不能有破或脱浆的地方，包装用的筐或箱必须清洁卫生。

3. 运输

运输工具要洁净，运输时要遮盖严密，防止污染。

五、面包加工中常出现的质量问题及解决方法

1. 面包体积过小

面包体积过小主要是发酵未完全造成的，具体原因及解决方法如下。

（1）酵母添加量不足或者是酵母活性受到抑制　针对前者我们可以适当地增加酵母用量；酵母活力受到抑制可能以下几个原因：盐或者糖的用量过多致使渗透压过高；面团的温度过低，不适合酵母的生长。我们应根据配方降低糖、盐的用量，控制发酵所需

温度。

(2) 原料面粉的品质不适合做面包　一般是由于面粉筋力不足，持气性差。可以改用高筋粉或添加 0.3%～0.5% 改良剂来增加筋力，改善面团的持气性。

(3) 搅拌不足或者搅拌过度　当搅拌不足时面筋未充分扩展，未达到良好的伸展性和弹性，不能较好地保存发酵中所产生的二氧化碳气体，没有良好的胀发性能，面团发酵未完全；搅拌过度会破坏面团的网络结构使持气力降低。因此应该严格控制面团的搅拌时间。

2. 面包内部组织粗糙

面包内部组织粗糙的原因有以下几方面。

① 原料面粉的品质不佳，最好使用面包粉。

② 水的添加量不足，使面团发硬，起发不良，延缓发酵速度，制品内部组织粗糙；或者水质不好，水质硬则面粉吸水量增加，面筋发硬，口感粗糙，面团易裂，发酵缓慢。解决方法适当添加用水量并控制用水的硬度为 8～12 度。

③ 油脂的添加量不足，可适当增加油脂的用量，使之不少于 6%。因油脂具有可塑性，油脂和面筋结合可以柔软面筋，使制品内部组织均匀、柔软，口感改善。

④ 发酵时间过长，面包内的气孔无法保持均匀细密，影响口感。需控制发酵时间不要超过 4h。

⑤ 搅拌不足，面包未完全发酵。需延长搅拌时间。

⑥ 搓圆不够。必须使造型紧密，不能太松。

⑦ 撒手粉用量过多。减少其用量。

3. 面包表皮颜色过深

面包表皮的颜色是糖在高温下通过美拉德反应生成的，颜色过深是由于以下原因。

① 糖的用量过多。应减少用量。

② 炉温太高。应根据具体情况，如面包体积、形状、大小等来确定最终的炉温。

③ 炉内的湿度太低。可以在中途喷洒一些水，最好用可以调节湿度的烤炉。

④ 烘烤过度，没有控制好烘烤时间，致使表面烤焦，颜色过深。

⑤ 发酵不充分，酵母没有充分利用糖原使糖的量偏高。

4. 面包表皮过厚

其原因有以下几个。

① 烘烤过度。适当减少烘烤时间。

② 炉温过低。适当提高炉温。

③ 炉内湿度过低。应中途洒些水，最好用可调节湿度的烤炉。

④ 油脂、糖、奶用量不足。适当增加用量。

⑤ 面团发酵过度。减少发酵时间。

⑥ 最后醒发不当。一般最后的发酵温度为 32～38℃，相对湿度为 80%～85%。根据加工品种的不同来适当调整。

5. 面包在入炉时下陷

面包下陷主要是面包发酵过程中的气体泄露，原因如下。

① 面粉筋力不足。可添加一些改良剂或者增加高筋粉用量。

② 油脂与糖和水的用量过多。减少其用量。

③ 搅拌不足。增加搅拌时间。

④ 最后发酵过度。减少最后发酵时间，最后发酵体积达到 80%～90% 时即刻入炉。

⑤ 盐的用量不够。适当增加用盐量。

6. 面包老化

老化是面包经烘烤后，由本来松软及湿润的制品变得表皮脆而坚韧，味道平淡失去刚出炉时的香味。面包老化后，风味变劣，组织由软变硬，易掉渣，消化吸收率降低。面包老化的原因及延缓老化的措施列举如下。

① 储藏温度控制不当。淀粉老化主要是一个结晶过程，老化后的淀粉为一结晶结构。温度在$-7 \sim 20$℃，老化速度最快。温度大于60℃，或小于-20℃时不发生老化现象。

如面包在$60 \sim 90$℃，可保鲜$24 \sim 48 h$，但易产生微生物繁殖而发霉，而且存在高温下香气挥发问题。有人把面包保存在30℃，效果很好，但要求从包装到销售都保持此温。

冷冻是防止食品品质变劣最有效的方法。对面包也一样。一般采用$-45 \sim -35$℃冷风强制冷却。可使面包新鲜度保持两个星期。1940年这一技术便商业应用。但要求从制造到销售具备一系列的冷冻链，难以普及。

② 原辅料使用不当。

a. 面粉筋力太差，添加高筋粉或选用高筋粉。高筋粉比中筋粉做出的面包老化慢，保存性好。这是因为面粉面筋量多，面筋在面包内的结构缓冲淀粉分子的互相结合，防止淀粉的老化作用。同时面筋增加可改变面粉的水化能力，防止老化。

b. 添加的辅料。添加适量的辅料也可延迟老化。添加3%的黑麦，或添加糖类（吸水作用）、乳制品、蛋（尤其是蛋黄），其中以牛奶效果最为显著。含20%脱脂奶粉的面包可保持1个星期不老化。因乳粉的添加增强了面筋筋力，改善面团持气性，面包体积大。因而含有乳粉的制品组织均匀、柔软、疏松并富有弹性，老化速度减慢。另外，乳中含有磷脂，是一种很好的乳化剂，使成品表面光滑且有光泽。和面时加水量适当增加，使面团柔软，但不可添加水过多，否则面团软黏不易烤熟，且有夹生现象。适当增加油脂的用量，可在面筋和淀粉之间形成界面，成为单一分子的薄膜，对成品可以防止水分从淀粉向面筋的移动，所以可防止淀粉老化，延长面包保存时间。

c. 添加剂。防止水分散失，在搅拌面团时加入乳化剂或含有乳化剂的面团改良剂。使油脂在面包中分散均匀，使油脂形成极薄的膜，裹住膨润后的淀粉，阻止当淀粉结晶时排出的水分向面筋或外部移动，防止老化。如单酸甘油酯、CSL（硬脂酰乳酸钙）、SSL（硬脂酰乳酸钠）。

d. 添加酶。在面包的制作时，为了补足淀粉酶的不足，添加$0.2\% \sim 0.4\%$的大麦粉，增加了液化酶，使面团发酵时或烘烤时其中的一部分淀粉分解为糊精，改变淀粉结构，延迟淀粉的老化作用。

③ 包装。虽不能防止淀粉的老化，但可以保持面包的卫生和水分，防止风味等的散失，从一定程度上保持面包的柔软。再者包装前的冷却速度采用缓冷，包装时温度稍高一些对保持面包的柔软有利，面包的保存性好，但香味淡。

④ 加工工艺控制不当。应注意操作中面团拌透、发透、醒透、烤透、凉透。

a. 搅拌不足，增加搅拌时间。面粉与水接触时会形成胶质的面筋膜，阻止水分向面粉浸透，阻止水和面粉的接触，通过搅拌的机械作用不断地破断面筋的胶质膜，扩大水和新的面粉的接触，使水化作用完全；也可适当增加搅拌速度，使面团的膜拉得比较薄而柔软。

b. 面团发酵时间不够，需延长发酵时间。采用中种法比直接发酵法的面包老化慢些。最佳的发酵程度对面包保存性效果显著。未成熟的发酵使面包硬化较快，过成熟的发酵使面包容易干燥。

c. 最后发酵湿度过低，需增加烘箱的湿度。
　　d. 烘烤温度过低，使烘烤时间长，水分蒸发多。根据产品大小、配方、品质要求确定适当的温度。
　　7. 口感不佳
　　面包口感不好，有各方面的原因。
　　① 使用材料品质差。应选用品质好的新鲜原材料。
　　② 发酵时间不足或过长。根据不同制品的要求正确掌握发酵所需的时间。
　　③ 后醒发过度。严格控制最后发酵的时间及面坯胀发的程度，一般面包坯醒发后的体积以原体积的 3～4 倍为宜。
　　④ 用具不清洁。经常清洗生产用具。
　　⑤ 面包变质。注意面包的储藏温度及存放的时间。

【思 考 题】

1. 说明面包制作方法的种类，各自特点及工艺流程。
2. 说明面团调制的目的。
3. 面包面团搅拌分为几个阶段？各阶段面团有何特征？
4. 如何判断面团是否搅拌成熟？
5. 影响面包面团调制的因素有哪些？
6. 说明面包面团发酵的目的及发酵原理。
7. 影响面团发酵及面团持气的因素有哪些？
8. 如何鉴别面包面团发酵是否成熟？
9. 说明面包面团最终发酵的目的。工艺条件的控制及最终发酵程度如何判断？
10. 简述面包烘烤过程中面包坯的变化。
11. 刚烘烤出炉的面包为什么要冷却？
12. 面包加工中常出现的质量问题及解决方法。

实验三　面包的制作

面包的制作（一次发酵法）

一、实验目的
1. 学会用一次发酵法制作面包。
2. 了解面包生产的原理并掌握发酵面团的调配技术。
3. 熟悉枕形主食面包和圆形甜味点心面包的区别。

二、实验原理
　　一次发酵法是指将所有的原辅料一次全部投料进行和面，然后经发酵、成型、醒发、焙烤、冷却制作而成的面包。一次发酵法制作的面包是通过活性酵母对含有面筋蛋白的小麦面粉进行一次性发酵，从而制作出符合质量要求的普通面包。该方法的特点是简单易做、生产周期短、设备投资低等，是目前面包食品厂生产普通种类面包的常用方法。

三、设备和器具

和面机、醒发箱、远红外电烤炉、烤盘、枕形面包模、面粉筛、天平、塑料周转箱、烧杯、移液管、量筒、温度计、搪瓷盆、不锈钢刀、台秤等。

四、原辅材料与工艺

1. 参考配方

（1）主食枕形咸面包〔单位是以面粉为基数的百分含量（％）〕 面粉100％，水55％～58％（具体根据面粉的吸水率确定），干酵母1.5％，食盐2％，白砂糖2％，植物油2％，维生素C 50×10^{-6}，溴酸钾 30×10^{-6}。

（2）圆型甜味点心面包（每组750g面粉） 面粉750g，水323～338ml（具体根据面粉的吸水率确定），干酵母1.1g，食盐7.5g，白砂糖120g，糖精0.75g，起酥油30g，面包改良剂少许。

2. 工艺条件

原料预处理→面团调制→发酵（30～32℃，相对湿度78％～80％，2h）→揉面、切分、整形、装模、静止（中间醒发30～32℃，相对湿度78％～70％，20min）→刷蛋液→醒发（38℃，相对湿度80％～85％，60min）→烘烤（180℃进炉，15min，230℃，12min出炉）→刷糖液→冷却包装→成品面包

五、制作步骤与要点

1. 原料准备

① 按配方称取面粉、糖、盐等固体物料。

② 按配方称取油脂。

③ 称取鲜酵母或干酵母，加入与酵母同等重量的温水，用玻璃棒搅拌成均匀悬浊液，加少许糖，置于调温调湿箱中，鲜酵母于30℃下培养25min左右，干酵母于40℃下培养25min左右。

④ 称取氧化剂，配制成0.1％的水溶液，并用样品瓶称取所需量，备用。

⑤ 称取所需水量，并调节水温至适当温度，水量应按配方用水扣除酵母悬浊液和氧化剂溶液中所含的水。水温按下式计算（当环境温度在28℃左右时）。

$$水温 = 42 - \frac{1}{2} \times 面粉温度$$

2. 和面

① 将固体物料倒入不锈钢烤盘内，不得撒漏。用力适当翻动，使初步混合均匀。

② 将酵母悬浮液倒入面粉料中，并用少量水冲洗数次，洗液也全部倒入。

③ 将氧化剂溶液倒入粉料中，并用少量水冲洗，洗液应全部倒入。

④ 将剩余水全部倒入粉料中，用手迅速翻动，并对面团进行揉、压、拉、甩、折叠等动作，但要避免对面团有拉裂、切断等动作，揉面过程中要注意观察面团的物理性状。

⑤ 在揉面过程的中后期加入油脂。

⑥ 继续揉压面团，直至面团呈表面光滑，有弹性，不粘手时，即表明面团已成熟。

⑦ 将成熟的面团置于塑料箱内，进行整批发酵。

3. 整批发酵

将装有面团的塑料箱放入调温调湿箱内进行发酵，调温调湿箱必须事先调节至所需温度和湿度，并在发酵过程中经常查看，如有不符应及时调整。发酵过程中还应密切注意面

团物理状态的变化，及时掌握面团的成熟状况，如果面团发酵不良，可以在发酵的中后期揿粉1～2次。

4. 分割、称重、搓圆

发酵结束后取出全部面团，按要求分割成重量相等的小块面坯，每块面坯都必须用台秤称，以保证质量的一致。

称重后面坯经手工搓圆，手工搓圆的要点是：手心向下，用五指握住面团，向下轻压，在面板上顺着一个方向迅速旋转，就可以将不规则的面坯搓成球形，面坯搓圆后置于烤盘中，烤盘须事先刷上一层油。

5. 中间醒发

将装有面团的烤盘再置于调温调湿箱中，静置片刻，进行面坯的中间醒发。

6. 整形、装模

中间醒发后将面坯逐个取出，用手抓捏面团数次，然后将面团压成6mm左右厚的长条状面片，再卷起成圆柱形后搓紧，整形工作至此就完成了。整形后的面坯放入事先涂过油的烤盘中。

注意：面坯的接缝放在底部。

7. 最后醒发

将装有面团的烤模置于烤盘上，然后放入调温调湿箱中进行最后醒发。操作方法与要求与整批发酵同。

8. 烘烤、冷却

醒发完毕刷蛋液后即可送入烤炉进行烘烤。烤炉应事先加热至需要的温度，烤盘送入烤炉时要戴好手套。操作要迅速，以减少散热。烘烤时要注意观察面包表皮色泽的变化，及时正确的终止烘烤。将面包倒出烤模，置于架子上进行冷却后即为成品。

六、思考题

1. 在烘烤面包时，为什么面火要比底火迟打开一段时间呢？
2. 制作面包对面粉原料有何要求？为什么？

面包的制作（二次发酵法）

一、原理

二次发酵的方法生产面包尽管具有生长周期长、设备投资大等缺点，但二次发酵法对于改善面包的质量效果是相当显著的，因此，生产高档的点心面包，二次发酵法无疑是理想的选择。

本次实验是以市售的特制粉为原料，采用二次发酵法制作一两小圆面包，目的是通过实验进一步熟悉二次发酵法制作面包的工艺流程。

二、设备和器具

和面机、调温调湿箱、远红外电烤箱、烤盘、天平、塑料周转箱、烤杯、移液管、量筒、温度计、搪瓷盆、不锈钢刀、台秤等。

三、配方（鸡蛋面包配方）

参考配方［单位是以面粉为基数的百分含量（％）］：面粉100％，水55％～58％（根据面粉吸水情况确定），干酵母1.5％，砂糖15％，鸡蛋5％，食盐0.5％，植物油1.0％，维生素C 50×10^{-6}，溴酸钾 30×10^{-6}。

四、工艺条件

第一次发酵：30~32℃，相对湿度78%~80%，2~3h。
第二次发酵：30~32℃，相对湿度78%~80%，约1h。
中间醒发：30~32℃，相对湿度78%~80%，约10min。
最后醒发：38℃，相对湿度80%~85%，60min。
烘烤：180℃（8min）→230℃（4min）→出炉

五、操作步骤

1. 制作工艺流程

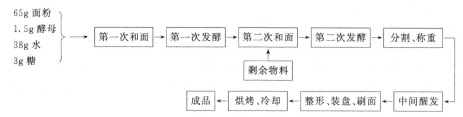

2. 实验操作

（1）原料准备　内容与"一次发酵法"相同，只是第一次发酵的和面与第二次发酵的和面分开准备，首先准备好第一次和面用的物料，在第一次发酵过程中准备第二次和面用物料。另外要注意，在确定水量时，应扣除鸡蛋中的含水量（按75%计算），添加奶粉后要相应提高加水量。

（2）和面

第一次和面：

① 将面粉和糖（也可先化成糖水）倒入不锈钢烤盘内，不得撒漏，用手适当翻动，使之初步混合均匀。

② 将酵母悬浮液倒入面粉中央，并用少量组分水冲洗数次，洗液也全部倒入面粉中。

③ 将剩余组分水全部倒入面粉中，用手迅速揉压面团直至物料混合均匀为止。

④ 将面团装入塑料箱中，置于调温箱中进行第一次发酵。

第二次和面：

将经过第一次发酵的面团取出，置于烤盘中，加入剩余的物料混合成面团，方法与"一次发酵法"的和面工序同，奶粉应事先与面粉混合均匀后过筛。

（3）发酵

第一次发酵：

第一次调制成的面团装入塑料箱中，在调温箱中发酵至面团膨胀到最大体积后又回落时为止。

第二次发酵：

在第一次发酵好的面团中加入配方中剩余的配料，搅拌均匀后将面团再次装入塑料箱中，在调温箱中发酵至面团膨胀到最大体积后又回落为止。

（4）分割、称重、搓圆　方法和要求与"一次发酵法"同。

（5）中间醒发　方法与要求与"一次发酵法"同。

（6）整形、装盘、刷面　如是制作小圆面包则不需要整形，直接进入后道工序，如是制作花色面包，则将面团按要求制成各种花形，然后装盘。

(7) 最后醒发　方法与要求与"一次发酵法"同。

(8) 烘烤、冷却　方法与要求与"一次发酵法"同。

六、思考题

1. 为什么生产中常采用二次发酵法生产面包？
2. 糖、乳制品、蛋制品等辅料对面包品质有何影响？

第五章 饼干制作技术

> **学习目标**
>
> 1. 了解饼干所用的原辅料。2. 了解饼干的概念及分类。3. 掌握饼干的加工工艺及要领。4. 掌握饼干中常见的质量问题及补救方法。

第一节 概　　述

改革开放以来，我国饼干业得到了快速发展，饼干产品的生产能力有了大幅度提高。尤其是近几年，我国饼干行业发展迅速，一方面国外的一些企业先后进入中国饼干市场，占据着国内大部分高档饼干市场的份额，如法国的达能、美国的纳贝斯克、英国的奇宝和中国台湾的康师傅等；另一方面，国内涌现出的一批年产量在几万吨以上颇有实力的民营企业新秀，代表着行业新的发展趋势。同时，市场上酥性饼干、韧性饼干、苏打饼干、夹心饼干、曲奇饼干及薄脆饼干等各类饼干产品琳琅满目，使饼干市场空前繁荣。目前大中城市基本上实现了饼干生产机械化，在配方和生产工艺等方面都已自成体系。

据分析，在今后的饼干业发展中，中国饼干行业的产品结构和组织结构将会发生较大变化。从产品结构来看，饼干食品将会呈现中高档产品和低档产品一起发展的格局，中高档产品比例逐渐增加，低档产品比例相对下降，但仍占有较大市场，以适应城乡不同收入居民阶层的不同需要。中高档饼干，将由过去的点心功能向点心、休闲双重功能方面发展，糕点式饼干、休闲型饼干、风味苏打饼干、营养保健型饼干等将会逐步加快发展速度。从组织结构来说：随着饼干市场的激烈竞争，今后将会有一大批生产规模小、设备简陋、质量差的饼干企业被迫重组或被淘汰，而规模较大、产品深受市场欢迎、经济效益好的企业，由于具有设备先进、品牌知名、资金雄厚、广告宣传强大等优势会在竞争中发展壮大。

一、饼干的概念及特点

饼干是以小麦粉等为主要原料，加入（或不加入）糖、油及其他辅料，经调粉、成型、烘烤制成的水分低于6.5%的松脆食品。

饼干口感酥松，营养丰富，水分含量少，形态完整，易于保藏，食用方便，便于携带和储藏，是目前旅行、野外作业、航海等的重要食品。

二、饼干的分类及主要产品的特点

饼干的花色品种很多，由于其配方、制作工艺、口味、形状、消费对象等不同，饼干的分类也有不同的方法。根据《中华人民共和国轻工行业标准——饼干通用技术条件》（QB 1253—91），饼干可分为以下种类。

1. 酥性饼干

以小麦粉、糖、油脂为主要原料，加入疏松剂和其他辅料，经冷粉工艺调粉、辊印或辊切、烘烤制成的造型多为凸花，断面结构呈多孔状组织，口感酥松的焙烤食品。

2. 韧性饼干

以小麦粉、糖、油脂为主要原料,加入疏松剂、改良剂与其他辅料,经热粉工艺调粉、辊压或辊切、冲印、烘烤制成的造型多为凹花,外观光滑,表面平整,断面结构有层次,口感松脆的焙烤食品。

3. 发酵(苏打)饼干

以小麦粉、油脂为主要原料,酵母为疏松剂,加入各种辅料,经调粉、发酵、辊压、烘烤制成的松脆、具有发酵制品特有香味的焙烤食品。

4. 薄脆饼干

以小麦粉、油脂为主要原料,加入调味品等辅料,经调粉、成型、烘烤制成的薄脆食品。

5. 曲奇饼干

以小麦粉、油脂、糖、乳制品为主要原料,加入其他辅料,经调粉、挤注(或挤条、钢丝切割等形式)成型、烘烤制成的具有立体花纹或表面有规则波纹的酥化食品。

6. 夹心饼干

在两块饼干之间夹以糖、油脂或果酱为主要原料的各种夹心料的多层夹心食品。

7. 华夫饼干

以小麦粉(或糯米粉)、淀粉为主要原料,加入乳化剂、疏松剂等辅料,经调浆、浇注、烘烤制成多孔状松脆片子,在片子之间夹以奶油、可可、柠檬等各种夹心料的多层夹心食品。

8. 蛋圆饼干

以小麦粉、糖、鸡蛋为主要原料,加入疏松剂、香精等辅料,经搅打、调浆、浇注、烘烤而制成的松脆食品。

9. 粘花饼干

以小麦粉、白砂糖或绵白糖、油脂为主要原料,加入乳制品、蛋制品、疏松剂、香料等辅料,经调粉、成型、烘烤、冷却、表面裱粘糖花、干燥制成的松脆食品。

10. 水泡饼干

以小麦粉、鲜鸡蛋为主要原料,加入疏松剂,经调粉、多次辊压、成型、沸水烫漂、冷水浸泡、烘烤制成的具有浓郁蛋香味的疏松食品。

11. 蛋卷

以小麦粉、白砂糖或绵白糖、鸡蛋为主要原料,加入疏松剂、香精等辅料,经搅打、调浆、浇注、烘烤卷制而成的松脆食品。

其中,韧性饼干、酥性饼干、发酵饼干等在本章第五节中详细介绍。

第二节 饼干面团调制

面团调制是饼干生产的关键环节,面团调制是否适宜,不仅决定着饼干生产过程中的辊轧、成型操作能否顺利进行,而且对产品的外观及内部组织结构等有重要影响。生产不同类型的饼干所需面团的加工性能不同,在面团调制工艺上要求也不同。

一、韧性饼干面团的调制

韧性面团俗称热粉,是由于这种面团在调制完毕时具有比酥性面团更高的温度。韧性饼干的生产常采用冲印成型,需多次辊轧操作,因此,这种面团要求具有较强的延伸性,适宜的弹性,柔软而光滑,并且有一定程度的可塑性。制成的饼干其胀发率较酥性饼干大。

（一）用料要求

1. 小麦粉

韧性饼干要求有一定的膨胀率，宜选用面筋弹性中等，延伸性好，而面筋含量较低的小麦粉，湿面筋含量一般在21%～28%之间为宜。若面筋含量过高，产品易收缩、变形，可加入适量的淀粉加以调整，使之符合产品的要求；若面筋含量过低，筋力弱，成品易出现裂纹。小麦粉在使用前要过筛，除去粗粒和杂质，使面粉中混入一定量的空气，有利于饼干的疏松。

2. 油脂

根据韧性饼干的工艺特性，要求面筋在充分水化条件下形成面团，因此不要求使用过多油脂，一般以小麦总量的20%以下为宜。但由于油脂对饼干的口味影响大，所以应选用品质纯正的油脂，如奶油、人造奶油、氢化油、精炼板油等。

3. 糖

糖是饼干生产的重要原料，在韧性饼干生产中，用糖量为24%～26%。一般与油脂用量有一定的关系，糖、油比例大约为2∶1。如果用糖量增加，油脂用量也相应增加。由于砂糖不易熔化，若直接使用会使饼干坯表面具有可见的糖粒，烘烤后，制品表面出现孔洞，影响外观，因此一般用糖粉或将砂糖熔化为糖浆过滤后使用。

4. 疏松剂

单独使用小苏打，用量过多，会导致制品内部发黄有碱味；单独使用碳酸氢铵，制品的胀发率过大，有异味。并且小苏打随温度的升高会加速分解，而碳酸氢铵在低温时就会很快分解。鉴于以上特点，韧性饼干一般都采用混合疏松剂，才能达到理想的效果，总配比量为面粉的1%左右。

5. 磷脂

磷脂是一种理想的食用天然乳化剂，在饼干中广泛使用，配比量一般为油脂的5%～15%，用量过多会产生异味。

6. 风味料

如乳品和食盐等风味料，能提高产品的营养价值，改善口感，可适量配入，也可加入鸡蛋等辅料作为风味料，使用奶粉时应过筛后加入。

7. 香料

在饼干中常采用耐高温的香精油，如香蕉、橘子、菠萝等香精油，香精、香料的用量应符合食品添加剂使用标准的规定。

8. 面团改良剂

为了缩短韧性面团调粉的时间和降低面团的弹性，在配方中常使用亚硫酸盐作为面团改良剂。亚硫酸盐具有很强的还原性，可以使面筋蛋白质中的二硫键断裂，面团变得柔软和松弛。使用量最大不超过50mg/kg，如用量不足，效果不显著；用量过多，会造成断头现象。

9. 其他添加剂

为了防止油脂酸败，夏天可在油脂中加入抗氧化剂。常用的抗氧化剂有BHA、BHT、PG，按照国家规定食品添加剂的使用标准，其用量为油脂量的0.01%。

（二）韧性饼干面团的调制原理

韧性面团是通过以下两个阶段调制完成的：第一阶段是使面粉在适宜条件下充分胀润，使面筋蛋白质水化物彼此联结，形成具有较好面筋网络的面团；第二阶段是继续搅拌，在调粉机继续搅拌下，让已形成的湿面筋结构受到破坏，面筋分子间的水分从结合键中析出，这时面团表面会再度出现水的光泽，使面团变得柔软、弹性降低、延伸性增强，并具有一定的可塑性，从而达到面团调制的目的。

（三）影响韧性面团形成的因素

韧性面团所发生的质量问题绝大部分是由于面团未充分调透，没有很好地完成面团调制的第二阶段就进行辊轧和成型阶段所造成。在调粉过程中要注意以下几个方面。

1. 投料顺序

先将面粉、水、糖等一起投入和面机中混合，然后再加入油脂进行搅拌，这样可使面筋充分吸水膨润，有利于面筋的形成。如果使用面团改良剂，应在面团初步形成时（约10min后）加入。在调制过程中最后加入疏松剂和香料。

2. 面团温度

温度是形成面团的主要条件之一。韧性面团温度较高，一般控制在38～40℃。冬天可使用85～90℃的糖水直接冲入面粉，这样在调粉过程中就会形成部分面筋变性凝固，从而降低湿面筋的形成量，控制面筋的弹性和强度，有助于降低弹性。

3. 加水量

韧性面团要求较柔软，加水量应控制在18%～24%。柔软的面团可缩短面团的调粉时间，延伸性增大，弹性减弱，成品酥松度提高，面皮压延时光洁度好，不易断裂，操作顺利。

4. 淀粉添加量

韧性面团调制时，一方面为了稀释面筋浓度，限制面团的弹性，增加面团的可塑性，缩短调粉时间；另一方面使调制的面团光滑，黏性降低，花纹清晰，常常添加一定量的淀粉。一般淀粉的添加量为小麦粉的5%～10%。

5. 调粉时间与方式

要达到韧性面团的工艺要求，通常采用卧式双桨搅拌机，调制时间控制在30～40min，转速控制在25r/min左右。

6. 面团的静置

为了得到理想的韧性面团，在调制中要将面团静置。因为面团经长时间的搅打，会产生一定强度的张力，并且面团内部各处张力大小分布很不均匀，面团调制完毕后内部张力还一时降不下来，这就要将面团放置一些时间，使拉伸后的面团恢复其松弛状态，这样就能使内部的张力降低，同时面团的黏性也有所降低。静置时间的长短要按实际情况或经验判断，一般为15～20min。

7. 改良剂的添加

韧性饼干的生产，由于油脂、糖比例小，加水量较大，面团的面筋蛋白质能够充分吸水胀润，如果操作不当会引起面团弹性大而导致产品收缩变形。添加面团改良剂可以调节面筋的胀润度和控制面团的弹性及缩短面团的调制时间，使产品的形态完整、表面光滑。常用的面团改良剂为含有二氧化硫基团的各种无机化合物，如亚硫酸氢钠、焦亚硫酸钠及亚硫酸钙。

8. 头子的添加

剩余头子需要在下次制作时掺入，因头子经长时间胀润，蛋白质胶粒表面的附着水及游离水在静置中逐步转化为结合水，面筋形成程度比较高，所以掺入面团中的头子数量要严格控制，一般加入1/10～1/8为宜。

9. 面团终点的判断

面团调好后，在实践经验的基础上进行判断，如面团表面光滑、颜色均匀，有适度的弹性和塑性，用手撕开面团，其结构如牛肉丝状，用手拉伸则出现较强的结合力，拉而不断，伸而不缩。另外，也可以观察调粉机的搅拌桨叶上粘着的面团，当在转动中很干净的被面团粘掉时，即可以判断面团达到了最佳状态。

二、酥性饼干面团的调制

酥性饼干面团是用冷水调制成的，即所谓冷粉酥性操作法，韧性饼干调粉时使蛋白质充分吸水，而酥性饼干调粉时要控制蛋白质吸水。要求面团有较大程度的可塑性和有限的黏弹性，操作中面团有结合力，不粘辊和模具，成品有良好的花纹，形态不收缩变形。

（一）用料要求

1. 小麦粉

酥性饼干不要求有很高的膨胀率，宜选用延伸性大、弹性小、面筋含量较低的面粉，一般湿面筋含量在21%～26%之间。含糖、油量较高的甜酥性饼干要求面筋的含量在20%左右。如用强力粉制作酥性饼干必须加淀粉调整，稀释面筋的浓度。

2. 油脂

酥性饼干用油量多，一般为14%～30%，既要考虑采用稳定性优良、起酥性好的油脂，又要考虑熔点高的油脂。否则油脂用量大的配方会因熔点太低而发生"走油"现象，使制品疏松度变差，表面不光滑，操作时面皮无结合力，人造奶油或椰子油是理想的酥性饼干生产用油，也可以植物油和猪油混合使用。

3. 砂糖

砂糖具有强烈的吸水性，使用糖浆可以防止水与面粉蛋白质直接接触而过度胀润，这是控制形成过量面筋的方法，所以可将砂糖制成浓度为68%的糖浆。

其他辅料的要求与韧性饼干相同。

（二）酥性饼干面团调制原理

酥性饼干面团调制时主要是减少水化作用，控制面筋的形成。首先应将油脂、糖、水、乳、蛋、疏松剂等辅料投入调粉机中充分混合，乳化成均匀的乳浊液，在乳浊液形成后加入香精、香料，最后加入小麦粉调制，调制速度要慢，时间要短。这样小麦粉在一定浓度的糖浆及油脂存在的情况下吸水胀润受到限制，不仅限制了面筋蛋白质吸水，控制面团起筋，而且可以缩短面团的调制时间。

（三）影响酥性面团形成的因素

1. 投料顺序

酥性面团的投料顺序是先将糖、油脂及水等进行混合，混合均匀后，再加面粉。主要是利用糖有较强的吸水性，对面团有反水化作用的机理。因为糖能很快吸收水分形成一定浓度的糖浆，具有一定的渗透压力，影响面团面筋的生成能力。同时油脂与小麦粉一起混合时，油脂被吸附在面粉颗粒表面，形成一层油膜，可以阻碍水分子向蛋白质胶粒内部渗透，使面筋得不到充分胀润，从而达到酥性饼干面团的要求。

2. 加水量

加水量与面团的软硬有关，酥性面团加水不能过多或过少，面团中含水量高，易形成大量的面筋，过硬的面团无结合力而影响成型，所以要严格控制面团的含水量，酥性面团的含水量为16%～18%。

3. 面团的温度

酥性面团是冷粉调制，如温度高，会提高面筋蛋白质的吸水率，增加面团筋力，而且还会使高油脂面团中油脂外溢，但面团温度过低会造成黏性、弹性增大，结合力较差而影响操作，致使面团表面不光滑，花纹不清晰，变形。酥性面团温度应保持在 26～30℃ 为好。

4. 淀粉和头子量

用面筋含量较高的面粉调制酥性面团时需加入淀粉，这样可使面团的黏性、弹性和结合力适当降低，添加量一般为面粉量的 4% 左右，甜酥饼干一般不用。生产过程中头子的用量也应适度，一般掺入量以新鲜面团的 1/10～1/8 为宜。

5. 调粉时间

调粉时间是影响面筋形成的重要因素，酥性面团如果调粉时间过长，就会使面团的筋力增大，造成花纹不清、表面不平、起泡、体积收缩变形、制出的饼干口感不疏松。但是如果调粉时间不足，会导致面筋形成量不够，面团松散无法形成面片，操作过程中易粘辊、粘帆布、粘印模、饼干胀发力不够，易散等。酥性面团的控制时间，一般为小麦粉倒入后搅拌 6～12min 为宜，夏季因气温较高，可缩短 2～3min。

6. 面团的静置

酥性面团调制好后，如果面团的弹力和结合力、可塑性都比较适宜，就不需要静置，但在面团黏性过大、胀润度不足及筋力差时，可适当静置 5～10min，以使面筋蛋白质的水化作用继续进行，降低黏性，增加结合力和弹性，可弥补调粉不足。

7. 面团终点的判断

在酥性饼干面团的调制中，可用手感来鉴别面团的质量，即取出一小块面团，观察有无水分和油脂外露，如果用手搓捏面团不粘手，软硬适度，面团上有清晰的手纹痕迹，当用手拉断面团时感觉有一定的延伸力，不应有缩短的弹性现象，证明面团的可塑性良好，已达到最佳状态。

三、发酵饼干面团的调制

韧性饼干、酥性饼干是采用化学疏松剂，而发酵饼干是采用酵母发酵制成的。饼干具有酵母发酵食品固有的香味，加上酵母发酵产生的二氧化碳气体在烘烤时受热膨胀，使制品内部结构层次分明，口感松脆。

（一）用料要求

1. 面粉

发酵饼干要求有较大的膨胀率，第一次发酵时应使用强力粉，湿面筋含量在 30% 左右；第二次面团发酵时，宜选用湿面筋含量为 24%～30%，弹性中等，延伸性在 25～28cm，筋力稍弱的小麦粉。

2. 油脂

发酵饼干使用的油脂要求酥性与稳定性兼顾，尤其是起酥性方面比韧性饼干要求高，应使用精炼油。如精炼猪油制成的饼干细腻、松脆，植物性起酥油虽然在改善饼干的层次方面比较理想，但酥松度差，因此在生产中可以用植物性起酥油与优良的猪油掺和，达到互补的效果，提高制品质量。

3. 其他

为了提高饼干的酥松度，在第二次调粉时可加入少量的小苏打。为了提高发酵速度，也可加入少量的饴糖或葡萄糖浆。

（二）面团调制与发酵原理

1. 第一次调粉和发酵

第一次调粉一般使用面粉总量的 40%～50%，加入预先用温水活化好的鲜酵母，酵母用量为 1%～1.5%，加水调制。加水量应根据面粉中面筋的含量而定，面筋含量高加水量就大，一般来说标准粉的加水量约为40%～42%，特制粉约为42%～45%。面团的温度冬天控制在28～32℃，夏天约25～28℃，调粉完后可进行第一次发酵。

第一次发酵的目的是使酵母在面团内得到充分繁殖，以增加面团的发酵潜力。酵母在面团中产生的二氧化碳使面团膨松，再经长时间发酵，二氧化碳量达到饱和，面筋网络结构处于紧张状态，继续产生的二氧化碳气体使面团膨胀超出其抗张限度而塌陷。再加上面筋的溶解和变性等一系列的物理化学变化，使面团弹性降低到足够的程度，这样就达到了第一次发酵的目的。第一次发酵大约4～6h完成，此时面团pH值为4.5～5。

2. 第二次调粉和发酵

将其余50%～60%的面粉和油脂、精盐、磷脂、饴糖、乳品、温水等原辅料加入第一次发酵好的酵头中，用调粉机调制5～7min，搅拌开始后，慢慢加入小苏打使面团的pH值达到中性或略呈碱性，小苏打也可在搅拌一段时间后加入，这样有助于面团的光洁。冬天面团温度应保持在30～33℃，夏天28～30℃。第二次发酵的面粉尽量选用低筋粉，这样可提高饼干的酥松度。由于酵头中有大量酵母的繁殖，使面团具有较大的发酵潜力，所以3～4h即可完成发酵。

（三）影响面团发酵的因素

1. 面团温度

面团温度是酵母生长与繁殖的重要因素之一。由于发酵面团使用酵母作疏松剂，面团的温度调整是否适当，直接关系到酵母的生存环境。酵母繁殖的最适温度为25～28℃，发酵最佳温度为28～32℃，由于夏天面团受气温及酵母发酵和呼吸所产生能量的影响，会使面团温度迅速升高，所以要控制低一些。而冬天调制好的面团在发酵初期会降低温度，后期回升，所以应当控制高一些，一般在发酵完成后面团温度比初期提高5℃左右。

实践证明，如果面团温度升高到34～36℃，会使乳酸含量显著增加，所以高温发酵时间要短，否则面团易变酸，会影响产品质量。但如果温度过低，则发酵速度慢，使面团发得不透，同时也会造成产酸过高的状况，所以掌握适宜的温度非常重要。

2. 加水量

加水量的多少，取决于面粉的吸水率。吸水率小加水就少；吸水率大加水量就多，尤其是第二次调粉，加水量不仅与面粉的吸水率有关，而且还与面团第一次发酵的程度有关，若第一次发酵不足，则在第二次调粉时加水适当多一些，若第一次面团发得过老，加水量就少些。

3. 加糖量

在发酵面团中不能大量用糖，糖浓度高的面团会产生较大的渗透压力，这样使酵母细胞萎缩，并造成细胞原生质分离而大大降低酵母的活力。第一次发酵时为了促使酵母繁殖和生长，调粉时可加入1%～1.5%的饴糖或蔗糖、葡萄糖。因为开始时由于小麦粉本身酶的活力低，淀粉酶水解淀粉而获得的可溶性糖不能充分满足酵母生长和繁殖的需要。但第二次调粉和发酵时，酵母所需的糖主要由小麦粉中的淀粉酶水解淀粉得到，这时加糖的目的不是为了给酵母提供碳源，而是从成品的口味和工艺上考虑加入的。

4. 用油量

发酵饼干用油量较多，一方面使制品疏松，同时油脂也是影响发酵的物质之一。因为油会在酵母细胞膜周围形成一层不透性的薄膜而阻止酵母正常代谢，从而抑制酵母发酵。发酵饼干通常使用猪油或固体起酥油。为了解决既能多用油脂以提高酥松度，又要尽量减少对发酵的影响，一般用部分油脂和面粉、食盐等拌成油酥在辊压面团时加入。

5. 用盐量

发酵饼干用盐量一般是 1.8%~2%，盐虽能增强面筋的弹性和韧性、提高面团的保气能力、调节制品的口味，并有抑制杂菌的作用，但使用过量也会抑制酵母的发酵作用。为此，通常在配方中用盐总量的 30%在第二次调粉时加入，其余 70%在油酥中拌入，以防止盐量过大对酵母发酵作用的影响。

发酵面团的调制受许多因素影响，某一因素发生变化，其他因素也要相应发生变化。

四、面浆面团的调制

面浆面团的调制是将小麦粉、淀粉、疏松剂置于搅拌机中，加入适量水，经充分搅拌混合，使浆料中均匀地混有大量空气，通过烘烤制成的结构疏松的食品。

（一）浆料面团的调制

浆料在调制时，先将鸡蛋、糖、疏松剂等辅料在搅拌机中混合均匀，边搅打边缓缓加水，在蛋浆打擦度和泡沫稳定性良好时，再加入小麦粉，轻轻地混合成浆料。

（二）影响面浆调制的因素

1. 投料顺序

调制时应先加水，开动搅拌机后，再逐步加入小麦粉、淀粉、疏松剂、油脂等原辅料。

2. 加水量

加水量的多少不仅影响操作，而且也直接影响到成品的品质。若加水太多，浆料太稀，浇注时流动性大，会产生过多的边皮，导致制品易脆裂。若加水太少，则面浆太厚，流动性差，很难充满烤模，成品缺损，也增加废料，因此浆料浓度一般控制在 16~18°Bé。

3. 小麦粉的质量

浆料面团易选用低筋粉，以减低面筋的生成量，这样有利于增加浆料在烘烤时的流动性，并能充满模具，同时也有利于气体受热膨胀，使制品疏松、多孔。

4. 面浆温度

调制结束时，面浆的温度以 20~25℃为宜，气温高时，料温要适当降低，以防面浆发酵变质，致使面浆有酸味。

5. 油脂的用量

在调浆时加入适量的油脂，既可以提高制品表面的光泽，又可防止在烘烤时粘模。

6. 调浆时间

调浆时搅拌至小麦粉、淀粉、油脂和水等充分混合，并含有大量空气的均匀状浆料即可。若调浆时间过长，会导致浆料形成面筋，制品不疏松；若调浆时间过短，原辅料不能充分混合均匀。

7. 疏松剂的添加

为能使疏松剂产生较多的气体，除了使用小苏打、碳酸氢铵外，还可添加适量的明矾，一方面可避免因使用过量的小苏打和碳酸氢铵而出现的碱味，同时也避免制品的色泽发黄。

8. 搅拌条件

搅拌器应选用多根不锈钢丝制成的圆"灯笼"形，这样有利于把空气带入浆料内部，同时还具有分割气泡的作用，调制出的浆料面团质量好。

第三节　饼干的辊轧

饼干面团调制完毕经过静置（或不静置）后应进行辊轧过程的操作。面团的辊轧就是使形状不规则，内部组织比较松散的面团通过反复辊轧，使之变成厚薄均匀一致、内部组织密实的过程。

经过辊轧可以排除面团中的部分气泡，使面团结构匀整、花纹清晰，防止饼干坯在烘烤后产生较大的孔洞，并且还可以提高面团的结合力和表面的光洁度，使制品的横断面有清晰的层次结构。

由于饼干面团在辊轧过程中，面带在其运动方向上的伸长比沿轧辊轴线方向的扩展大得多，因此在面带运动方向上由伸长变形产生的纵向张力要比横向扩展产生的张力大，出现面带内部张力分布不均匀。为使面带内部张力分布均匀，就要在辊轧时把面带进行多次90°旋转，并在进入成型机滚筒时旋转方向，使面带所得张力均匀，这样成型后饼干坯不变形。面团经过多道压延辊的辊轧，相当于面团调制时的机械揉捏，一方面能够使面筋蛋白通过水化作用，继续吸收一部分造成黏性增大的游离水，另一方面使调粉时未与网络结合的面筋水化粒子，达到与形成的面筋相结合的状态，形成整齐的网络结构，有效地降低面团的黏性，增加面团的可塑性。

一、韧性饼干面团的辊轧

韧性面团一般都需要经过辊轧后再冲印，辊轧次数一般为13次左右。通过辊轧，使面筋进一步形成、黏性减小、塑性增加，并使面坯内气泡分布均匀、细致。在辊轧时，面团因压力向纵向延伸，如果始终朝一个方向来回辊轧，面团的纵向张力会大大地超过横向张力，这样将使成形后的饼坯发生收缩变形。所以辊轧时需要多次折叠并旋转90°，以平衡制品内部的张力，使面片的纵向和横向张力一致，如图5-1所示。为了达到辊轧的目的，操作中应注意以下问题。

(1) 压延比　压延时的压延比（辊轧前面带的厚度与辊轧后面带的厚度之比）不超过3∶1。比例大不利于面筋组织的规律化排列，影响饼干的膨松，如果比例过小，不仅影响工作效率，而且有可能使掺入的头子与新鲜面团掺和不均匀，使制品疏松度和色泽出现差异，饼干烘烤后出现花斑等质量问题。

(2) 头子的加入量　头子加入量一般小于1/3，但弹性差的新鲜面团可适当增加。

(3) 其他　韧性面团一般用糖量高，而油脂用量少，易引起面团发黏。为了防止粘辊，可在辊轧时均匀地撒入少许小麦粉，但要避免引起面带变硬，造成制品不疏松及烘烤时起泡。

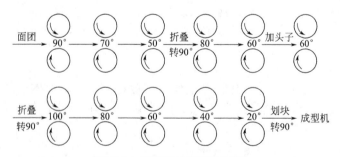

图 5-1　韧性饼干的辊轧过程

(引自：贡汉坤. 焙烤食品生产技术. 科学出版社, 2004.)

二、酥性饼干面团的辊轧

酥性面团一般不经辊轧而直接成型。因为酥性面团油脂、糖的用量多，面筋形成少，质地柔软，可塑性强，在辊轧时面带在滚筒压延及帆布输送和头子分离等处易断裂。同时在辊轧中增加了面带的机械强度，使面带硬度增加，造成产品酥松度下降。但是当面团黏性过大或面团的结合力过小,皮子易断裂,不能顺利成型时,可以采用辊轧来改善面团的性能。如需辊轧,一般是在成型机上用2~3对轧辊即可。

辊轧时为了避免在冲印成型时产生的头子不致造成浪费而增加成本,需要在下次辊轧时加入。当面团结合力较差时,掺入适量的头子可以提高面团结合力,对成型操作有利。但如果掺入的头子量过多,会增加面带的硬度,给操作带来不利影响,而且还会影响成品的质量。要求加入头子的比例不能超过1/3,头子与新鲜面团的温度差不超过6℃。

掺入头子对辊轧的影响如下。

(1) 头子的比例　头子与新鲜面团的比例应在1:3以下,由于头子经较长时间的辊轧和在传送过程中往往出现面筋力增大,水分减少,弹性和硬度增加的情况,因此在辊轧成型时,尽量减少头子量和饼坯的返还率。

(2) 温度差的影响　面团在不同的温度下呈现出不同的物理性状。如果头子与新鲜面团温度的差异较大就会使得头子掺入后,面带组织不均匀、机械操作困难、粘辊、面带易断裂等。因受操作环境的影响,头子的温度与新鲜面团的温度往往不一致,这就要求调整头子的温度,在掺入时头子与新鲜面团的温差越小越好,最好不超过6℃。

(3) 掺入时操作的影响　由于头子的加入只是将其压入新鲜面带,不像面团调制那样充分搅拌揉捏。因此要求头子掺入新鲜面团时尽量均匀的掺入,对于掺入后还经过辊轧工序的头子,应直接均匀地铺在新鲜面带上。如果不经辊轧程序,头子应铺在新鲜面团的下面,防止粘帆布。

三、发酵饼干面团的辊轧

发酵面团由于在发酵过程中形成了海绵状组织,经过辊轧可以驱除面团中多余的二氧化碳气体,以利于发酵作用的继续进行,并使面带形成多层次结构。经过辊轧后的面带有利于冲印成型,发酵饼干生产中的夹酥工序也需要在辊轧阶段完成,夹入油酥的目的是为了使发酵饼干具有更加完善的层次结构,提高饼干的松酥性,并且制品有特殊风味。但在辊轧时应注意以下方面。

(1) 压延比　在未加油酥前,压延比不易超过1:3,如果压延比过大,面带压得太紧太薄,影响饼干的膨松。如果压延比过小,会使新鲜面团与头子不能轧均匀,烘烤出的饼干膨松度差,色泽不均匀,即所说的"花斑"现象。这是因为头子已经过成型机滚筒压延的机械作用而产生机械硬化现象,又经第二次成型的机械作用,则膨松的海绵状结构变得结实、表面坚硬,烘烤时影响热的传导,不易上色,饼干僵硬,出现花斑。

发酵饼干面团夹入油酥以后,压延比一般要求(1:2)~(1:2.5),压延比过大,表面易压破,使油酥外露造成饼干胀发率差、色泽不匀、残次品多等现象。油酥的加入必须待面带辊轧光滑后加入,头子也必须铺匀。

(2) 辊轧次数　发酵饼干一般辊轧11~13次,折叠4次,并旋转90°。一般包酥2次,每次包入油酥两层。

第四节　饼干的成型

饼干面团经过辊轧后可直接进入成型工序。由于设备的不同,饼干的成型方式也不相同,一般有冲印成型、辊印成型、辊切成型、挤浆成型、挤条成型等。但主要依据企业设备情况和生产饼干的品种和配方来选择。

一、韧性饼干的成型

韧性饼干是采用冲印机冲压成型。冲印成型是将面团辊轧成连续的面带后,用印模将面带冲切成饼干坯的成型方法。这种成型使用范围广泛，不仅能生产韧性饼干，而且也用于发酵饼干和某些酥性饼干的生产。冲印成型具有辊切、辊印成型机不可比拟的优势，可以生产多种大众化饼干，是饼干生产不可缺少的设备。

（一）冲印成型的原理

目前冲印成型已将旧式的间歇式冲印机改为连续的摆动式冲印机。间歇式冲印机的冲头垂直冲下时，帆布不动冲出花纹，刀口冲断皮子成饼坯后，即有偏心轮动作用使冲头提起，然后，帆布才能向前一步，所以操作困难，饼干坯不易均匀。而摆动式冲印机的原理是冲头垂直冲印帆布运输带的面带，将面带分切成饼坯和头子的同时，与帆布带下面能够活动的橡胶模合模，并随着连续运动的帆布输送分切的饼坯和头子向前移动一段距离，然后冲头抬起成弧线迅速摆回到原来的位置，并开始下一个冲印动作，这样如此下去，周而复始，不断将面带冲成饼坯。

冲印成型机的结构如图 5-2 所示。

图 5-2　冲印饼干成型机工作原理

(引自：贡汉坤. 焙烤食品生产技术. 科学出版社, 2004.)

冲印成型的特点就是在冲印后必须将饼坯与头子分离，韧性饼干的头子分离并不困难，头子分开后，长帆布应立即向下倾斜，防止饼干卷在第二条帆布之间。

（二）影响冲印成型的因素

冲印成型的操作要求高，为使皮子不粘滚筒、不粘帆布、冲印清晰、头子分离顺利，操作时应注意以下几方面。

1. 面带冲印前的辊轧

冲印成型机前装有 2~3 对轧辊，为了使形成的面带符合冲印要求，首先要合理选择轧辊直径和配置的辅助设施。由于第 1 对轧辊前的物料由头子和新鲜面团的团块构成，面带厚薄不匀，用较大直径的轧辊便于把面团压延成比较致密的面带。因此，第 1 对滚筒的直径必须大于第 2、3 对滚筒的直径，一般为 300~350mm，而第 2、3 对滚筒的直径为 215~270mm，这样的变化能使滚筒的剪切力增大，即使是比较硬的面团也能轧成比较紧密的面带。

2. 头子的添加

由成型机返回的头子应均匀地平摊在底部，因为头子坚硬，结构比较紧密，此外，面团轧成薄片后表面水分蒸发，比新鲜面团干硬，铺在底部使面带不易粘帆布。如发现粘辊，表面可撒少许面粉，如发现冲印后粘帆布，可在第一对滚筒前的帆布上撒一些面粉。滚筒上装配刮刀，使其在旋转中不断将表面粉层刮去，以防止轧辊上的小麦粉硬化和堆积而影响压延后面带表面的光洁度。

3. 掌握好滚筒的运转速度

滚筒的运转速度与面团堆积厚度及面团的硬度有关，并且与第 2 道帆布及第 2 对滚筒的运转速度有关。要随时调节，以保证面带不被拉断或拉长，也不致重叠涌塞，破坏皮子的合理压延比和结构。如果滚筒间的面带绷得太紧，将会使纵向张力增强而造成冲印后的饼坯出现纵向变形。

面带通过第 2 对滚筒后已比较薄，为 10~12mm，应防止断裂，特别是在面团软硬有变化时应更加注意，如若需要，可适量撒面粉。第 3 对滚筒轧成的面带厚度为 2.5~3mm，具体应根据不同品种的实际情况进行调整。

4. 轧辊间隙的调节

单位时间通过每一对轧辊的面带体积应基本相等，3 对轧辊与冲印部分连续操作才能顺利进行，才能够保证面带不重叠或面带不被拉断。轧辊间隙和轧辊间的转速应密切配合，轧辊的间隙一般应根据面团的性质、饼坯的厚度、饼干的规格进行调节。轧辊间隙的调整使面带的截面积发生改变，要使每一对轧辊面带的体积基本相等，轧辊的速度也必须调整，两者要密切配合，否则，面带易断或造成积压现象。在调节轧辊间隙时，要考虑到同前道工序轧辊和帆布的输送速度的配合。

5. 印模的选择

冲印饼干的成型是依靠冲印机上印模的上下运动来完成的。韧性饼干的生产宜采用带有针柱的凹花印模，因为韧性饼干的面团由于面筋较强，面团弹性较大，烘烤时饼坯的胀发率大并易起泡，底部易出现凹底，因此要选用带有针柱的凹花印模，使饼坯表面具有均匀分布的针孔，就可以防止饼坯烘烤时表面起泡现象的发生。

二、酥性饼干的成型

酥性饼干使用油脂较多，一般采用辊印机成型。辊印成型的饼干花纹是冲印无法比拟的。若用冲印成型生产高油脂饼干，面带在滚筒压延及帆布输送和头子分离处容易断裂，而辊印成型的饼干花纹清晰、口感好、香甜酥脆。并且辊印设备占地面积小，产量高，不需要分离头子，运行平稳，噪声低。

（一）辊印成型机的结构

辊印成型机由喂料槽辊、花纹辊和橡胶脱模辊三个辊组成，喂料槽辊上有用以供料的槽纹，增加与面团的摩擦力。花纹辊又称型模辊，它的上面有均匀排布的凹模，传动时将面团辊印成饼坯。在花纹辊的下面有一橡胶辊，用于将饼坯脱出。如图 5-3 所示。

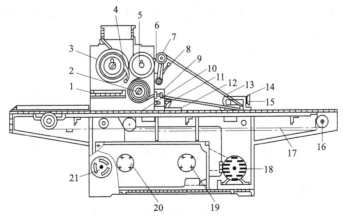

图 5-3　辊印饼干机结构图

1—接料盘；2—脱模辊；3—喂料辊；4—分离刮刀；5—印模辊；6—间隙调节手轮；7—张紧轮；8—手柄；9—手轮；10—机架；11—刮刀；12—接屑盘；13—脱带；14—尾座；15—手柄；16—输送带托辊；17—生坯输送带；18—电动机；19—减速器；20—无机变速器；21—调速手轮

（引自：贡汉坤. 焙烤食品生产技术. 科学出版社，2004.）

（二）辊印成型的原理

饼干面团调制完后，置于加料斗中，在喂料槽辊及花纹辊相对运动中首先在槽辊表面形成一层结实的薄层，然后将面团压入花纹辊的凹模中。饼坯向下运动时，被紧贴在花纹辊的刮刀切去多余的面屑，形成饼坯的底面，花纹辊中的饼坯受到包着帆布的橡胶辊吸力而脱模，饼坯由帆布输送带送入烘烤网带或钢带上进入烤炉。辊印成型机工原理如图 5-4 所示。

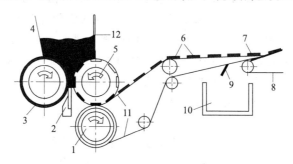

图 5-4　辊印成型机工作原理示意

1—加料斗；2—面团；3—花纹辊；4—帆布带；5—张紧辊；6—橡皮脱模辊；
7—刮刀；8—喂料槽辊；9—刮刀；10—面斗；11—光模带；12—面料

（引自：贡汉坤．焙烤食品生产技术．科学出版社，2004．）

（三）影响辊印成型的因素

1. 面团的影响

辊印成型要求面团较硬一些，弹性稍小一些。若面团过软会造成喂料不足，脱模困难，刮刀铲不干净饼坯底面上多余的面屑，使饼坯外圈留有边尾，造成成品的形态不完整。而过硬的面团同样会使压模不结实，造成脱模困难或使制品形成残缺，烘出的饼干表面有裂纹。如弹性过大会出现半块或残缺不全的饼坯，弹性过小，不利于进料和印模的充填，出现压模不实，同样造成脱模困难，使制品的破碎率增加。

2. 刮刀刃口的位置

在辊印成型的过程中，分离刮刀的位置直接影响饼坯的质量，当刮刀刃口的位置较高时，凹槽内切除面屑后的饼坯略高于轧辊表面，从而使得单块饼坯的重量增加；当刃口位置较低时，又会使饼坯毛重减少。所以刃口的位置应在花纹中心线以下 2～5mm 处为宜。

3. 橡胶脱模辊的压力

橡胶辊的压力大小对饼坯成型的质量也有影响，如压力过大，会使饼坯厚度不匀；若压力过小，不利于印模中饼坯的松动，会出现饼坯粘模现象。所以橡胶辊的调节，应在能顺利脱模的前提下，尽量减小压力。

辊印成型除了适用于酥性饼干外，还用于面团中加入芝麻、花生、杏仁等小型块状物的品种。

三、发酵饼干的成型

发酵饼干是冲印成型。发酵面团经辊轧后折叠或划成块状进入成型机，成型时应注意以下方面。

① 面带的接缝不能太宽，由于接缝处是两片重叠通过轧辊，使压延比陡增，易压坏面带上油酥层次，甚至使油酥裸露于表面成为焦片。面带要保持完整，否则会产生色泽不均匀的残次品。

② 发酵饼干的压延比要求高，因为经过发酵的面团有均匀细密的海绵结构，经过夹

油酥辊轧以后，使其成为带有油酥层的均匀的面带。如果压延比过大将会破坏这种良好的结构而使制品不酥松、不光滑。

③ 在面带压延和运送过程中不仅应防止绷紧，而且要让第 2 对和第 3 对滚筒轧出的面带保持一定的下垂度，使压延后产生的张力立即消除，否则易变形。在第 3 对滚筒后面小帆布与长帆布的交替处，要使之形成波浪形褶皱状，让经过 3 对滚筒压延后的面带消除纵向张力，防止收缩变形，然后让折皱的面带在长帆布输送过程中自行摊开，再冲印成型。

④ 发酵饼干的印模与韧性饼干不同，韧性饼干是采用凹花有针孔的印模，而发酵饼干不使用有花纹的针孔印模。因为发酵饼干弹性大，冲印后花纹保持能力较差，所以一般只使用带针孔的印模即可。

⑤ 发酵饼干冲印成型后必须将饼坯的头子分离，头子用另一条 20°的斜帆布向上输送，再回到第 1 对滚筒前面的帆布上重复压延，头子分离帆布的角度不能太大。旧式冲印机由于机身长度的限制，有的竟达到 25°～30°，这样头子既不易向上输送而下滑，又易断裂，头子分开后，长帆布应立即向下倾斜，防止饼坯卷在第 2 条帆布中间。长帆布与头子帆布之间的距离在不损坏饼坯的情况下要尽可能压得低，最好在长帆布下垫一根直径为 10mm 的圆铁，使已经冲断的头子向上跷起，易于分离。

四、饼干成型的其他方法

1. 辊切成型

辊切成型是目前国际上使用广泛的饼干成型设备。辊切成型机不仅占地面积小、效率高，而且对面团有广泛的适应性，如适宜于韧性饼干、发酵饼干、酥性饼干和甜酥性饼干的生产。

2. 挤浆成型

挤浆成型加工的面团一般是半流体状，面团有一定的流动性，因此多用黏稠液体泵将糊状面团间断挤出滴加在烘烤炉的载体即钢带或烤盘上进行一次成型，然后进行烘烤。

目前挤浆成型生产设备主要有两种形式：一种是以烤盘为载体的间歇挤出滴加式成型机；另一种是以钢带为载体的连续挤出滴加式生产流水线，由挤浆部分、烤炉部分和冷却部分组成。如制作杏仁饼干即可利用挤浆生产的方法。

3. 钢丝切割成型

通过挤压机械将面团从成型孔中挤出，每挤出一定的长度，就用钢丝切割成相应厚度的饼坯。同时挤出时还可以将不同颜色的面团同时挤出，从而可以形成多色饼干。这种成型方式是利用成型孔的形状生产出不同外形的饼干。

4. 挤条成型

挤条成型是利用挤条成型机械将面团从成型孔中挤出呈条状，再用切割机切成一定长度的饼坯。挤条成型孔的断面是扁平的。

不同品种的饼干所采用的成型方式是不相同的：韧性饼干用冲印或辊切成型；甜酥性饼干用辊切或辊印成型；发酵饼干只能用冲印或辊切成型；浆类面团根据品种不同，可用挤浆成型、钢丝切割成型、挤条成型和挤花成型。

第五节　饼干的烘烤及冷却

一、饼干的烘烤

面团经辊轧、成型后形成饼干坯，形成的饼干坯进入烤炉，经过高温短时间加热后，产生化学的、物理的和生物的变化，使饼干疏松可口并具有诱人的香气。烘烤是饼干生产的最后加工步骤，也是决定产品质量的重要环节。

饼干烘烤有如下几种传热方式。

① 热传导。在饼干的烘烤过程中，热量的传导一方面是钢带或网带接受烤炉热源的热量而使温度升高，与饼坯直接接触，将热量传给饼坯；另一方面是饼坯的底部和表面先受热，温度高于中心层的温度，在饼坯内部以传导的方式将热量由表层传递的饼坯中心层，这样使整个饼坯很快的升温。

② 热对流。由于炉内被加热了的空气、水蒸气或以任何方式产生的气体等都处于流动之中，这部分流体与饼坯温度差的实际存在，使热流体把热量传给与之接触的饼坯和载体。载体下面的热空气也会从载体两侧的空隙中向上运动，加之饼坯边缘单向地向内部热传导，会使饼干的边缘颜色变深。

③ 热辐射。饼干在炉内辐射烘烤是依靠红外辐射来实现的，用电热元件加热的烤炉，其辐射强度最高的部位是来自上方的加热元件，其他则是炉内的全部金属构件及两侧的炉膛，载体以下的辐射基本被截断。底部如果有加热元件，则辐射能完全被载体所吸收，然后热量以传导的方式传递给饼坯，载体上的饼坯间隙也会产生辐射的红外线热。

（一）韧性饼干的烘烤

韧性饼干的面团在调制时比其他饼干用水量多，而且搅拌时间长，淀粉和蛋白质能充分吸水，面筋的形成量多。烘烤时应严格注意炉温、时间及烘烤中的变化。

烘烤炉的种类很多，韧性饼干烘烤时，小规模的企业多采用固定式烤炉，大型食品企业采用转动式的平炉。平炉采用钢带、网带为载体，平炉是隧道式烤炉的发展，炉膛内的加热元件是管状的，转动式平炉一般长40～60m，根据烘焙工艺的要求，分为几个温区：前区大约为180～200℃，中间部位约为220～250℃，后部位约为120～150℃。饼干坯在每一部位中有不同的变化，即膨胀、定型、脱水和上色。烤炉的运行速度应根据饼坯的厚薄进行调整，厚的温度低而运行慢，薄的温度高而运行快。饼干在烤炉中会经过以下阶段的变化。

1. 膨胀阶段

饼干的胀发力主要是疏松剂受热分解而产生二氧化碳气体，随着烘烤时间的延长和温度的升高，分解出的气体，使饼坯的体积膨胀增大、厚度增加。

2. 定型阶段

在温度升高、体积胀发的同时，饼坯内的淀粉发生糊化，形成黏稠的胶体，冷却后凝结为凝胶体，蛋白质发生变性凝固，脱水后形成了饼干的骨架。疏松剂分解完毕后，饼坯厚度又略有下降，此时由于淀粉糊化而成的凝胶体及蛋白质的变性凝固就形成了固定饼干体。

3. 脱水阶段

由于炉温很高、饼坯表面的温度会很快达到100℃。在烘焙过程中表面温度会继续升高，最后可达到180℃，而中心层的温度上升较慢，约在3min时才能达到100℃。烘烤时炉温不易过高，如果在高温条件下不供给水蒸气，则会使饼坯表面颜色暗淡而后焦煳。强烈的高温会使饼干坯的水分急剧蒸发干燥，在外表面形成硬壳，使水扩散困难，往往会造成外焦里生的现象，所以控制炉温很重要。

随着炉温的变化，在烘烤过程中，饼坯的水分变化可分为三个阶段。

第一阶段为变速阶段，时间约为1.5min。水分蒸发在饼坯表面进行，高温蒸发层的蒸汽压力大于饼坯内部低温处的蒸汽压力，这时一部分水分又被迫从外层移向饼坯中心，所以饼坯中心的水分比烤前约增加 2%，所排出的主要是游离水（饼坯中主要含有两种形式的水，即游离水和结合水），这时表层的温度约为 120℃。

第二阶段为快速烘烤阶段，时间约为 2min。这一阶段水分蒸发面向饼干内部推进，饼干坯内部的水分层会逐层向外扩散。此阶段水分的蒸发速度基本不变，表层温度在 125℃ 以上，中心温度也达到 100℃ 以上。由于饼坯很薄，水分下降的速率较快，蒸发面很快推进到中心层，最后中心层的水分亦强烈地向外扩散并蒸发。这一阶段除游离水排出外，还有一部分结合水。

第三阶段是恒速干燥阶段。在第三阶段饼坯的温度达到 100℃ 以上，水分排除的速度比较慢，这时排除的主要是结合水。饼干烘烤的最后阶段，水分的蒸发已经极其微弱，这时的作用是使饼干上色，使制品形成棕黄色，主要是美拉德反应所起的作用，反应最适宜的条件是 pH6.3、温度 150℃、水分 13% 左右。

4. 上色阶段

饼干在烘烤过程中，当其表面水分降低到一定程度，温度上升到 140℃ 时，饼干坯的表面颜色逐渐转变为黄色或浅金黄色。色泽变化是饼干烘烤后期的变化，也就是上色阶段。饼干的上色主要是"焦糖化作用"和"美拉德反应"的结果，糖在高温的影响下，变成了有色物质。饼干的上色阶段除与温度有关外，还与面团内的含糖量、pH 值等因素有关。

（二）酥性饼干的烘烤

酥性饼干糖、油用量较多，疏松剂用量少，面团中面筋形成量少，可以用高温短时间的烘烤方法。如用低温烤制，饼干入炉后就容易发生"油摊"和破碎现象，因此需要一入炉就使用较高的面火和底火迫使其凝固定型。温度一般为 300℃，时间 3.5~4.5min，但由于酥性饼干的配料中油脂和糖的含量高，配方各不相同、块形的大小不一、厚薄不匀，所以烘烤的工艺也不尽相同。

对于配料普通的酥性饼干，需要依靠烘烤来胀发体积，饼坯入炉后宜采用较高的上火、较低而逐渐升高的下火来烘烤，这样能保证在体积膨胀的同时，又不致在表面迅速形成坚实的硬壳。因为这类饼干由于辅料较少，烘烤中参与美拉德反应的基质不多，即使上火高也不至于上色太快。如果一入炉就遇到高温，极易起泡，饼坯表面迅速结成的硬壳能阻止二氧化碳等气体的排出，当气体滞留形成的膨胀力逐渐增高时就会起泡。另一方面，如果饼坯一进炉就遇到高温的下火，会造成饼坯底部迅速受热而焦煳，在使用无气孔的钢带或铁盘作载体时，会因为较柔软的饼坯底部受形成气体的急剧膨胀而造成饼干凹底，因此下火的温度要逐渐上升。不同配料酥性饼干的烘烤热曲线如图 5-5 所示。

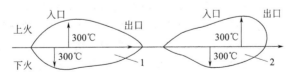

图 5-5 不同配料酥性饼干的烘烤热曲线图
1—配料较好的甜酥性饼干；2—配料一般的甜酥性饼干
（引自：贡汉坤．焙烤食品生产技术．科学出版社，2004．）

对于油脂、糖含量高的酥性饼干，除在调粉时适当提高面筋的胀润度之外，还应对烤炉中间区（饼坯的定型阶段）实施湿度控制，一入炉就可以使用高温，迫使其凝固定型，避免在烘烤中发生饼坯不规则胀大的"油摊"现象，也防止可能产生的破碎。

对于酥性饼干的烘烤，为了防止成品的破碎，可以采用厚饼坯的加工工艺，即饼坯的厚度比一般饼坯厚 50% 甚至 100%。酥性饼干在烘烤后期的温度应逐渐降低，这样有利于饼干的上色。

(三) 发酵饼干的烘烤

发酵饼干的饼坯中聚集了大量的二氧化碳气体，在烘烤时气体受热膨胀，使饼坯在短时间内即有较大程度的膨胀，形成海绵状结构。烘烤时要求在初期下火可高一些，上火温度可低一些，这样既能使饼坯内部的二氧化碳受热膨胀，又不至于导致饼坯的表面形成硬壳，有利于气体的散失和体积的膨胀。如果炉温过低，烘焙时间过长，饼干易成为僵片，进入烤炉中区，要求上火逐渐增加而底火逐渐减少，可以使饼干坯膨胀到最大限度把体积固定下来，使产品质量良好。如果在这个阶段上火温度不够，饼坯不能凝固定型，可能使制品出现塌顶，成品不疏松。在最后阶段上色时的炉温通常低于前面各区域，以防色泽过深。一般来说，发酵饼干的烘烤温度为下火330℃，上火250℃，烘烤的时间约为4~5min。

发酵饼干在烘烤时的变化如下。

1. 酶的活动

面粉本身的淀粉酶在烘焙初期由于温度升高而变得活跃，一部分淀粉受热而膨胀，使淀粉酶容易作用。当饼坯温度达到50~60℃时，淀粉酶的作用加大，生成部分糊精和麦芽糖。当饼坯中心温度升到80℃时，各种酶的活动因蛋白质变性而停止，这时酵母死亡。

2. 酸的变化

发酵时面团中所产生的酒精、乙酸在烘焙过程中受热而挥发，但乳酸的挥发量少，一般饼干坯的pH值经烘焙后会略有升高。因为醋酸和其他低沸点有机酸挥发，同时小苏打受热分解使饼干中带有碳酸钠。pH值虽然有所升高，但并不能消除过度发酵面团所产生的酸味，主要是因为烘焙时乳酸不能大量被驱除所致。

3. 蛋白质变性

在烘焙过程中，由于温度的上升而使蛋白质脱水，其水分在饼坯内形成短暂的再分配，并被激烈膨胀的淀粉粒所吸收。这种情况只存在于中心层，表面层由于温度迅速升高，脱水剧烈而不十分明显，因此饼干表面所产生的光泽不完全是依赖其本身水分的再分配生成糊精，而必须依靠炉中的温度来生成。当温度升到80℃时，蛋白质凝固，在烤炉中饼坯的中心层只需要1min左右就能达到蛋白质凝固的温度，所以第二阶段的烘烤是蛋白质变性定型的阶段。

4. 上色

烘焙的最后阶段是上色。这一阶段中饼干坯已脱去了大量的水分进入表面棕黄色（美拉德）反应和焦糖化反应的变化。烘焙制品的棕黄色反应最适宜的条件是pH6.3，温度150℃，水分在13%左右。其中pH值对发酵饼干的烘焙上色关系较大，如果面团酸度过大，pH值下降，在烘焙时不易上色，因为发酵过度的面团中糖类被酵母和产酸菌大量分解，致使参与棕黄色反应的糖分减少所致。如甜饼干烘焙时，除了棕黄色反应外，在后期还有糖类的焦糖化反应存在。在甜饼干配方中除砂糖外，奶制品和蛋制品也有上色作用，这些都属于棕黄色反应的类型。

(四) 面浆类面团饼干的烘烤

将调好的面浆倒入刻有方格或菱形花纹的转盘式制片机的烤模中，合上模盖板后，迅速加热，使其在短时间内经受高温而使水分蒸发，面浆中的空气和疏松剂所产生的气体，在密闭的烤模内产生很大的压力，会使面浆充分膨胀，充满整个烤模的有效空间。随着烘烤过程的进行，面团内水分不断蒸发，水蒸气不断排出，制品体积收缩，形成多孔性的酥脆制品。

整个烘烤过程可分以下阶段。

1. 定型阶段

这一阶段，疏松剂发生剧烈的化学变化，使饼坯体积增大，并使制品疏松。此时面浆中的蛋白质开始凝固，淀粉糊化，形成泡沫状多孔性的饼坯。

2. 烘烤脱水阶段

此阶段时间较长，一般是2~3min。这时在已经定型的饼坯中，蛋白质开始变性，淀粉也有部分糊化达到全部糊化，体积也开始收缩。饼坯的表面温度由开始定型的100℃左右上升到130~140℃，中心温度亦超过100℃，水分降至10%左右。

3. 上色阶段

随着炉内温度的进一步上升，饼坯继续排出少量的水分，同时产生褐色反应，使之形成淡黄色，并具有烘烤食品的特殊香味。

二、饼干的冷却

饼干出炉后要经过冷却过程。因为出炉时的温度很高，外脆而里软，如果立即进行包装，势必造成饼干的变形或内部出现裂纹，而且还会加速油脂氧化酸败，从而降低储存中的稳定性。因此，饼干烘烤后必须冷却到38~40℃后才能进行包装。

饼干通过冷却阶段可使其达到规定水分的含量，延长保质期。刚出炉的饼干中心层的水分含量相当高，在冷却过程中，内部的水分依然会向外扩散，表层的水分继续蒸发，这样可防止包装后因水分过高而出现霉变、皮软等不良现象，从而可延长储存期。其次，通过冷却，可防止油脂的氧化和酸败，因为温度过高的饼干一旦包装，饼干冷却速度就会减慢，从而导致饼干长时间处于较高温度而加剧油脂的氧化和酸败。再次通过冷却可避免饼干的变形或裂纹。由于刚出炉的饼干温度和水分都处于较高的水平，除硬饼干和苏打饼干外，其他饼干都比较软，特别是油脂、糖含量高的甜酥饼干更软。只有在饼干中的水分蒸发、温度下降、油脂凝固以后，才能使形态固定下来。包装过早将会使未定型的饼干弯曲变形、内部出现裂纹。

（一）韧性饼干的冷却

韧性饼干在冷却过程中，其水分发生剧烈变化，经高温烘焙，水分是不均匀的，一般来说，中心层水分高外部低，冷却时内部的水分会向外转移。随着饼干热量的散失，转移到饼干表面的水分继续向空气中扩散，大约经过5~6min的时间，其水分挥发到最低限度。随着冷却时间的延长，即可达到包装的要求。

饼干不宜用强烈的冷风冷却，否则易发生碎裂。因为在热量交换的过程中，水分急剧变动，使固体各微粒间相对位置发生变化而产生位移，使饼干内部产生应力而破裂。

（二）酥性饼干的冷却

酥性饼干可采用自然冷却法，也可使用吹风，但空气的流速不宜超过2.5m/s，如果冷却过快，水分蒸发过快，容易产生破裂现象。对于酥性饼干的冷却，除考虑到韧性饼干冷却过程中所涉及的问题外，还要注意输送带的线速度应比烘烤炉钢带的线速度大，也就是饼干在炉外冷却时前进的速度应大于在炉内的前进速度，这样既有较好的降温效果，还可以防止饼干在冷却运输带上的积压。因为酥性饼干刚出炉时很软，一旦产生积压，饼干就会受外力的作用而变形。一般冷却带的长度为烤炉长度的1.5倍以上。冷却适宜的条件是温度为30~40℃，室内相对湿度为70%~80%。

（三）发酵饼干的冷却

发酵饼干的冷却同韧性与酥性饼干，必须冷却到30~40℃才能包装。其他饼干的冷却也一样。

三、饼干的包装

饼干冷却到要求的温度和水分含量后应立即进行包装。包装可增加产品的美观，避免饼干中水分的过度蒸发或吸潮，并能保持饼干的清洁，防止饼干受污染，有效地降低饼干在储运和销售过程中的破损，阻断饼干与空气中氧的接触，从而减缓因油脂氧化而带来饼干的酸败变质。

饼干包装可分袋装、盒装、听装和箱装等，包装材料应符合相应的国家卫生标准，应保持完整、紧密、无破损。

第六节　饼干生产的质量控制

目前饼干的品种繁多，人们对饼干的质量要求也越来越高。但是在饼干的实际生产中，普遍存在着各种的质量问题，主要表现在：表面起泡、粗糙不平、破裂、变形、口感不佳、色泽不好、凹底或凸面等。如果出现以上质量问题，会对生产厂家和消费者造成不同程度的损失和不良影响，解决的方法要从制作饼干的原料和工艺条件等分析。

一、原料质量控制

制作饼干的原料主要有面粉、水、糖、淀粉、油脂、乳品、蛋品、膨松剂、香料等。

1. 面粉（主要是小麦粉）

面粉是饼干生产的主要原料，由于饼干生产的特性，对小麦粉的湿面筋数量和质量的要求很高，与各类饼干有密切关系。如制作韧性饼干，宜选用面筋弹性中等，延伸性好，而面筋含量较低的小麦粉，湿面筋含量一般在21%～28%之间。酥性饼干宜选用延伸性大，弹性小，面筋含量较低的面粉，一般湿面筋含量在21%～26%之间。苏打饼干要求湿面筋含量高或中等面筋的面粉，一般湿面筋含量在28%～35%之间，弹性较强。

2. 油脂

饼干用油脂要具有较好的稳定性及风味，也要根据饼干的特点而定。韧性饼干不要求高油脂，以小麦粉总量的20%以下为宜，但因油脂对饼干口味的影响，要求选用品质好的油脂。对配方中添加小麦粉量的14%～20%油脂的中高档饼干，更应使用具有愉快风味的油脂，如奶油、人造奶油、优质猪油等。酥性饼干含油量较多，一般为14%～30%，应选用优质人造奶油或优质黄油。苏打饼干的酥松度和层次结构，是衡量成品质量的重要指标，因此要求使用起酥性与稳定性兼优的油脂，如植物油和猪油可以混合使用等。

3. 水

制作饼干使用的水要符合饮用水的标准，水主要是参与面团的形成和作为溶剂用。通过水的作用可以调制出不同工艺特性的面团，如酥性面团在控制面筋有限形成的工艺条件下调制，加水量应少一些，防止面团中过量面筋的形成而影响饼干的质量。韧性面团是在充分形成面筋的情况下，同时利用化学或生物改良剂以及调粉机叶桨的作用，面团不断被拉伸和翻桨的作用，使面团中的面筋弹性降低，延伸性改善，要制作出质量好的饼干，应多加水。水是参与组成面团的重要物质，但应注意制作饼干时水应一次加足，以便调制出具有良好工艺特性的面团。

4. 淀粉

淀粉在饼干面团的调制过程中，主要起稳定剂和填充剂的作用，它直接参与调节面粉的面筋度，增加面团的可塑性，降低弹性，防止饼干收缩变形。但用量要适当，过少对面筋起不到调节作用，过多会使产品在烘烤时膨化率降低，一般使用量为4%～10%。

5. 糖

糖是生产饼干的重要原料，添加量的多少对风味和色泽影响很大，在甜饼干中的用量为每百千克成品不低于15～16kg。使用时一般都将糖磨碎成糖粉或熔化为糖浆，冷却后再用。

6. 膨松剂

膨松剂的主要作用是在受热的条件下经分解产生气体而使饼干酥松，用量适当可使饼干内部发泡，细密均匀无孔洞，不发黄，口感好，使用时应根据饼干的品种和经验确定。

7. 香料

香精、香料在饼干制作中可使制品有醇和香味以及具有该品种应有的天然风味，其质量的好坏直接影响饼干的质量，因此在选用时，要注意质量和用量。

二、生产工艺条件控制

饼干的生产工艺过程要按一定的技术条件完成，才能制作出品质优良的制品。

1. 原料检验

原料是保证食品质量的关键因素，在饼干的制作过程中，首先对原料要严格把关。通过检验符合质量标准的原料，能制作高质量的产品，否则就要改变工艺操作以弥补原料的欠缺。可先通过感官检验，然后再检测原料中的蛋白质、脂肪等的含量是否符合要求，所使用的添加剂是否符合规定等。

2. 原辅料的添加及处理

在面团调制过程中如发现面团较硬，对于韧性饼干的面团可用油水来调节，对酥性饼干可用油调节，以便调制出符合各类饼干性质的面团。配方中油脂量高的饼干，因调制面团时加水量受到限制，要把糖磨成粉使用；油脂量低的饼干要把糖溶解成糖水或熬成糖浆使用。使用膨松剂（如碳酸氢铵、小苏打等）要完全溶解于水后再投料，如果有颗粒存在于生坯中，会导致饼干起泡或出现黑斑等现象，影响产品质量。

3. 成型

根据不同饼干的特点，要掌握好一定的成型技术，如酥性饼干的面团可以不经过压面机辊压这道工序，直接由成型机上的2对或3对辊筒压制面片。韧性饼干的印模必须有针柱，将饼干坯穿孔，防止饼干表面有大的气泡。苏打饼干一般用摆式冲印成型机成型。

4. 成熟

食品的色、香、味、形都由成熟阶段决定，根据不同饼干的特点，要掌握成熟的要点。炉温及烘烤时间与产品的配方、形状大小、厚薄、面团的性质、炉子的种类等因素有关。一般使用温度范围为180～220℃，如炉温过高，饼坯表面很快变硬，阻止气体挥发，使饼干表面起泡、变形或破裂；如炉温过低，会使饼坯胀发不够，分解乳化不完全，残留物多，口感差等。

5. 冷却

烘烤出炉的饼干，质地非常柔软，容易变形，而且温度散发迟缓。如果立即进行包装，就会影响饼干内部的热量散发，缩短饼干的保质期并且易使饼干产生裂缝。所以要把饼干冷却到30～40℃时再进行包装。

第七节　饼干的质量标准及要求

饼干制作完成后，要达到国家规定的质量标准。饼干的国家质量标准已于2005年9月1日起执行，其在生产、包装、储运及经营过程中必须按照国家行业标准执行。

一、感官标准

（一）韧性饼干

1. 色泽

浅黄色至黄色，色泽均匀一致，表面略带光泽，无白粉，不应有过焦、过白等现象，面色与底色应基本一致。

2. 形态

外形完整，底部平整，大小、厚薄一致。花纹清晰，一般有针孔，不收缩、不变形、可以有均匀的泡点，不得有较大或较多的凹底（如凹底面积不超出底面积的1/3），特殊加工的品种表面或中间可以有可食颗粒存在（如巧克力），表面无生粉。

3. 组织状态

层次分明，无大空隙。断面结构有层次或呈多孔状。

4. 口味

松脆爽口，香甜耐嚼，不粘牙。具有该品种应有的香味，无异味。

（二）酥性饼干

1. 色泽

棕黄色或黄色，色泽均匀一致，表面有光泽，无白粉，不应有过焦、过白现象，面色与底色基本一致。

2. 形态

形态完整，底部平整，花纹清晰，大小、厚薄一致，不收缩、不变形、不起泡，不应有较大或较多的凹底。特殊加工品种表面或中间可以有可食颗粒存在。

3. 组织状态

颗粒细密，层次均匀，无僵硬块。

4. 口味

口感松脆，香甜纯正。具有该品种应有的风味，无异味。

（三）发酵饼干

1. 色泽

浅黄色或黄色，色泽均匀，表面略有光泽，无白粉，不应有过焦、过白现象。

2. 形态

外形完整，厚薄均匀，不得有凹底。表面有小气泡和针眼状的微孔，不应有裂纹及变色现象。特殊加工的品种表面可以有添加原料的颗粒（如芝麻、蔬菜、巧克力等）。

3. 组织状态

断面结构层次分明。

4. 口味

口感酥松，具有发酵制品应有的香味或该品种特有的香味，无异味，不粘牙。

（四）曲奇饼干

1. 色泽

呈金黄色或棕黄色或该品种应有的色泽，也可以有添加辅料的色泽。花纹与饼体边缘可有较深的颜色，但不应有过焦、过白现象。

2. 形态

外形完整，花纹清晰，同一造型大小基本一致，饼体摊散适度，无连边。

3. 组织状态

无较大孔洞，断面结构呈细密的多孔状。

4. 口味

有明显的乳香味及该品种特有的味道，口感酥松，不粘牙，无异味。

二、理化标准

各类饼干的理化标准见表 5-1。

表 5-1　各类饼干的理化标准

产品分类	项目	水分 /%≤	碱度（以碳酸钠计）/%≤	酸度（以乳酸计）/%≤	pH≤	饼干厚度 /mm≤	脂肪含量 /%≥
酥性饼干		4.0	0.4	—	—	—	—
韧性饼干	普通韧性饼干	4.0	—	—	—	—	—
	超薄韧性饼干	4.0	—	—	—	4.5	—
	冲泡韧性饼干	6.5	0.4	—	—	—	—
发酵饼干	咸发酵饼干	5.0	—	—	—	—	—
	甜发酵饼干	5.0	—	0.4	—	—	—
	超薄发酵饼干	4.0	—	—	—	4.5	—
曲奇饼干	普通、花色	4.0	0.3	—	7.0	—	16.0
	可可	4.0	—	—	8.8	—	16.0
威化饼干	普通威化饼干	3.0	0.3	—	—	—	—
	可可威化饼干	3.0	—	—	8.8	—	—
压缩饼干		6.0	0.4	—	—	—	—
蛋圆饼干		4.0	0.3	—	—	—	—
夹心饼干	油脂类	符合单片相应品种要求			—	—	—
	果酱类	6.0	符合单片相应品种要求		—	—	—
蛋卷		4.0	0.3	0.4	—	—	—
装饰饼干		符合单片相应品种要求			—	—	—
水泡饼干		6.5	0.3	—	—	—	—

三、卫生标准

饼干的卫生标准见表 5-2。

表 5-2　饼干的卫生标准

项目	分类		非夹心饼干	夹心饼干	检验方法
酸价(以脂肪计)(KOH)/(mg/g)	≤		5		GB/T 5009.37
过氧化值(以脂肪计)/(g/100g)	≤		0.25		GB/T 5009.11
砷含量(以 As 计)/(mg/kg)	≤		0.5		GB/T 5009.12
铅含量(以 Pb 计)/(mg/kg)	≤		0.5		
菌落总数/(cfu/g)	≤		750	2000	GB/T 4789.24
大肠菌群/(MPN/100g)	≤		30		
霉菌计数/(cfu/g)	≤		50		
致病菌(沙门菌、志贺菌)			不得检出		
食品添加剂和食品营养强化剂			按 GB 2760 和 GB 14880 的规定		

【思 考 题】

1. 简述饼干的分类及特点。
2. 简述油脂对制作饼干的影响。
3. 韧性饼干与酥性饼干在原料方面有什么要求?
4. 影响酥性饼干面团的因素有哪些?
5. 哪些因素会影响韧性饼干面团的调制?
6. 影响发酵饼干面团发酵的因素有哪些?
7. 什么是面团的辊轧?起什么作用?
8. 简述冲印成型的原理。
9. 发酵饼干在烘烤时会发生哪些变化?
10. 烘烤后的饼干为什么要经过冷却阶段?

实验四 饼干的制作

一、实验目的

1. 了解不同饼干的特征及工艺区别。
2. 掌握韧性饼干、酥性饼干及苏打饼干的制作技术。

二、实验设备及器具

烤炉、成型机、辊轧机、和面机、烤盘等。

三、各种饼干的制作过程

饼干品种众多分为酥性饼干、韧性饼干、发酵饼干,基本生产工艺类似,针对不同的品种,其具体制作方法各有差异。现举例如下。

(一) 酥性饼干

1. 原料配方

饼干专用粉 25kg;淀粉 3kg;磷脂 0.3kg;碳酸氢铵 0.1kg;砂糖 11kg;精盐 0.07kg;香兰素 5g;起酥油 5kg;小苏打 0.17kg;水适量。

2. 生产工艺流程

酥性饼干生产工艺流程见图 5-6。

3. 操作步骤与要点

(1) 面团的调制 先将糖、油、乳品、蛋品、膨松剂等辅料与适量的水倒入调粉机内均匀搅拌形成乳浊液,然后将过筛后的面粉、淀粉倒入调粉机内,调制 8~15min,最后加入香精香料。

(2) 辊轧 面团调制后即可轧片,轧好的面片厚度为 2~4mm,较韧性面团的面片厚。

(3) 成型 可采用辊切成型方式进行。

(4) 烘烤 酥性饼坯炉温控制在 240~260℃,烘烤 3.5~5min,成品含水率小于 4%。

(5) 冷却 饼干出炉后即时冷却,使温度降到 25~35℃,可采用自然冷却法也可强

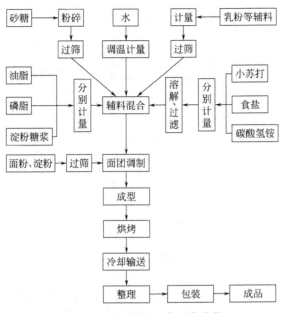

图 5-6 酥性饼干生产工艺流程

制通风冷却,但空气的流速不宜超过 2.5m/s。

4. 注意问题

① 香精要在调制成乳浊液的后期再加入,或在投入面粉时加入,以便控制香味过量的挥发。

② 面团调制时,夏季气温较高,搅拌时间应缩短 2~3min;面团温度要控制在 22~28℃。油脂含量高的面团,温度控制在 22~25℃。夏季气温高,可以用冰水调制面团,以降低面团温度。

③ 酥性面团中油、糖含量多,轧成的面片质地较软,易于断裂,不应多次辊轧,更不要进行 90°转向。

④ 酥性面团搅拌均匀即可,并要立即轧片,以免起筋。

(二) 韧性饼干

1. 基本原料配方

标准粉 25kg;淀粉 2.7kg;精制油 3.5kg;小苏打 0.17kg;砂糖 8kg;磷脂 0.3kg;碳酸氢铵 0.12kg;饴糖 1.1kg;精盐 0.11kg;香精油 45ml;植物油 2.0kg;水适量。

2. 生产工艺流程

韧性饼干生产工艺流程见图 5-7。

3. 操作步骤与要点

(1) 面团的调制　先将油、糖、乳、蛋等辅料与热水或热糖浆在调粉机中搅拌均匀,再加面粉进行面团的调制。如使用改良剂,则应在面团初步形成时加入。然后在调制过程中分别加入膨松剂与香精,继续调制。前后约 25min,即可调制成韧性面团。

(2) 静置　韧性面团调制成熟后,必须静置 10min 以上,以保持面团性能稳定。

(3) 辊轧　韧性面团一般需要辊轧 9~13 次,辊轧时多次折叠并旋转 90°角,通过辊轧工序以后,面团被压制成厚薄均匀、形态平整、表面光滑、质地细腻的面带。

(4) 成型　经辊轧工序轧成的面带,经冲印或辊切成型机制成各种形状的饼坯。

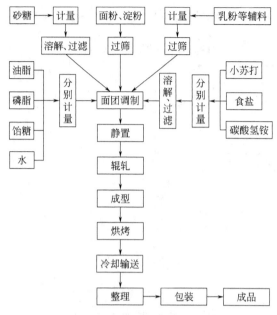

图 5-7 韧性饼干生产工艺流程

（5）烘烤 韧性饼坯在炉温 240～260℃下，烘烤 3.5～5min，达到成品含水率小于 4％。

（6）冷却 烘烤完毕的饼干，其表面层与中心部位的温度差很大，外表温度高，内部温度低，热量散发迟缓。为了防止饼干出现裂缝与外形收缩，必须冷却至室温后包装。

4. 注意问题

① 韧性面团的温度的控制：冬季室温 25℃左右，可控制在 32～35℃；夏季室温 30～35℃时，可控制在 35～38℃。

② 韧性面团在辊轧以前需要静置一段时间以消除面团在搅拌期间因拉伸所形成的内部张力，降低面团的黏度与弹性，提高制品质量与面片工艺性能，静置时间的长短，与面团温度有密切关系，面团温度高，静置时间短，温度低时，静置时间长。一般要静置 15～20min。

③ 当面带经数次辊轧，可将面片转 90°角，进行横向辊轧，使纵横两方向的张力趋于一致，以便使成型后的饼坯能维持不收缩、不变形的状态。

④ 在烘烤时，如果烘烤炉的温度稍高，可以适当地缩短烘烤时间。炉温过低过高都能影响成品质量，如果过高容易烤焦，过低易使成品不熟、色泽发白等。

（三）发酵（苏打）饼干

1. 原料配方

面粉 25kg；起酥油 3.7kg；即发干酵母 0.3kg；食盐 0.35kg；小苏打 0.13kg；水 12kg 左右；面团改良剂 0.25kg、味精、香草粉适量。

2. 生产工艺流程

发酵饼干生产工艺流程见图 5-8。

3. 操作步骤与要点

（1）第一次调粉和发酵 取即发干酵母 0.3kg 加入适量温水和糖进行活化，然后投

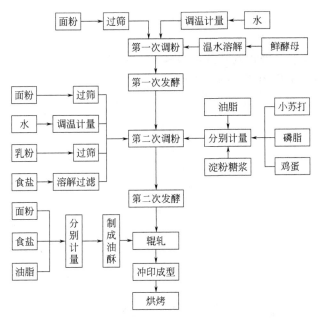

图 5-8 发酵饼干生产工艺流程

入过筛后的面粉 10kg 和 6kg 水进行第一次调粉，调制时间需 4～6min，调粉结束要求面团温度在 28～29℃；调好的面团在温度 28～30℃、相对湿度 70%～75% 的条件下进行第一次发酵，时间在 5～6h。

（2）第二次调粉和发酵　将其余的面粉，过筛放入已发酵好的面团里，再把部分起酥油、精盐（30%）、面团改良剂、味精、小苏打、香草粉、大约 6kg 的水都同时放入和面机中，进行第二次调粉，调制时间需 5～7min，面团温度在 28～33℃；然后进入第二次发酵，在温度 27℃、相对湿度 75%，发酵 3～4h。

（3）辊轧、夹油酥　把剩余的精盐均匀拌和到油酥中。发酵成熟面团在辊轧机中辊轧多次，辊轧好后夹油酥，进行折叠并旋转 90°再辊轧。达到面带光滑细腻。

（4）成型　采用冲印成型，多针孔印模，面带厚度为 1.5～2.0mm，制成饼干坯。

（5）烘烤　在烤炉温度 260～280℃下，烘烤时间 6～8min 即可，成品含水量小于 5.5%。

（6）冷却　出炉冷却至室温包装即可。

4. 注意问题

① 各种原辅料须经预处理后才可用于生产。面粉需过筛；糖需化成一定浓度的糖液；干酵母应活化；油脂熔化成液态，各种添加剂需溶于水过滤后加入，并注意加料顺序。

② 液体加入总量应一次性定量准确，杜绝中途加水，且各种辅料应加入糖浆中混合均匀方可投入面粉。

③ 严格控制调粉时间，防止过度起筋或筋力不足。

④ 面团调制后应控制好温度。

⑤ 在面团辊轧过程中，需要控制压延比；未夹油酥前不宜超过 3:1；夹油酥后一般要求（2:1）～（2.5:1）。

⑥ 辊轧后与成型机前的面带要保持一定的下垂度，以消除面带压延后的内应力。

四、思考题

1. 饼干面团调制前原辅料应怎样处理？
2. 影响面团工艺性能的因素有哪些？
3. 饼干出炉后为什么要冷却后才能包装？
4. 简述各类饼干生产的工艺的异同点。

第六章 蛋糕及糕点制作技术

> **学习目标**
> 1. 了解蛋糕、糕点的概念及分类。2. 了解蛋糕、糕点生产过程中的质量问题及解决办法。3. 掌握海绵蛋糕、戚风蛋糕、重油蛋糕的制作技术。4. 掌握各种典型糕点面团的调制方法。

第一节 蛋糕制作工艺概述

蛋糕是糕点中的一类重要食品，是以面粉、鸡蛋、糖类、油脂等为主要原料，以疏松剂、调味剂等为辅料，经搅打充气及烘烤或蒸汽加热而成的一种组织松软、适口性好的方便食品。蛋糕具有浓郁的蛋香味，新出炉的蛋糕质地柔软、富有弹性，组织细腻多孔、软似海绵，易消化，是一种营养丰富的食品。

在物质文化生活日益丰富的今天，无论是生日聚会还是周年庆典、新婚典礼、各种表演及亲朋好友聚会等场合都会有蛋糕的出现。在很多时候人们也把蛋糕当作点心食用，蛋糕已成为人们生活中的常见食品。

一、蛋糕的命名及分类

1. 蛋糕的命名

蛋糕的命名方法很多，大致可分为以下几种：

① 按蛋糕所使用的特殊材料命名，如胡萝卜蛋糕、全麦蛋糕；
② 按蛋糕本身的口味命名，如巧克力蛋糕、柳橙蛋糕；
③ 按外表装饰的材料命名，如鲜奶油蛋糕、脆皮巧克力蛋糕；
④ 按特殊做法命名，如蒸蛋糕、发酵蛋糕；
⑤ 按地名、人名或商店名命名，如瑞士黑森林蛋糕；
⑥ 按国别不同命名，如中式蛋糕、美式蛋糕、法式蛋糕。

2. 蛋糕的分类

蛋糕的种类很多，归纳起来可分为以下三大基本类型。

（1）清蛋糕（乳沫类） 乳沫类蛋糕主要是利用鸡蛋在搅拌时拌入空气，经烘焙使空气受热膨胀而把蛋糕胀大。这类蛋糕不需再使用膨松剂，且其中不含任何固体油脂，所以又称为清蛋糕。但若需要改变乳沫类蛋糕的韧性，可酌情添加流质油脂。乳沫类蛋糕按照使用鸡蛋的不同部位，又可分为蛋白类和全蛋液类两种。

① 蛋白类。主要原料为蛋白、砂糖、面粉，其中用蛋白作为蛋糕膨松的主要材料。产品特点：色泽洁白，外观漂亮，口感稍显粗糙，味道不算太好，蛋腥味浓。例如天使蛋糕。

② 全蛋液类。主要原料为全蛋、砂糖、面粉、蛋糕油和液体油，其中用全蛋或蛋黄作为蛋糕膨松的主要材料。产品特点：口感清香，结构绵软，有弹性，油脂轻。例如海绵蛋糕。

（2）油蛋糕（面糊类） 油蛋糕是利用配方中的油脂在搅拌时拌入空气，面糊在烤炉内受热膨胀成蛋糕。其主要原料是鸡蛋、砂糖、面粉和人造奶油（黄油）。产品特点：油香浓郁、口感深香有回味，结构相对紧密，有一定的弹性。

（3）戚风蛋糕 戚风蛋糕是英文 chiffon cake 的音译，它是乳沫类和面糊类蛋糕改良综合而成的，其主要原料是菜油、鸡蛋、糖、面粉、发粉。由于菜油不像奶油那样容易打泡，因此需要靠把鸡蛋清打成泡沫状，来提供足够的空气以支撑蛋糕的体积。戚风蛋糕调制面糊时是将蛋黄和蛋白分开搅拌，最后混在一起搅匀。产品特点：蛋香、油香、有回味，结构绵软有弹性，组织细密紧韧。

各类蛋糕都是在这三大基本类型的基础上演变而来的，由此变化而来的还有各种巧克力蛋糕、水果蛋糕、果仁蛋糕、装饰蛋糕和花色蛋糕等。

二、蛋糕制作基本原理

（一）蛋糕膨松的基本原理

1. 空气的作用

空气可通过以下三种方式进入蛋糕混合物中。

① 干配料过筛。

② 搅拌配料（如搅拌糖和油脂）能拌入大量空气，这些空气受热后进一步膨胀，使蛋糕体积增大、膨松。

③ 搅拌全蛋和蛋清，可以带入大量的空气。

2. 膨松剂的作用

膨松剂可分为生物膨松剂和化学膨松剂。生物膨松剂有酵母或乳酸菌及醋酸菌等，化学膨松剂有小苏打、臭粉和泡打粉等，这些疏松剂最终都会产生二氧化碳使蛋糕膨大。

3. 水蒸气的作用

蛋糕在烤炉中产生大量水蒸气，水蒸气与蛋糕中的空气和二氧化碳的结合使蛋糕体积膨大。

（二）蛋糕熟制的基本原理

熟制是蛋糕制作中最关键的环节之一。常见的熟制方法是烘烤、蒸制。蛋糕内部所含的水分受热蒸发，空气受热膨胀，淀粉受热糊化，疏松剂受热分解，面筋蛋白质受热变性凝固，蛋糕体积不断增大，最后形成多孔洞的瓜瓤状结构，使蛋糕组织松软而且具有一定弹性。蛋糕外表皮层的面糊在高温烘烤下，糖类发生美拉德反应和焦糖化反应，使蛋糕外表皮颜色逐渐加深，形成悦目的棕黄褐色泽，并具有令人愉快的蛋糕香味。蛋糕在加热过程中发生一系列的物理化学变化，蛋糕具有的特点主要是炉内高温作用的结果，因此在制作蛋糕时，一定要选用性能良好的烘烤设备，并在操作时控制好烘烤温度、烘烤时间、烤炉内湿度等因素。只有这些条件都配合得当，才能烤出品质优良的蛋糕制品。

三、蛋糕制作常用工具和设备

1. 工具

① 打蛋器——用来搅拌材料、打出泡沫。

② 平底盘——可将材料分成小部分备用或把热的物品置其上放凉。

③ 滤网——过滤粉末中的硬物或流体中的杂质。宜选细目、单手可握、不锈钢制成的滤网。

④ 铁片刮刀——可将奶油等半固态物质切细，尤其在分割面团时特别好用。

⑤ 杆面棍——以表面平整、质地扎实为佳。

⑥ 网架——可把烤好的产品放在网架上使水分蒸发、产品冷却。

⑦ 秤——在作糕饼类时材料一定要称量正确，做出的口味才不会差太多，秤宜选精密度高、刻度细较好。

⑧ 量杯——用来称量面粉或水的杯子，在杯的侧面有刻度。量匙——有大小匙之分，操作时量取少量材料用，使用时要刮平才准确。

⑨ 刮刀——有木制与塑料制两种，可用来搅拌东西或刮净搅拌壁。

⑩ 毛刷——用来蘸汁刷产品的表面，以不掉毛者为佳。

⑪ 西点刀——长形薄片单口的刀片，切蛋糕或配料时用。锯齿刀——切派或吐司类用；调色刀——刮平材料与涂抹奶油用。

⑫ 挤花袋——可挤出奶油或果酱在产品上作出花纹；挤花嘴——常用有星形、圆形、方形三种，与挤花袋合用可画出许多图案。

⑬ 模型——当面团要进炉前，或流质要凝结成体时，为求外形的美观，需要使用模型来固定产品。

2. 设备

（1）打蛋机（搅拌机） 打蛋机是搅打蛋液，搅拌面团、混合原料的机器。蛋糕生产常用的搅打设备是多功能搅拌机，另可用于其他的馅料打制。拌打器为多功能搅拌机的附属配件，依形状可区分为如下三类。

① 钩状拌打器。搅拌面包面团用。

② 桨状拌打器。搅拌面糊类蛋糕与小西饼类。

③ 钢丝拌打器。搅拌乳沫类蛋糕与霜饰材料用。

（2）烤炉 烘烤炉是所有经处理过的面团要变成香酥甜美可口的烘焙食品必经的一关。依产量的多寡与放置地点的大小，烤炉大致有如下三种类型。

① 旋转式烤炉。烤箱高度较高，烤箱内部有一直立的旋转轴，烤盘架则对称的旋挂在轴上。优点：烘焙产品可均匀受热；缺点：能源的耗费较大。

② 箱式烤炉。由钢板所造成的箱型外壁，内部则置电热管加热（如果燃气的则是燃气装置）。是最常见到的种类。优点：占空间小，操作容易；缺点：烘焙数量较少。

③ 隧道式烤炉。由许多的自动化设备所组成，能进行一贯作业。优点：任意形式的烤盘都能接受、保温效果好、温度的控制精确且容易；缺点：占地面积大、整体操作复杂。

四、蛋糕制作常用材料

蛋糕制作常用的材料有面粉、蛋、糖、油脂、乳制品、盐、化学疏松剂、蛋糕油、塔塔粉等。

1. 材料分类

干性原料：面粉、乳粉、疏松剂、可可粉。

湿性原料：鸡蛋、牛奶、水。

强性原料：面粉、鸡蛋、牛乳。

弱性原料：糖、油、疏松剂、乳化剂。

2. 材料选用

（1）面粉 是形成蛋糕组织及结构体的主要材料，一般采用低筋粉，但水果蛋糕可用中筋粉或高筋粉。

（2）糖 使蛋糕甜，柔软，具有保水湿润作用，一般以细糖为主，可少量添加甜糖浆。

(3) 油脂 具有润滑面糊、柔软蛋糕及增甜作用。固体油脂能融合大量空气,所以面糊类蛋糕选用熔点 38～42℃ 的固体油脂为宜,乳沫类或戚风类选用色拉油为宜。

(4) 蛋 使蛋糕具有特定的色、香、味和营养,并使蛋糕体积膨大,最常用的是鸡蛋。

(5) 乳制品 调整蛋糕的外表颜色、香气、营养,常用脱脂奶粉加水以 1：9（水）调成乳液使用,亦可用奶水。

(6) 疏松剂 其作用是产生 CO_2 使蛋糕产品膨大,组织松软。一般用发粉,但巧克力蛋糕、香蕉蛋糕等酸性较高,宜用小苏打代替发粉。

(7) 盐 盐主要用于调整蛋糕的味道,一般选用精盐,用量不宜大于 3%。

(8) 蛋糕油 蛋糕油又称蛋糕乳化剂或蛋糕起泡剂,它在海绵蛋糕的制作中起着重要的作用。在制作海绵蛋糕时添加蛋糕油,打发时间只需 8～10min,可提高出品率,降低成本,且烤出的成品组织均匀细腻,口感松软。

① 蛋糕油的添加量和添加方法。蛋糕油的添加量一般是鸡蛋的 3%～5%。因为它的添加量是与鸡蛋的添加量紧密相关的,每当蛋糕的配方中鸡蛋量增加或减少时,蛋糕油也须按比例加大或减少。另外,蛋糕油一定要在面糊的快速搅拌之前加入,这样才能充分的搅拌溶解,也就能达到最佳的效果。

② 添加蛋糕油的注意事项。蛋糕油一定要保证在面糊搅拌完成之前能充分溶解,否则会出现沉淀结块;面糊中添加有蛋糕油的则不能长时间的搅拌,因为过度的搅拌会使空气拌入太多,反而不能够稳定气泡,导致破裂,最终造成成品体积下陷,组织变成棉花状。

(9) 塔塔粉 塔塔粉化学名为酒石酸钾,它是制作戚风蛋糕必不可少的原材料之一。戚风蛋糕是利用蛋清来起发的,蛋清偏碱性,pH 值达到 7.6,而蛋清在偏酸的环境下也就是 pH 值在 4.6～4.8 时才能形成膨松安定的泡沫,起发后才能添加大量的其他配料。戚风蛋糕正是将蛋清和蛋黄分开搅拌,蛋清搅拌起发后需要拌入蛋黄部分的面糊,如果没有添加塔塔粉的蛋清虽然能打发,但是要加入蛋黄面糊则会下陷,不能成型。所以可以利用塔塔粉的这一特性来达到最佳效果。塔塔粉具有如下功能:①中和蛋白的碱性;②帮助蛋白起发,使泡沫稳定、持久;③增加制品的韧性,使产品更为柔软;塔塔粉的添加量是全蛋的 0.6%～1.5%,与蛋清部分的砂糖一起拌匀加入。

五、蛋糕制作工艺流程

各种类型的蛋糕除了所用材料不同外,加工工艺也有较大的区别。用于各种庆祝场合的蛋糕体积比较大,以制作蛋糕坯料为基础,然后用挤糊、裱花等方法加入装饰。作为甜点、小食品的蛋糕体积较小,通常是制成各种形状,熟化后简单装饰或者不装饰。但是不论哪一种蛋糕,其基本加工过程都是相似的。蛋糕生产主要包括下列过程:

原料准备 → 调制面糊 → 拌粉 → 注模 → 烘烤（或蒸）→ 冷却 → 包装

(一) 原料准备

原料准备阶段主要包括原料的清理和计量。

1. 原料清理

原料清理主要是指鸡蛋清洗、去壳,面粉和淀粉疏松、碎团等。面粉、淀粉一定要过筛（60 目以上）轻轻疏松一下,否则,可能有块状粉团进入蛋糊中,而使面粉或淀粉分散不均匀,导致成品蛋糕中有硬心。

2. 原料计量

蛋糕的配料是以鸡蛋、食糖、面粉等为主要原料,以奶制品、膨松剂、赋香剂等为辅料。由于这些原料的加工性能有差异,所以各种原料之间的配比也要遵从一定的原则,这个原则就是配方平衡原则,包括干性原料和湿性原料之间的平衡、强化原料和弱化原料之间的平衡。配方平衡原则对蛋糕制作具有重要的指导意义,它是产品质量分析、配方调整或修改以及新配方设计的依据。

(1) 干性原料和湿性原料之间的平衡 蛋糕配方中干性原料需要一定量的湿性原料润湿,才能调制成蛋糕糊。配方中的面粉一般约需等量的蛋液来润湿,海绵蛋糕水量可以稍微多点,油脂蛋糕水量可以少点,水太多不利于油、水乳化。

蛋糕制品配方中的加水量(按面粉100%计)如下。

海绵蛋糕:加蛋量100%~200%,相当于加水量75%~150%。

油脂蛋糕:加蛋量100%,相当于加水量75%。

配料时,当配方中蛋量减少时,可用牛乳或水来补充总液体量,每减少1份的鸡蛋需要以0.75份的水或0.86份的牛乳来代替,或牛乳和水按一定比例同时加入,这是因为鸡蛋含水约75%,而牛乳含水约为87.5%。

如果配料中出现干湿物料失衡,对制品的体积、外观和口感都会产生影响。湿性物料大多会在蛋糕底部形成一条"湿带",甚至使部分糕体随之坍塌,制品体积缩小;湿性物料不足,则会使制品出现外观紧缩,且内部结构粗糙,质地硬而干。

(2) 强性原料和弱性原料之间的平衡 强弱平衡考虑的主要问题是油脂和糖对面粉的比例,不同特性的制品所加油脂量和糖量不同。各类主要蛋糕制品其油脂和糖量的基本比例(按面粉100%计)大致如下。

海绵蛋糕:糖80%~110%,油脂5%~10%。

奶油海绵蛋糕:糖80%~110%,油脂10%~50%。

油脂蛋糕:糖25%~50%,油脂40%~70%。

调节强弱平衡的原则是:当配方中增加了强性原料时,应相应增加弱性原料来平衡,反之亦然。例如,油脂蛋糕配方中如增加了油脂量,在面粉量与糖量不变的情况下要相应增加蛋白来平衡;当鸡蛋量增加时,糖的量一般也要相应增加。可可粉和巧克力都含有一定的可可脂,因此,当加入此两种原料时,可适当减少原配方中的油脂量。

强弱平衡还可以通过添加化学膨松剂进行调整。当海绵蛋糕配方中蛋量减少时,除应补充其他液体外,还应该适当加入或增加少量化学疏松剂,以弥补疏松不足。油脂蛋糕也是如此。

如果配料中出现强弱物料失衡,也会对制品的品质产生影响。糖和疏松剂过多会使蛋糕的结构变弱,造成顶部塌陷,油脂太多亦能弱化蛋糕的结构,致使顶部下陷。

(二) 打糊

打糊是蛋糕生产中最重要的一个环节,打糊即是将鸡蛋和糖(或油脂和糖)混合在一起进行强烈搅打的过程。打糊形成的是鸡蛋、糖和空气的混合物或油脂、糖和空气的混合物,其中鸡蛋、糖和空气的混合物又称为蛋糊。打糊的好坏不仅影响蛋糕的质量,而且影响蛋糕的体积。如果打糊时搅打不充分,则烘烤后的蛋糕不能充分膨胀,蛋糕的体积变小,松软度也变差。但如果打糊时搅打过头,又会破坏其中的面筋,使面糊保持气泡稳定性的能力下降,这样烘烤出来的蛋糕虽然也能胀发,但是因为面筋的破坏导致蛋糕结构的不稳定,进而导致蛋糕表面出现塌陷。

打糊要选用新鲜的鸡蛋,因为新鲜鸡蛋的蛋白黏度比较高,形成的泡沫稳定性好;油脂要选用可塑性、融合性好的油脂,以提高空气的拌和能力;糖要过筛后使用;其他微量原料(如香精香料、色素等)也需要在搅打时加入,以便这些微量原料能在面糊中混合均匀。

调制蛋糕常用的设备是一种用来混合高黏浆体或塑性固体的混合器，其混合件有两种形式，一种是用来打人造奶油的，另一种是用来打鸡蛋糊的。

（三）混料

混料就是将面粉（或与淀粉混合）过筛后加入蛋糊（或油脂和糖的混合物）中搅拌均匀形成面糊的过程。清蛋糕混料时，应将面粉慢慢倒入蛋糊中，同时轻轻搅拌蛋糊，以最轻、次数最少的搅拌，至面粉完全被蛋糊吸收，即最后形成的面糊见不到面粉为止。油蛋糕混料时，可将过筛后的面粉、淀粉和疏松剂慢慢加入打好的人造奶油和糖的混合物中，用打蛋机的慢档或人工搅拌来拌匀面糊。

（四）灌模

蛋糕的成型需要借助于模具，面糊制成后先注入到一定模具中然后再进行烘烤。面糊注入到模具中的这个过程就称为灌模。一般常用的模具材料有不锈钢、马口铁、金属铝等，模具的造型有方形、圆形、心形等，还有高边和低边之分。

面糊灌模前，应根据产品的性质来决定是否要在模型内涂油。油蛋糕和"全蛋液类"清蛋糕（海绵蛋糕）在注模前需要在模型内壁涂油或垫入烤模纸，这样烘烤后蛋糕容易脱模；戚风蛋糕和"蛋白类"清蛋糕（天使蛋糕）则在注模前不能涂油或垫纸，否则蛋糕烘烤后会因热胀冷缩而塌陷。

为防止面糊中的面粉下沉，面糊灌模应该在半小时内完成。在灌模时，应该控制好灌注量，不能过少或过满，一般以充满模具的七八成为好。面糊灌注得太少，面糊在烘烤过程中会挥发掉较多的水分，使蛋糕的松软度下降。灌注得太满，则又会使面糊在烘烤时由于遇热膨胀而溢出模具外，造成面糊的浪费，同时也影响最后蛋糕的外形美观。

（五）烘烤

将蛋糕面糊浇注进烤模送入烤炉后，烤室中热的作用改变了蛋糕面糊的理化性质，使原来可流动的黏稠状乳化液转变成具有固定组织结构的固相凝胶体，蛋糕内部组织形成多孔洞的瓢状结构，使蛋糕松软而有一定弹性；而面糊外表皮层在烘烤高温下，糖类发生棕黄色和焦糖化反应，颜色逐渐加深，形成悦目的黄褐色泽，散发出蛋糕特有的香味。

蛋糕的烘烤工艺条件主要是烘烤温度和烘烤时间，工艺条件还和原料种类、制品大小和厚薄有关。由于蛋糕面糊体积较大、较厚，且呈可流动黏稠的糊状，在烘烤过程中，仅可以看到体积胀发定型、脱水和上色这3个阶段，这3个阶段几乎在同一时间内完成，并且很难区分开。所以，蛋糕的烘烤过程可按蛋糕面糊温度上升情况分成初期、中期和后期3个阶段。

1. 初期阶段

在烘烤过程中，当蛋糕面糊的温度上升至37~40℃时，其乳状液有较大变化（在这一温度范围内，海绵蛋糕面糊没有发生什么变化），其中的天然奶油、人造奶油和起酥油等脂肪在温度发生变化时，固体脂肪指数百分比也发生变化。

2. 中期阶段

烘烤的中期阶段，是指蛋糕面糊的温度从初期阶段一直到面糊发生凝固之前这一温度段，大体上是在40~70℃之间，或者更高一些（视面糊中砂糖用量而异）。在烘烤的中期阶段，蛋糕面糊仍旧是乳状液体状态，脂肪被熔化成细小的油滴，空气泡和其他的固体物料，都被分散包围留在连续的水相中，变化不大。但空气泡的直径增大，引起整个蛋糕面糊体积膨胀，面糊发生对流，出现自身流动现象。

在烘烤过程中，由于热的作用使蛋糕面糊的温度逐渐升高，其中所包含空气泡的直径也随温度的升高而增大。使空气泡直径增大的主要原因是部分水分受热之后所形成的蒸汽进入蛋糕面糊中原有的空气泡中，以原有的空气泡为基础，增加了空气泡中的压力，使空气泡的直径进一步增大。另外，还有化学疏松剂的受热分解所产生的二氧化碳等气体也可能形成新的气泡。

3. 后期阶段

烘烤的后期阶段是指蛋糕面糊的温度已达到面糊凝固、体积膨胀停止的程度，制品内部形成膨松固定的糕瓤结构，外表层在高温烘烤下产生棕黄色，直至变熟。

（六）蒸制

蛋糕的蒸制是指将面糊放在蒸笼中蒸熟的过程。蒸蛋糕时，先将水烧开，然后放上装有面糊的蒸笼，在蛋糕表面结皮之前（大约用大火蒸 2min 后），用手轻轻拍打或震动蒸笼，以避免蛋糕表面形成麻点。面糊表面结皮后，在锅内加少量冷水并稍稍降低火力，蒸几分钟待蛋糕定形后再加大火力，直至蛋糕蒸熟。

（七）冷却、脱模、包装

清蛋糕先脱模后冷却，油蛋糕先冷却后脱模。清蛋糕出炉后，应马上从烤模（盘）中取出，并在蛋糕顶面上刷一层食用油。食用油的作用是不仅可以光滑滋润蛋糕表面，而且可以减少蛋糕内水分的蒸发，起到保护层的作用。脱模后可将蛋糕放在铺有干净台布的木台上自然冷却。下面简单介绍方模的脱模程序。

蛋糕出炉完全冷却后沿蛋糕边缘往下压，再将烤模倾斜，使蛋糕易于脱离烤模。最后，一手固定烤模底盘，一手轻拖住蛋糕，使其完全剥离烤模。

油蛋糕出炉后应继续留在烤模（盘）内，待温度降低到烤模（盘）不烫手时即将蛋糕取出，然后自然冷却。

蛋糕冷却后，要马上进行包装，减少环境中的灰尘、苍蝇等不利因素对蛋糕质量的影响。

六、蛋糕质量的感官鉴别

1. 色泽

标准的蛋糕表面应呈金黄色，内部为乳黄色（特种风味的除外），色泽要均匀一致，无斑点。

2. 外形

蛋糕成品形态要规范，厚薄都一致，无塌陷和隆起，不歪斜。

3. 内部组织

组织细密，蜂窝均匀，无大气孔，无生粉、糖粒等疙瘩，无生心，富有弹性，膨松柔软。

4. 口感

入口绵软甜香，松软可口，有纯正蛋香味（特殊风味除外），无异味。

七、蛋糕加工常见质量问题分析

（一）蛋糕配料时常见的问题及解决办法

蛋糕配方是否合理平衡对蛋糕制作具有重要作用，它对蛋糕品质、营养及外观形态的影响也是很大的。以下是制作蛋糕时因配料不当而易出现的各种问题及解决办法。

1. 鸡蛋用量不足

鸡蛋和面粉是构成蛋糕结构的主要材料，鸡蛋在蛋糕组织结构中起着黏合的作用，可使蛋糕膨松柔软。调制海绵蛋糕面糊主要是依靠搅打鸡蛋液充入大量空气，使蛋糕体积膨松增大。若鸡蛋量偏少，则蛋糕面糊中空气包裹量也少，使海绵蛋糕的体积不够膨大。至于奶油蛋糕面糊调制，不是鸡蛋液搅打发泡，是搅打脂肪充入空气的蛋糕面糊，在烘烤初期，当温度上升至脂肪熔化，从油膜收缩成油滴时，空气泡从油相转移到液相，鸡蛋的蛋白质对细小空气泡也起着稳定保护作用，故奶油蛋糕配方中鸡蛋用量一般多于脂肪量的10%，至少应与脂肪量相等。

解决方法：当鸡蛋用量不足时，可适当增加鸡蛋用量。当蛋糕配方中蛋量减少时，除应补充其他液体外，还应适当加入或增加少量化学膨松剂以弥补膨松不足。

2. 面粉用量太少

由于配方中面粉的用量太少，形成的组织太柔软，不能支撑蛋糕自身的质量，使顶面中部向下凹陷。

解决方法：适量增加面粉用量或使用面筋含量中等的面粉。

3. 水的用量过多或过少

蛋糕中保持充足的水分含量，可以使蛋糕组织柔软，防止蛋糕口感干燥。面糊中水与蛋的总量不应低于砂糖量，过少在调制面团时不能使砂糖完全熔化，会在蛋糕顶面表层出现细小色泽浅的斑点。且蛋糕面糊过于浓稠，使蛋糕瓤组织粗糙，孔洞大小不均。

解决方法：适量增加配方中的用水量。加水量过多时，由于蛋糕面糊中总的水量多，蛋糕面糊在烘烤过程中，由于膨胀体积太大，冷却之后水蒸气凝结成水，蛋糕中的水分太多而导致组织塌陷，使顶面不平向下凹陷。

4. 奶制品用量过多

因奶制品中乳糖含量较多，烘烤时易于上色。

解决方法：适当减少奶制品的用量。

5. 砂糖用量不当

砂糖可使面粉的面筋性蛋白质软化，可以提高加水量，使蛋糕比较湿润柔软。蛋糕面糊中糖含量较多时，在烘烤过程中，糖熔化后使蛋糕面糊较稀薄，其体积膨胀也较大，果料易下沉到底部；由于烘烤时蛋糕的体积相应地膨胀较快，因此在冷却时顶面易向下凹陷，体积缩小形成组织粗糙。相反，蛋糕面糊中糖含量较低时，则膨胀较小，且制品表面色泽较浅。

6. 油脂用量不当

油脂具有较强的消泡作用，可增加蛋糕的柔软滑润作用。做蛋白蛋糕时只使用鸡蛋白，由于缺少蛋黄的乳化作用，在搅打蛋白和砂糖发泡时，不能沾染油脂。调制全蛋海绵蛋糕时，也要防止油脂的污染，否则不能完成搅打发泡充入空气。配方中的油脂，只能在面糊调制完成后小心加入，以拌匀为度。油脂配合量以焙烤百分比中鸡蛋量的百分比多少而定。鸡蛋用量在140%以上时，油脂百分比最多不超过40%；鸡蛋用量在110%～140%时，油脂用量只能在20%左右。奶油蛋糕配方中，油脂用量一般较鸡蛋量低10%，最多只能与鸡蛋等量。油脂太多亦能弱化蛋糕的结构，致使顶部下陷。

7. 膨松剂使用不当

虽然膨松剂对蛋糕体积的膨大起着辅助作用，但在较黏稠的蛋糕面糊中，膨松剂已成为不可缺少的辅助材料之一。对于体积较小的蛋糕则应适当增加膨松剂的用量。而膨松剂用量过多时，蛋糕在烘烤中膨松剂产生气体过多，使蛋糕的体积过于膨大，也会影响蛋糕顶面向下凹陷，造成蛋糕瓤组织粗糙，孔洞大小不均。选用膨松剂品种不当，如使用碳酸氢铵会使蛋糕中残留刺激性的氨气味；使用小苏打过多，使蛋糕有碱味。

解决方法：使用品质优良的酸碱复配膨松剂，其用量适当不可过多。

8. 面粉的面筋量太高、筋力太强

在调制蛋糕面糊时受到机械的搅拌作用，容易形成较多的面筋，面筋有较强的弹性，在烘烤时会影响蛋糕体积的膨胀。

解决方法：选用面筋量和筋力较弱的低筋蛋糕专用粉，在没有这种面粉的情况下，可用适量的小麦淀粉取代部分面粉，以降低面筋含量。

（二）蛋糕调制面糊时常见问题及解决办法

在夏天或冬天都会出现蛋糕面糊搅打不起的现象

原因：因为蛋清在17～22℃的情况下，其胶黏性维持在最佳状态，起泡性能最好，温度太高或太低均不利于蛋清的起泡。温度过高，蛋清变得稀薄，胶黏性减弱，无法保留打入的空气；如果温度过低，蛋清的胶黏性过浓，在搅拌时不易拌入空气。所以会出现浆料的搅打不起。

解决办法：夏天可先将鸡蛋放入冰箱冷藏至合适温度，而冬天则要在搅拌面糊时在缸底加温水升温，以便达到合适的温度。

（三）蛋糕烘烤中常见的问题及解决办法

在烘焙食品行业中，素有"三分做，七分火"之说。因此烘焙温度在蛋糕加工中有着重要的作用。以下是烘烤蛋糕时因温度不当而常见的各种问题及解决办法。

1. 烘烤温度不当，使蛋糕体积缩小

炉温太高，面糊表层凝固太快，阻碍蛋糕体积向上胀发；炉温太低，虽然面糊表层凝固慢，烘烤开始时蛋糕体积增长很快，但在烘烤后期或出炉冷却时，蛋糕体积也会缩小。

解决方法：用适当的温度进行烘烤。

2. 烘烤温度太高，使蛋糕顶面收缩变小，中部向上凸起甚至发生裂纹或裂口

烘烤温度太高或烤室内面火过强，会使面糊顶面受高热凝固、干燥结皮太快，阻碍内层面糊的胀发，形成蛋糕顶面不平，中部向上凸起甚至发生裂纹或裂口。烤炉温度太高，还会使蛋糕的顶面向中间收缩变小，烤模的四周边缘比较光洁。

解决方法：调整炉温至合适范围。如果是蛋糕顶部色泽过深，则应适当降低面火温度；相反底面色泽过深，则应适当降低底火温度使蛋糕顶面和底面上色均匀。

3. 烤炉温度太低，使蛋糕组织孔洞大小不均

烤炉烘烤温度太低，蛋糕在烤炉中体积膨胀过大，在冷却时顶面会向下凹陷。蛋糕的顶面向中间收缩变小，烤模的四周边缘上会粘有面屑，且体积减小组织紧密，韧性较大，使蛋糕组织粗糙孔洞大小不均。

解决方法：适当提高烘烤温度。

4. 烤室结构不恰当，形成面火温度过高

烤室的层高太低，面火距面糊顶面太近，受辐射热太强，形成面火温度过高。

解决方法：更换适当层高的烤室。

5. 烘烤时间过长，易形成较厚且干燥的皮层，使蛋糕口感不够柔软

蛋糕已经被烤熟，色泽已深浅适度时，应及时出炉。如果再继续烘烤下去，由于水分过分蒸发而变得口感干燥，不够柔软润湿，易形成较厚且干燥的皮层，且上色太深成黑褐色，甚至焦化成黑色。

解决方法：尽可能用较高的温度烘烤，以缩短烘烤时间，切不可在蛋糕已烘熟、色泽已适度时，仍继续进行烘烤。

6. 蛋糕未完全烤熟，易发霉和变质

蛋糕未完全烤熟时，蛋糕中心部位有部分蛋糕面糊未凝固，说明那部分的温度上升得

不够高，残留的微生物较多，这种蛋糕最易发霉和腐败变质。

（四）蛋糕制作过程中的几个关键因素

在蛋糕制作的整体过程中，有许多重要的地方和关键步骤，如掌握不好，将直接导致操作的失败。

① 搅拌容器要干净，特别是制作戚风蛋糕，否则将会出现搅打不起，最终蛋清变得好像水一样，除了这方面外，也会直接影响产品的保鲜期。所以，容器一定要彻底洗刷干净，制作戚风蛋糕还需要用热水泡一下。

② 打鸡蛋入桶时一定要注意卫生，最好是将鸡蛋先洗一下，这样有助于延长保质期。

③ 如遇到冬季气温低时，打蛋浆可适当加热。在搅拌缸底下加一大盆温水，使鸡蛋温度适当升高，这样有利于蛋浆液起泡快和防止烤熟后底下沉淀结块。但应注意温度不可过高，如超过60℃时鸡蛋清则会发生变性，从而影响起发，因此要掌握好加热的温度，一般用手触摸时不会烫手则可。

④ 蛋糕油一定要在快速搅拌前加入，而且要在快速搅拌完成后才能彻底溶解，这样也有助于蛋糕油不会沉底变成硬块。

⑤ 液体的加入。当蛋浆太浓稠和配方面粉比例过高时可在慢速搅拌时就加入部分水，如在最后加入尽量不要一次性倾倒下去，这样很容易破坏蛋液的气泡，使体积下降。

⑥ 有时为了降低面粉的筋度，使口感更佳，在配方中加有淀粉的成分，一定要将其与面粉一起过筛时就加入，否则如果没有拌匀将会导致蛋糕未出炉就下陷。另外淀粉的添加量也不能超过面粉的1/4。

⑦ 泡打粉加入时也一定要与面粉一起过筛，使其充分混合，否则会造成蛋糕表皮出现麻点，部分地方出现苦涩味。

⑧ 打蛋浆时，鸡蛋温度最佳是在17～22℃，所以要根据季节来注意灵活调整。

⑨ 海绵蛋糕的蛋浆起发终点很难判断，有一种方法可以参考，就是在差不多的时候，停机用手指伸入轻轻一划挑起，如手指感觉还有很大阻力，挑起很长的浆料带出，则表示还未打起；相反，如手指伸入挑起过于轻，没有浆料带水或只有很短的尖锋带出，则有点打过了，所以在这时要特别注意，适时停机能达到理想的效果。

⑩ 加油时也忌一次性快速倾倒下去，这样也会造成浆料下沉和下陷，因为油能够快速消泡。

第二节 典型蛋糕的制作工艺及裱花技术

一、清蛋糕制作工艺

（一）清蛋糕制作工艺概述

清蛋糕是利用蛋白的起泡性能，使蛋液中充入大量的空气，加入面粉烘烤而成的一类膨松点心。国外又称为泡沫蛋糕。清蛋糕按照使用蛋的成分不同，又可分为蛋白类及全蛋液类。蛋白类清蛋糕是用蛋白液加工生产而成的，其色泽洁白，风味优良，因而又名天使蛋糕。全蛋液类清蛋糕又名海绵蛋糕。

清蛋糕是以鸡蛋、面粉、糖为主要原料制成的，具有浓郁的蛋香味，且质地松软。在清蛋糕的配方中，在一定范围内，蛋的比例越高，糕体越疏松，产品质量越好。

清蛋糕的档次取决于蛋与面粉的比例，比值越高，档次越高。一般比例如下。

低档清蛋糕：蛋粉比例为1.0以下。

中档清蛋糕：蛋粉比例为1.0～1.8。

高档清蛋糕：蛋粉比例为 1.8 以上。

1. 清蛋糕制作原理

鸡蛋蛋白是由球蛋白、类白蛋白、卵类黏蛋白、抗生蛋白等多种蛋白所组成。在蛋糕制作过程中，鸡蛋蛋白通过高速搅拌使其中的球蛋白降低了表面张力，增加了蛋白的黏度，因黏度大的成分有助于泡沫初期的形成，使之快速地打入空气，形成泡沫。蛋白中的球蛋白和其他蛋白，受搅拌的机械作用，产生了轻度变性。变性的蛋白质分子可以凝结成一层皮，形成十分牢固的薄膜将混入的空气包围起来，同时，由于表面张力的作用，使得蛋白泡沫收缩变成球形，加上蛋白胶体具有黏度和加入的面粉原料附着在蛋白泡沫周围，使泡沫变得很稳定，能保持住混入的气体，加热的过程中，泡沫内的气体又受热膨胀，使制品疏松多孔并具有一定的弹性和韧性。鸡蛋在清蛋糕生产中不仅起发泡疏松作用，而且鸡蛋蛋白质的凝固对蛋糕的成型也有重要作用。

2. 用料、配方

制作清蛋糕用料有鸡蛋、白糖、面粉及少量油脂等，其中新鲜的鸡蛋是制作清蛋糕的最重要的条件，因为新鲜的鸡蛋中胶体溶液稠度高，能打进气体，保持气体性能稳定；存放时间长的蛋不宜用来制作蛋糕。制作蛋糕的面粉常选择低筋粉，其粉质要细，面筋要软，但又要有足够的筋力来承担烘烤时的胀力，为形成蛋糕特有的组织起到骨架作用。如只有高筋粉，可先进行处理，取部分面粉上笼蒸熟，取出晾凉，再过筛，保持面粉没有疙瘩时才能使用，或者在面粉中加入少许玉米淀粉拌匀以降低面团的筋性。制作蛋糕的糖常选择蔗糖，以颗粒细密、颜色洁白者为佳，如绵白糖或糖粉。颗粒大者，往往在搅拌时间短时不容易溶化，易导致蛋糕质量下降。

3. 打糊

清蛋糕打糊采用蛋糖调制法。蛋糖调制法是指在打糊过程中，首先搅打蛋和糖，然后再加入其他原料的方法。蛋糖调制法又可分为蛋白、蛋黄分开搅拌法、全蛋与糖搅打法和乳化法。

（1）蛋白、蛋黄分开搅拌法　蛋白、蛋黄分开搅拌法其工艺过程相对复杂，其投料顺序对蛋糕品质更是至关重要。通常需将蛋白、蛋黄分开搅打，所以最好要有两台搅拌机，一台搅打蛋白，另一台搅打蛋黄。先将蛋白和糖打成泡沫状，用手蘸一下，竖起，尖略下垂为止；另一台搅打蛋黄与糖，并缓缓将蛋白泡沫加入蛋糊中，最后加入面粉拌和均匀，制成面糊。在操作的过程中，为了解决吃口较干燥的问题，可在搅打蛋黄时，加入少许油脂一起搅打，利用蛋黄的乳化性，将油与蛋黄混合均匀。

（2）全蛋与糖搅打法　蛋糖搅拌法是将鸡蛋与糖搅打起泡后，再加入其他原料拌和的一种方法。其制作过程是将配方中的全部鸡蛋和糖放在一起，入搅拌机，先用慢速搅打2min，待糖、蛋混合均匀，再改用中速搅拌至蛋糖呈乳白色时，用手指勾起蛋糊不会往下流时，再改用快速搅打至蛋糊能竖起，但不很坚实，体积达到原来蛋糖体积的 3 倍左右，把选用的面粉过筛，慢慢倒入已打发好的蛋糖中，并改用手工搅拌面粉（或用慢速搅拌面粉），拌匀即可。

（3）乳化法　乳化法是指在制作清蛋糕时加入了乳化剂的方法。蛋糕乳化剂在国内又称为蛋糕油，能够促使泡沫及油、水分散体系的稳定，它的应用是对传统工艺的一种改进，尤其是降低了传统清蛋糕制作的难度，同时还能使制作出的清蛋糕中能溶入更多的水、油脂，使制品不容易老化、变干变硬，吃口更加滋润，所以它更适宜于批量生产。

其操作是，在传统工艺搅打蛋糖时，使蛋糖打匀，即可加入为面粉量 10% 的蛋糕油，待蛋糖打发白时，加入选好的面粉，用中速搅拌至奶油色，然后可加入 30% 的水和 15%

的油脂搅匀即可。

4. 灌模

蛋糕原料经调搅均匀后，一般应立即灌模进入烤炉烘烤。蛋糖搅拌法应控制在15min之内，乳化法则可适当延长些时间。蛋糕的形状是由模具的形状来决定的。

（1）模具的选择　选用模具时要依据蛋糕的配方、密度、内部组织状况的不同，灵活进行选择。清蛋糕因其组织松软、易于成熟而可以灵活地进行选择模具，一般可依据成品的形状来选择模具。

（2）蛋糕糊灌模的要求　清蛋糕依据打发的膨松度和蛋糖面粉的比例不同而不同，一般以填充模具的七八成满为宜。在实际操作中，以烤好的蛋糕刚好充满烤盘，不溢出边缘，顶部不凸出，这时面糊容量就恰到好处。如装的量太多，烘烤后的蛋糕膨胀溢出，影响制品美观，造成浪费。相反，装的量太少，则在烘烤过程中由于水分过多地挥发而降低蛋糕的松软性。

5. 烘烤

（1）正确设定蛋糕烘烤的温度和时间　烘烤的温度对所烤蛋糕的质量影响很大。温度太低，烤出的蛋糕顶部会下陷，内部较粗糙；烤制温度太高，则蛋糕顶部隆起，中央部分容易裂开，四边向里收缩，糕体较硬。通常烤制温度以180~220℃为佳。烘烤时间对所烤蛋糕质量影响也很大。正常情况下，烤制时间为30min左右。如时间短，则内部发黏，不熟；如时间长，则易干燥，四周硬脆。烘烤时间应依据制品的大小和厚薄来决定，同时可依据配方中糖的含量灵活进行调节。含糖高，温度稍低，时间长；含糖量低，温度则稍高，时间长短。

（2）蛋糕出炉处理　出炉前，应鉴别蛋糕成熟与否，比如观察蛋糕表面的颜色，以判断生熟度。用手在蛋糕上轻轻一按，松手后可复原，表示已烤熟；不能复原，则表示还没有烤熟。还有一种更直接的办法，是用一根细的竹签插入蛋糕中心，然后拔出，若竹签上很光滑，没有蛋糊，表示蛋糕已熟透；若竹签上粘有蛋糊，则表示蛋糕还没熟。如没有熟透，需继续烘烤，直到烤熟为止。

如检验蛋糕已熟透，则可以从炉中取出，从模具中取出，将清蛋糕立即翻过来，放在蛋糕架上，正面朝下，使之冷透，然后包装。蛋糕冷却有两种方法：一种是自然冷却，冷却时应减少制品搬动，制品与制品之间应保持一定的距离，制品不宜叠放；另一种是风冷，吹风时不应直接吹，防止制品表面结皮。为了保持制品的新鲜度，可将蛋糕放在2~10℃的冰箱里冷藏。

6. 质量标准

清蛋糕的质量标准是：表面呈金黄色，内部呈乳黄色，色泽均匀一致，糕体较轻，顶部平坦或略微凸起，组织细密均匀，无大气孔，柔软而有弹性，内无生心，口感不黏不干，轻微湿润，蛋味甜味相对适中。

（二）蛋白类清蛋糕制作特点

蛋白类清蛋糕全部以"蛋白"作为蛋糕的基底组织及膨大原料，蛋白搅拌的程度，对于蛋糕的组织、口感等都有重要影响，按照搅拌速度与时间长短，可分为起泡期、湿性发泡期、干性发泡期及棉花期等4个阶段。

（1）起泡期　蛋白用球状搅拌器高速搅拌后呈泡沫液体状态，表面有很多不规则的气泡。

（2）湿性发泡期　将上述做法加入配方中的糖，改用中速搅拌后蛋白会渐渐凝固起来，此时表面不规则气泡消失，转为均匀的细小气泡，洁白而有光泽，以手指勾起呈细长尖峰，且尾部有弯曲状。

（3）干性发泡期　即将湿性发泡期蛋白改用低速搅拌打发，蛋白无法看出气泡组织，颜色洁白无光泽，以手指勾起呈坚硬尖峰，尾部会微微地弯曲，此阶段为干性发泡。

（4）棉花期　即将干性发泡期蛋白继续搅拌，打发至蛋白为球形凝固状，以手指勾起无法成尖峰状，形态似棉花，故又称为棉花期，此时表示蛋白搅拌过度，无法用来制作蛋糕。

一般天使蛋糕即属于蛋白类清蛋糕，它是以"蛋白泡沫"为基础，不含油脂而制成。天使蛋糕中的蛋白应打至"湿性发泡期"即可，过度打发蛋白会丧失其扩展及膨胀蛋糕的能力。

实例 1　天使蛋糕的制作

天使蛋糕（angel cake，或 angel food cake）于 19 世纪在美国开始流行起来。跟巧克力恶魔蛋糕（chocalate Devil's food cake）是相对的，但两者是完全不同类型的蛋糕。当时发明了发粉（baking powder），因此有许多新发明的蛋糕，天使蛋糕和巧克力恶魔蛋糕就是同时期出现的，后者以巧克力、牛油为主料。

天使蛋糕与其他蛋糕很不相同，其棉花般的质地和颜色，是靠硬性发泡的鸡蛋清、白糖和白面粉制成的。不含牛油、油脂，因而鸡蛋清的泡沫能更好地支撑蛋糕。

制作天使蛋糕首先要将鸡蛋清打成硬性发泡（stiff peaks formed），然后用轻巧的翻折手法（folding）拌入其他的材料。天使蛋糕不含油脂，因此口味和材质都非常的轻。天使蛋糕很难用刀子切开，刀子很容易把蛋糕压下去，因此，通常使用叉子、锯齿形刀以及特殊的刀具。

天使蛋糕需要专门的天使蛋糕烤具，通常是一个高身、圆筒状，中间有筒的容器。天使蛋糕烤好后，要倒置放凉以保持体积。天使蛋糕通常配汁，如水果甜汁等。

天使蛋糕属于乳沫类蛋糕，只用无油脂成分的蛋白部分，毫不油腻而且有弹性，非常爽口，其成品清爽雪白，仿佛天使的食物，故称之为天使蛋糕。因为它不含油脂与胆固醇，特别适合于怕胖或有心血管疾病的人群，是一种健康点心。常温时冬季可保存 3 天，夏季可保存 1 天，最好低温冷藏。

（三）海绵类清蛋糕制作工艺

海绵类清蛋糕是以"全蛋"或"全蛋与蛋黄混合"，作为蛋糕的基本组织和膨化的原料。常见的典型为海绵蛋糕。海绵蛋糕面糊调制采用蛋糖调制法，蛋糖调制法是指在面糊调制过程中，首先搅打蛋和糖，然后再加入其他原料的方法。

1. 面糊调制原理

海绵蛋糕组织疏松柔软，富有弹性，是因为其中含有大量的鸡蛋。鸡蛋中的蛋清是一种黏稠性胶体，含有大量蛋白质。蛋白质本身具有起泡性，在打蛋机的高速旋转作用下，大量空气均匀地混入蛋液中。随着空气量增多，蛋液中的气压增大，促进蛋白膜逐渐膨胀扩展，空气被包围在蛋白膜内，最后形成了许多蛋白气泡。面糊入炉烘烤后，随着炉温升高，气泡内的空气及水蒸气受热膨胀，使蛋白膜继续膨胀扩展，待温度达到 80℃以上时，蛋白质变性凝固，淀粉完全糊化，蛋糕也就定形了。

2. 蛋糖调制法的投料顺序

① 首先将全蛋或蛋白（清）、糖加入打蛋机充分搅打 20min。使蛋、糖互溶，均匀乳化，充入空气，形成大量乳白色泡沫，这个过程称为"打蛋"。打蛋结束后蛋液体积比原来增加 1.5～2 倍。

② 加入水、香精和疏松剂（如果使用发酵粉则应与面粉混合均匀后再加入）和其他辅料，搅拌均匀即可，大约 0.5～1min。

③ 最后加入面粉，搅拌约 1min。面糊调制完成后要立即使用，不宜放得太久。否则，面糊中的淀粉及糖易下沉，使烤制出的蛋糕组织不均匀。

实例2 海绵蛋糕的制作

配方（质量分数，%）：低筋面粉100，色拉油20，全蛋140，蛋黄20，牛乳30，细砂糖110，盐2，香草水适量。

制作程序：将全蛋、蛋黄、糖、盐等原料拌和后，用隔水加热的方法保持于43℃（且需边加热边搅拌，以预防局部受热而煮熟）。离火后，改用钢丝搅打器（球状拌打器）以高速打发至浓稠状且呈乳白色，蛋沫用手指勾起约2s滴1滴时，再改用低速搅打2min。面粉过筛后加入，并用手轻轻搅拌均匀。然后依序加入色拉油、奶水与香草精拌匀，但不可搅拌太久。烤模铺纸后依规定的面糊重量分别置入烤模中，即可入炉烘烤。烘烤完成后，将蛋糕直接反扣于冷却架或三角叉架上，待冷却后再脱模。

海绵蛋糕的质量要求是：糕体轻，顶部平坦或略微突起，表皮呈均匀的淡褐黄色，内部色泽金黄，空隙与籽粒细小均匀，组织柔软而富有弹性，口感不黏、不干、轻微湿润，甜味与蛋香味适中。

二、重油蛋糕制作工艺

重油蛋糕是利用油脂润滑面糊，并在搅拌过程中使油脂充入大量的空气而产生膨大作用的一类油润松软点心。油蛋糕也是蛋糕的基本类型之一，配方中除了使用鸡蛋、糖和小麦粉外，它与清蛋糕的不同主要在于使用了较多的油脂以及化学疏松剂。油脂蛋糕口感油润松软，质地酥散、滋润，营养丰富，带有油脂特别是奶油的香味；但其弹性和柔软度不如海绵蛋糕。

（一）制作原理

重油蛋糕由于使用了较多的油脂和化学疏松剂，这使得在打糊过程中，油脂拌入了大量空气使蛋糕产生膨大作用。油脂的充气性和起酥性是形成蛋糕组织和口感的重要原因。在一定范围内，油脂越多，蛋糕口感越好，因此蛋糕的质量主要取决于油脂的质量和数量。

1. 油脂的打发

油脂的打发即油脂的充气膨松。在搅拌作用下，空气进入油脂形成气泡，使油脂膨松、体积增大。油脂膨松越好，蛋糕质地越疏松，但膨松过度会影响蛋糕成型。油脂的打发膨松与油脂的充气性有关。此外，细粒砂糖有助于油脂的膨松。

2. 油脂与蛋液的乳化

当蛋液加入到打发的油脂中时，蛋液中的水分与油脂即在搅拌下发生乳化。乳化对油脂蛋糕的品质有重要影响，乳化越充分，制品的组织越均匀，口感亦越好。

油脂蛋糕乳化工序容易发生因乳化不好而油、水分离的现象，此时浆料呈蛋花状，其原因是：①所用油脂的乳化性差；②浆料温度过高或过低（最佳温度为21℃）；③蛋液加得太快，每次未充分搅拌均匀。

为了改善油脂的乳化，在加蛋液的同时可加入适量的蛋糕油（为面粉量的3%～5%）。蛋糕油作为乳化剂，可使油和水形成稳定的乳液，蛋糕质地更加细腻，并能防止产品老化，延长其保鲜期。

（二）用料、配方

制作油蛋糕用料有油脂、鸡蛋、面粉、白糖等，其中油脂是制作油蛋糕的重要条件之一，因为只有优质的油脂才能在搅拌过程中拌入大量的空气，并使蛋糕质地酥散滋润，口感油润松软。

在普通油脂蛋糕中，油脂用量一般为面粉的60%～80%。蛋用量一般略高于油脂量，等于或低于面粉量。糖的用量与油脂量接近。

在普通油脂蛋糕中，油脂量与蛋量一般不超过面粉量，油脂太多会引起强弱不平衡，使蛋糕太松散，不成型；而蛋太多则不利于油、水乳化。在高档油脂蛋糕中面粉、油脂、糖、蛋用量相等。而低档油脂蛋糕中蛋量和油脂量较少，而泡打粉较多，产品质地较粗糙。

（三）打糊

打糊一般有糖油搅拌法、粉油搅拌法、两步拌和法和一步拌和法等不同的方法，最常见的是糖油搅拌法及粉油搅拌法。

1. 糖油搅拌法

糖油搅拌法又称传统乳化法，是指在面糊调制过程中，首先搅打糖和油后然后加入其他原料的方法。糖油搅拌法是搅拌面糊类蛋糕的常用方法，由于其烤出来的蛋糕体积较大，并可加入更多的糖及水分，因此至今仍用于各式面糊类蛋糕。

糖油搅拌法的制作程序如下。

① 将配方内所有糖及油脂（最佳温度为21℃）放于搅拌缸中，用桨状搅拌器以低速将油脂慢慢搅拌至呈柔软状态。

② 加入盐及调味料，并以中速搅拌至松软且呈绒毛状，需8~10min。

③ 将蛋液分次加入，并以中速搅拌；每次加入蛋时，需先将蛋搅拌至完全被吸收才加入下一批蛋液。每次加蛋时应停机，把缸底未拌匀的原料刮起继续搅拌，以确保缸内及周围的材料均匀混合。

④ 过筛的面粉和发酵粉（固体材料）与液体材料（奶粉加水溶解）分3次交替加入，每次应成线状慢慢加入混合物中。

2. 粉油搅拌法

粉油搅拌法是指在面糊调制过程中，首先搅打面粉和油脂，然后加入其他原料的方法。适用于油脂成分较高的面糊类蛋糕，尤其更适合于低熔点的油脂。粉油搅拌法制成的蛋糕体积小，但组织十分细密、柔软。使用此法时，需注意配方中的油用量必须在60%以上，以防面粉出筋而造成产品收缩。

粉油搅拌法比糖油搅拌法简便，制得的面糊更光滑，蛋糕组织更紧密而松软，质地亦较为细致、湿润。

"粉油搅拌法"的制作程序为如下。

① 将配方内所有面粉及油脂放于搅拌缸中，首先用低速搅拌1min，待面粉表面全部被油吸附后再改用中速搅打至粉油混合均匀。搅打过程中应经常停机，把缸底未拌匀的原料刮起继续搅拌，以确保缸内及周围的材料均匀混合。

② 将糖、盐和发酵粉加入已打发的粉油中，继续用中速搅拌3min。并于过程中停机刮缸，使缸内所有材料充分混合均匀。

③ 将蛋分2~3次加入上述料中，继续以中速搅拌均匀（每次加蛋时，应停机刮缸），此阶段需5min。

④ 奶粉溶于水中，用低速慢慢加入并搅拌均匀。面糊取出缸后，需再用橡皮刮刀或手彻底搅拌均匀即成。

（四）灌模

蛋糕原料经搅拌均匀后，一般应立即灌模进入烤炉烘烤。重油蛋糕在装模前需事先垫入烤模纸，或涂上薄油后再撒少许干粉（面粉）。油蛋糕注模时应掌握好灌注量，忌装太满。

（五）烘烤

在相同的烘烤条件下，重油蛋糕比清蛋糕的烘烤温度低，时间长一些。因为重油蛋糕的油脂用量大，配料中各种干性原料较多，含水量较少，面糊干燥、坚韧，如果烘烤温度高、时间短就会发生内部未熟、外部烤煳的现象。所以需低温和长时间的烘烤，炉温一般在160~200℃之间，时间则要30~40min。

（六）质量标准

重油蛋糕的质量标准是：蛋糕顶部平坦或略微突起，表皮呈均匀的金黄色；蛋糕表面及内部的气孔细小而均匀；质地酥散、细腻、滋润，甜味适口，风味良好。

实例3 重奶油蛋糕的制作

配方（质量分数,%）：低筋面粉100，奶粉0.8，乳化白油40，奶油40，乳化剂3，细砂糖100，盐2，蛋88，牛乳17。

制作程序：先将乳化白油及乳化剂放入搅拌缸内用桨状搅拌器以中速打至软。奶油加入缸内继续以中速搅拌。将面粉与发粉一起过筛后加入缸中，并与上述原料用低速搅拌均匀（1~2min）。然后改用高速将其打发（约10min），搅打至松软绒毛状并呈乳白色；中途需停机刮缸3~4次，使搅拌缸内的材料充分混合均匀。再将糖、盐加入，用中速搅拌均匀（约3min）。最后将蛋液分3~4次加入，以中速搅拌均匀，停机后搅拌缸再用橡皮刮刀充分的搅拌。将烤模纸装入烤模中，依所需要、面糊重量装入烤模，即可入炉烘烤。

三、戚风蛋糕制作工艺

戚风蛋糕又叫清蛋糕坯，它是制作艺术蛋糕和其他蛋糕的骨架坯料，因此作为西点师，必须首先学会戚风蛋糕坯的制作，为制作其他类型蛋糕打下基础。戚枫蛋糕在调制面糊时是将蛋白与蛋黄分开搅打，其制出的蛋糕品质较用全蛋液搅打制得的产品体积更膨大、组织更疏松，并且由于不使用蛋糕油，从而避免了由于蛋糕油本身具有的一定异味而影响产品风味，故其产品风味更加优良。戚枫蛋糕生产技术要求较高，操作复杂，需要操作者具有较丰富的实践经验。

（一）制作原理

戚风蛋糕调制面糊时是将蛋黄和蛋白分开搅拌，最后两者混在一起搅匀，它利用的是鸡蛋清的起泡性能，即通过将鸡蛋清打成泡沫状来提供足够的空气以支撑蛋糕的体积。

戚风蛋糕的制法与分蛋搅拌式海绵蛋糕相类似（所谓分蛋搅拌是指蛋白和蛋黄分开搅打好后再予以混合的方法），即是在制作分蛋搅拌式海绵蛋糕的基础上，调整原料比例，并且在搅拌蛋黄和蛋白时分别加入发粉和塔塔粉。

（二）用料、配方

制作戚风蛋糕用料有鸡蛋、白糖、面粉、油脂、泡打粉和塔塔粉等。面粉宜用低筋面粉，不能选高筋面粉。鸡蛋最好选用冰蛋，其次为新鲜鸡蛋，不能选用陈鸡蛋。这是因为冰蛋的蛋白和蛋黄比新鲜鸡蛋更容易分开。糖宜选用细粒（或中粒）白砂糖，因为细粒糖在蛋黄糊和蛋白膏中更容易溶解。一般为了减低蛋糕的韧性，使其组织松软，戚风蛋糕中可添加流质油脂。使用的泡打粉和塔塔粉应没有受潮和过保质期，否则会影响蛋糕的膨胀。

（三）打糊

1. 调制蛋黄糊

蛋黄加入白糖后一定要搅打至呈乳白色，这样蛋黄和白糖才能搅拌均匀。加入色拉油可使蛋糕更加柔软滋润，但要掌握其用量，加得过少，蛋糕易干瘪；加得过多，色拉油又不易均匀地溶入蛋黄糊里，并且过量的油脂还会破坏蛋白膏的泡沫，最终影响到蛋糕质量。另外，加入色拉油时需分次调入，这样更容易搅匀。调制蛋黄糊时加入泡打粉，其作用是在蛋糕烘烤受热时产生气体，使蛋糕膨胀，其用量大致为面粉的2%。为调节蛋黄糊的稀稠程度,可以分次加入水。当蛋黄液中加入面粉、泡打粉和精盐后,不能过分搅打,只需轻轻搅匀即可,否则会产生大量的面筋而影响到蛋糕的膨胀。

2. 搅打蛋白膏

蛋白膏的搅打质量是制作戚风蛋糕的关键,而影响蛋白发泡的因素很多。

① 鸡蛋的蛋清和蛋黄应彻底分离,蛋白中不能混有蛋黄。

② 搅打蛋白的器具要洁净,不能沾有油脂。

③ 在蛋白中加入塔塔粉的作用是使蛋白泡沫更稳定,这是因为塔塔粉为一种有机酸盐(酒石酸氢钾),可使蛋白膏的pH值降低至5~7,而此时的蛋白泡沫最为稳定。塔塔粉的用量为蛋白的0.5%~1%。

④ 在蛋白中加入白糖不仅能改善蛋糕风味,而且还能帮助蛋白形成稳定和持久的泡沫。要达到蛋白膏起泡性好,且泡沫稳定持久,白糖的加入量和加入时间至关重要。白糖加入量太少,蛋白泡沫不能稳定持久;白糖加入量太多,又会抑制蛋白的起泡性,使蛋白不易充分发泡。所以白糖的用量以不影响蛋白的发泡性,又能使蛋白达到稳定的效果为度。另外,白糖最好在蛋白搅打呈粗白泡沫时加入,因为这样既可降低白糖对蛋白起泡性的不利影响,又可使蛋白泡沫更加稳定。

⑤ 搅打蛋白膏时要先慢后快,这样蛋白才容易打发,蛋白膏体积才更大。

⑥ 蛋白搅拌的程度,对于蛋糕的组织、口感等都有重要影响。蛋白膏搅打至干性发泡期即可,此时具有泡沫细小、色乳白、无光泽、倾入容器时不流动等特征。

3. 蛋黄糊与蛋白膏的混合

① 蛋黄糊和蛋白膏应在短时间内混合均匀,并且搅拌时要轻要快,若搅拌太久或太用力,则气泡容易消失,蛋糕糊会渐渐变稀,烤出来的蛋糕体积会缩小。由于蛋黄糊浓度高,蛋白膏浓度低,两者很不容易混合均匀。所以,应先用部分蛋白膏来稀释蛋黄糊,然后将剩余的蛋白膏再与稀释过的蛋黄糊混合,这样才容易混合均匀,两者混匀的时间也才更短。

② 调制蛋黄糊和搅打蛋白膏应同时进行,及时混匀。任何一种糊放置太久都会影响蛋糕的质量,若蛋黄糊放置太久,则易造成油水分离;而蛋白膏放置太久,则易使气泡消失。

(四)灌模

面糊调制好后应立即灌模进入烤炉烘烤。烤制时宜选用活动模具,这是因为戚风蛋糕太松软,取出蛋糕时易碎烂,只有用活动模具,方可轻松取出。戚风蛋糕在装模前模具(或烤盘)不能涂油脂,这是因为戚风蛋糕的面糊必须借助黏附模具壁的力量往上膨胀,有油脂也就失去了黏附力。另外在注模时应掌握好灌注量,忌装得太满。

(五)烘烤

烘烤温度是制作蛋糕的关键。烘烤前必须让烤箱预热。此外,蛋糕坯的厚薄大小,也会对烘烤温度和时间有要求。蛋糕坯厚且大者,烘烤温度应当相应降低,时间相应延长;蛋糕坯薄且小者,烘烤温度则需相应升高,时间相对缩短。一般来说,厚坯的炉温为上火180℃、下火150℃;薄坯的炉温应为上火200℃、下火为170℃,烘烤时间以35~45min为宜。

蛋糕成熟与否可用手指去轻按表面测试,若表面留有指痕或感觉里面仍柔软浮动,那就是未熟;若感觉有弹性则是熟了。蛋糕出炉后,应立即从烤盘内取出,否则会引起收缩。

(六)质量标准

组织膨松,水分含量高,味道清淡不腻,口感滋润嫩爽。

实例4　戚风蛋糕的制作

配料：

（1）蛋黄糊配料　低筋面粉100g，糖粉50g，色拉油60g，食盐2g，泡打粉4g，蛋黄100g，鲜奶60g，水500g。

（2）蛋白膏配料　蛋白200g，糖粉100g，塔塔粉2g。

操作工艺：

① 将蛋白、蛋黄分开放在不同的容器里。

② 将色拉油、泡打粉、和鲜奶倒入水中拌匀后再倒入面粉、食盐，用打蛋器搅成细腻的面糊。最后倒入蛋黄，搅拌成稀流状面糊。

③ 将蛋白、塔塔粉在搅拌机内搅打3min后，加入糖粉，快速打成鸡尾形状。

④ 将1/3的蛋白糊放入蛋黄糊中搅匀，而后与剩余的蛋白糊搅拌均匀。

⑤ 将搅匀的蛋糕糊倒入蛋糕模具中，用刮板刮平即可。

⑥ 入炉烘烤。将装有蛋糕糊的模具送入上火180℃，下火150℃的烤炉中，烘烤30～35min后，出炉备用。

四、蛋糕装饰与裱花技术

（一）裱花蛋糕的定义和分类

裱花蛋糕是指在蛋糕表面进行裱花装饰的蛋糕，它是以面粉、糖、油、蛋为主要原料经焙烤加工而成的糕点坯，在其表面裱以奶油、人造奶油、植脂奶油等而制成的糕点食品。

裱花蛋糕花色品种很多，按照蛋糕坯和装饰料的不同，可把它们归纳为10类。即蛋白裱花蛋糕、奶油裱花蛋糕、人造奶油裱花蛋糕、鲜奶油裱花蛋糕、植脂奶油裱花蛋糕、巧克力裱花蛋糕、糖面裱花蛋糕、杏仁糖面蛋糕、白帽裱花蛋糕、胶冻裱花蛋糕。各类裱花蛋糕的口感、表面图案都有明显的特点。

（二）蛋糕装饰与裱花过程

创意和设计是蛋糕裱花过程中的两个关键阶段。好的创意要根据蛋糕作品的创作意图和主题，有选择地从素材（包括植物、动物、山水、人物、建筑等）中组织相应的内容进行表达。设计是对裱花蛋糕进行表面装饰、设计的过程。这一阶段要考虑到构成、布局、色彩、设计形式等的表现手法，内容与形式的和谐统一。总而言之，把食品与艺术完美结合，是设计的最终目的。

装饰是裱花过程中的第三阶段（即最后阶段），也是裱花过程中最重要的一个环节。裱花蛋糕常用的装饰原料有鲜奶油、巧克力、朱古力米、朱古力膏、色素、水果、裱花托、琼脂、黄油等。

（三）蛋糕装饰工具和设备

1. 设备

蛋糕装饰专用设备很简单，有大型搅拌机、鲜奶油小型搅拌机、手提式搅拌机。搅拌机主要用来搅打蛋糕装饰坯料浆糊和奶油浆料，其作用是将蛋糕装饰坯料或奶油经快速旋转搅打充气，改变其内部物理性状结构，形成新的性状稳定组织，并能提高产值和口感，有利于稳定蛋糕装饰造型。

蛋糕裱花专业设备有冷藏柜、空调、裱花喷枪、巧克力熔化炉四部分。巧克力熔化炉是制作和调制巧克力溶液必用的设备，是双层隔水、可调控温设备，可根据制作巧克力需要进行调节，温度可控制在20～100℃之间。

2. 工具

用于蛋糕装饰工具一般分为刀具、托片类、花嘴、花袋类、毛笔、花棒、喷枪、糖泥、巧克力专用工具类等，用途各有区别。

(1) 刀具、托片类

① 吻刀。盛装奶油的主要工具，也是抹坯必用的工具。

② 锯齿刀。分粗锯齿刀、细锯齿刀两种，长短不同，粗锯齿刀可用来切割糕坯，也可用来抹坯，制作奶油面装饰纹理，细锯齿刀主要用来切割糕坯之用。

③ 水果刀具。切割水果。

④ 奶油雕画刀。其刀形有梭形、方形、三角形、弧形，规格有多种。奶油雕画刀，可以雕画山水、动物、花鸟、人物、植物，表现力丰富，并具有浅浮雕的艺术表现力。

⑤ 铲刀。多用来制作拉糖、造型巧克力之用，可以铲巧克力花瓣、巧克力花、巧克力棒，也可以用来制作拉糖造型。

⑥ 雕刻刀。专门用于巧克力雕刻造型。

⑦ 挑刀。用来转移蛋糕的专用工具。

⑧ 刮片、托片。制作手拉坯蛋糕款式和面饰刮图。

(2) 花嘴、花袋类

① 花嘴。花嘴形式多种多样，奶油通过花嘴可做边、做花、做动物等各种造型。

② 转换嘴。用在裱花袋前端，用来调节和花嘴旋转方向，调换花嘴的中间装置。

③ 花袋。裱花袋主要用来结合花嘴，盛装奶油，通过手的握力，使奶油通过花嘴挤出，蛋糕表面装饰造型之用，也可以用来盛装果膏，在蛋糕表面淋面装饰之用。

(3) 纤维毛笔、花棒、喷笔

① 纤维毛笔。用于奶油立体造型或描绘各种平面图。

② 喷笔。主要用途是结合其他奶油食品造型，进行色彩处理的重要工具。

③ 花棒。花棒两头呈锥形，是配合花托裱挤花卉的专业工具。

(4) 模具　模具是蛋糕装饰成型用具的一部分，主要有原始糕坯模、莫斯模、巧克力模（冰模、塑料模、塑胶模）、水果分切模、筛粉模等。

(四) 裱花常用的基本手法

裱花常用的基本手法有：平挤法、斜挤法、直挤法、线描法、绕挤法、点绘法、浑染法、抖挤法、提挤法。裱花手法操作要点如下。

1. 裱头的高低和力度

裱头高，挤出的花纹瘦弱无力，齿纹模糊；裱头低，挤出的花纹粗壮，齿纹清晰。裱头倾斜度小，挤出的花纹瘦小；倾斜度大，挤出的花纹肥大。裱注时用力大，花纹粗大有力；用力小花纹纤细，柔弱。

2. 裱头运行速度

不同的裱注速度制成的花纹风格不大相同。若需粗细大小都均匀的造型，其裱注速度应较迅速，若需变化有致的图案，裱头运行速度要有快有慢，使挤成的图案花纹轻重协调。

实例 5　蛋白裱花蛋糕的制作

配方：

(1) 糕坯　面粉 3.5kg，鸡蛋 4.75kg，白砂糖 2.5kg，饴糖 1.5kg。

(2) 蛋白浆　蛋清 0.65kg，白砂糖 3.75kg，琼脂 0.025kg，橘子香精 5ml，柠檬酸 7.5g，水约 3.5kg。

操作要点：

① 制作糕坯。将鸡蛋、白砂糖、饴糖一起放于打蛋机中搅打至乳白色后，轻轻加入过筛后的面粉，拌匀至无生粉为止。将蛋糕糊加入涂过油的有底的圆形铁皮烤模中（若无底铁皮模，则需在底部包一张牛皮纸），蛋糊高度约为模高的一半。用200℃左右炉温焙烤蛋糕至熟，出炉，冷却。

② 制蛋白浆。用0.025g琼脂与水放入锅中煮，过滤后，即加入白砂糖3.75kg，继续煎熬至能拉出糖丝即可。另外，将蛋清搅打至乳白色后，倒入熬好的糖浆中，继续搅拌至蛋白浆能挺住而不下塌为止，加入橘子香精、柠檬酸拌匀。

③ 蛋糕裱花。将烤好的蛋糕表面焦皮削去，再一剖二，成为两个图片，糕坯呈鹅黄色，内层朝上，其厚薄度根据需要而定。在二层糕坯中间夹一层厚5mm的蛋白浆。舀一勺蛋白浆在糕坯上，用长刮刀将蛋白浆均匀地涂满糕坯表面和四周，要求刮平整。将蛋糕碎边放于30目筛内，用手擦成碎屑，左手托起蛋糕，略倾斜，右手抓一把糕屑，均匀地沾满蛋糕四周，要避免糕屑落到糕面上。将裱头装入绘图纸（或牛皮纸）制成的角袋中，然后灌入蛋白浆，右手捏住，离裱花3.3cm处，根据需要裱成各种图案。

第三节　糕点制作工艺概述

一、糕点的概念

糕点是以面、糖、油为主要原料，配以蛋品、果仁等辅料、调味料，经过调制加工、熟制加工而成的具有一定色、香、味、形的一种食品。

从概念上理解，糕点是糕点裹食的总称，糕是指软胎点心；点是指带馅点心；裹指挂糖点心；食指既不带糖又不带馅的点心。至今人们仍无法确定糕点在何时、何地由谁发明出来的。据考证，地球上最早出现糕点的时期大约距今1万多年前的石器时代后期。我国有文献记载的糕点在商周时期，距今已有4000多年的历史。

二、糕点的分类和特点

糕点的品种繁多，分类的角度历来不一。一般来说，按投入的原料和制作风格可分为中式糕点和西式糕点两种。

（一）中式糕点

中华民族有着悠久的历史和古老的文化，糕点制作则是丰富多彩的食品艺苑中的一朵瑰丽的鲜花。千百年来经过历代劳动人民的培植和浇灌，中式糕点以其高超绝伦的精湛制作工艺、丰富多彩的花色品种、色香味形俱美的特色而闻名于世，赢得了中外宾客的称道。中国糕点历史悠久、品种繁多、制作技术精湛、风味流派众多，而且与食俗、风俗习惯紧密相连，具有丰富的文化内涵。中式糕点在不断发展的过程中，形成了自己的特色。

1. 中式糕点的特色

（1）中式糕点具有很强的地区风格　由于中国地大物博，各地区气候、材料、饮食习惯等的不同，使各地区的糕点形成了自己的风格和制作工艺，与各地区人民的生活有着密切的关系，从一定程度上反映了各地人民的生活方式和饮食习惯。如馒头、饺子、云吞等品种经常作为主食，在家自己做要费时很多，如果大力发展这方面的生产加工企业，建立现代化的"主食厨房"工程，使传统主食食品的生产达到工厂规模化、产品标准化和经营连锁化，提供价廉物美的食品出售，将给人们生活带来很大便利，同时也使中式糕点得以进一步的发展。

（2）中式糕点制作工艺高超　中式糕点以其高超和精湛的制作工艺而闻名于世，其独特的制作工艺使得中式糕点每一件都是工艺品，每一件都集精美的色香味形于一体，处处闪耀着我国劳动人民智慧和勤劳的光芒。所以，中式糕点生产工艺是一门艺术，中式糕点师是艺术家和手工艺家。

(3) 中式糕点寄情于食，具有浓郁的节日气氛　中式糕点自产生以来，便逐渐成为人们庆贺节日的食品，人们在糕点里寄托和表达了纪念、思念、希望等感情。比如元宵节的汤圆代表了团圆的希望；端午节的粽子代表了人们对屈原的纪念；生日的寿包代表了贺寿之意等。这些糕点既增添了节日气氛，又抒发了人们的感情。

(4) 中式糕点取材广泛，营养丰富　中式糕点制作材料的选择非常广泛，除米麦之外，差不多所有的植物类食物都可作为制作糕点的原料，动物类原料多用来作为馅料的选择。而中式糕点又有煎、炸、烤、蒸等多种加工方法，只要材料和烹饪方法搭配得当，就可以制作出营养丰富的糕点来。

(5) 中式糕点应时应季，雅俗共赏，是反映不同社会的一面镜子　中式糕点是一种雅俗共赏的食品，自它产生以来，从贾人到文人，从平民百姓到皇亲国戚，都喜欢它。《后汉书》记载："灵帝好胡饼，京师皆食胡饼。"千百年以来，我国有着许多与糕点有关的历史故事和民间传说，从不同的侧面反映了当时社会的局势和人民的爱憎喜怒与追求。如月饼寓意团圆；面条寓意长寿；重阳糕寓意步步高升等。

2. 中式糕点按照地域来分类

(1) 京式糕点　京式糕点以北京地区为代表，它吸收了满族、蒙古族、回族以及南方各式糕点之特长，融会贯通，自成体系，现在遍及全国。京式糕点在生产销售上注重应时应节，三节四季分明，又兼顾民间风俗习惯。例如，春节期间销售年糕、元宵、八宝南糖、各式蛋糕等；端午节上市的有粽子、五毒饼；中秋节备有各种月饼；重阳节吃重阳糕等。春季上市的有鲜花藤萝饼、鲜花玫瑰饼，适应人们春暖花开，百花齐放的欢快心理；夏季备有绿豆糕，适应消热可口、凉爽消暑的需要；冬季大量上市重糖重油制品，如萨其马、蜜三刀等，适应人们冬季增热抗寒的需要。一般重油、轻糖，甜咸分明，注重民族风味，造型美观、精细，产品表面多有纹印，饼状产品比较多，印模清晰，同时也能适合不同用途和季节。主要代表品种有：京八件、核桃酥、莲花酥、红白月饼、江米条、状元饼、提浆月饼、缸炉、蜂糕、蜜三刀等。

(2) 广式糕点　广式糕点起源于广东地区的民间制作，在广州形成集中地，原来以米制品居多，清朝受满人南下的影响，增加了一些品种。近代又因对外通商，传入面包、西点等制作技术。在传统制作的基础上，吸取北方和西式糕点的特点，结合本地区人民的生活习惯，工艺上不断加以改进，逐渐形成了现在的广式糕点。广式糕点的特点是一般糖、油用量都很大，口味香甜软润，选料考究，制作精致，品种花样多，带馅的品种具有皮薄馅厚的特点。主要代表品种有：广式月饼、核桃酥、龙江煎堆、梅花蛋糕、德庆酥、伦教糕等。

(3) 苏式糕点　苏式糕点以江苏苏州地区为代表，受扬式糕点制作影响较大。销售范围遍及长江流域，故有"南点"之称。品种多为糕、饼类。用料考究，使用较多的糖、油、果料和天然香料，油多用猪油，甜咸并重。主要代表品种有：姑苏月饼、芝麻酥糖、杏仁酥、云片糕、八珍糕等。

(4) 扬式糕点　扬式糕点起源于江苏扬州和镇江地区。制作工艺与苏式基本相似，花色品种少些，品种上米制品较多，分喜庆和时令等品种。馅料以黑麻、蜜饯、芝麻油为主，麻香风味突出，造型美观，制作精细。主要代表品种有：黑麻椒盐月饼、香脆饼、淮扬八件中的黑白麻、粗八件中的小桃酥等。

(5) 潮式糕点　潮式糕点以广东潮州地区为代表。由民间传统食品发展而来，总称为潮州茶食，可以分为点心和糖制食品两大类，糖、油用量较大，馅料以豆沙、糖冬瓜、糖肥膘为主，葱香味突出。主要代表品种有：老婆饼、春饼、冬瓜饼、蛋黄酥等。

（6）宁绍式糕点　指浙江宁波、绍兴等地的糕点，代表了浙东地区的风味特点。以米制品为主，面制品次之。辅料多用苔菜、植物油，海藻风味突出。品种上有茶食、糕类，及以饴糖制品为主的"三北式"（镇海北、慈溪北、余姚北）传统名点、苔菜帮、绍兴香糕等。主要代表品种有：苔菜千层酥、苔菜饼、绍兴香糕、印糕等。

（7）高桥式糕点　高桥式亦称沪式糕点，起源于上海浦东高桥镇。馅料以赤豆、玫瑰为主，轻糖、轻油，松香可口。代表品种有松饼、松糕等。

（8）闽式糕点　即福建糕点。起源于福建的闽江流域及东南沿海地区，以福州地区为代表。多选用本地特产，馅料多，用虾干、香菇、冬笋、糖腌肉干、桂圆肉、冬紫菜等以及福建老酒、油酥肉松等。使糕点制品具有鲜明的乡土风味，突出海鲜风味。工艺精湛，制作精细。甜中含咸，滋味各异；香甜油润，肥而不腻。糯米制品口感清爽，糯韧甘美。代表品种有：福建礼饼和猪油糕等。

（9）川式糕点　以成渝地区为代表。川式糕点最初以杂糖和蜜饯食品闻名遐迩，随着历史的发展，川式糕点吸取了京式、苏式、广式糕点的制作经验，集南、北两味糕点的长处，形成了独具一格的糕点派系。糯米制品、三仁（花生仁、核桃仁、芝麻仁）制品、瓜果蜜饯制品约占川式糕点的65%以上。重糖、重油，但甜而适口，油而不腻。在风味上讲究余味余香，糯泡绵软，清香酥脆，滋润化渣，力求推陈出新。代表品种有：桃片和米花糖等。

3. 中式糕点按照产品特点来分类

（1）酥皮类　凡用面和成油酥、酥皮成型的烤制品，均属于这一类。这类糕点多数是包馅的，烘烤后为多层薄片状，而且层次分明，入口酥软，制作精细、美观、花样繁多，馅心用料多样，因而具有多种口味。主要代表品种有：京八件、葱花缸炉等。

（2）油炸类　凡和面成型后，经油炸而成的制品，均属这一类。这类糕点有混糖的、酥皮的、带馅的，花样繁多、造型美观。炸制后，有的产品挂浆，有的不挂浆，有的表面粘有籽仁或花粉。其特点是酥、脆、香、甜。主要代表品种有：开口笑、芙蓉糕等。

（3）酥类　凡用油、糖、面加水和在一起，印制、切块、成型的烤制品，均属这一类。这类糕点是一种无馅点心。配料中油、糖比例大，所以酥松性强。主要代表品种有：扒裂酥、杏仁酥等。

（4）糕类　凡用蛋、糖浆搅打成糊，浇模烘烤或蒸制的糕点，均属这一类。这类糕点因用蛋量比其他类糕点多，因而熟制后组织松软、细密、有弹性、营养丰富、易消化。主要代表品种有：蛋糕、喇嘛糕等。

（5）浆皮类　凡用糖浆和面，经包馅、成型、烘烤而成的糕点，均属这一类。这类糕点经烘烤后，浆皮结构紧密，表面光滑、丰满，不渗油，不硬心。主要代表品种就是月饼，如提浆月饼、双麻月饼等。

此外，还有混糖皮类、饼类，以及油茶面、绿豆糕等，这些配料、加工、熟制方法不同于前5种的中式糕点。

（二）西式糕点

传入我国的西式糕点大多数来自欧美国家，具有典型的西方民族特色。在选料方面侧重于糖、奶油、鸡蛋、果料、可可、巧克力等，面粉的比重比中点少；在制作方法上多采用夹馅、挤花，装饰工序较为复杂，注重花纹图案，大多是熟制品再加工；在风味上西点突出奶油、可可、巧克力、水果、蛋香味，而中点则以香、甜、咸为主；在品种上西点较少，以各种蛋糕为主，如奶油蛋糕、水果蛋糕、巧克力蛋糕等，而中点则有上千个品种和花样。

1. 按照广义的流通领域分类

(1) 面类糕点 原料上以小麦粉、蛋制品、糖、奶油（或其他油脂）、乳制品为主要原料，水果制品、巧克力等为辅料，但有时为了突出特点，这些辅料的用量也可能较大。主要用烘烤方式熟制，如各式蛋糕等。

(2) 糖果点心 最基本的原料是糖类中的蔗糖，并利用砂糖的特性，添加水果制品、巧克力等，主要采用煮沸、焙煎等加工方法，如各种风味的糖果等。

(3) 凉点心 以乳制品、甜味料、稳定剂为主要原料，采用冷冻、冻结的加工方法，如冰淇淋等。

2. 按照生产工艺特点和商业经营习惯分类

(1) 面包类 主要指其中的点心面包（花色面包），如油炸面包圈、美式甜面包、花旗面包、丹麦式甜面包等。

(2) 饼干类 主要指作坊式制作的饼干，工业化饼干中辅料含量多的饼干和花色饼干，如小西饼、夹馅饼干、涂层饼干等。

(3) 蛋糕类 主要有面糊类蛋糕、重奶油蛋糕、水果蛋糕、乳沫蛋糕等西式蛋糕。

(4) 点心类 主要有甜酥点心（塔类、派）、帕夫酥皮点心（松饼）等。

此外，按照生产地域可分为法式、德式、美式、日式、意大利式等，这些都是各国传统的糕点。

三、糕点的制作工艺

（一）糕点生产基本工艺流程

糕点生产的工艺过程包括以下几个步骤：

（二）面团调制技术

面团的调制就是指将配方中的原料用搅拌的方法调制成适合于各种糕点加工所需要的面团或面糊。面团调制的主要目的如下。

① 使各种原料混合均匀，发挥原材料在糕点制品中应起的作用。

② 改变原材料的物理性质，如软硬、黏弹性、韧性、可塑性、延伸性、流动性等，以满足制作糕点的需要，便于成型操作。

糕点的种类繁多，各类糕点的风味和质量要求存在很大差异，因而面团（糊）的调制原理及方法各不相同。下面介绍几种常用面团的调制方法。

(1) 油酥面团（oil-mixed dough） 油酥面团是一种完全用油脂和小麦粉为主调制而成的面团。即在小麦粉中加入一定比例的油脂，放入调粉机内搅拌均匀，然后取出分块，用手使劲擦透而成，所以也称擦酥面团。面团可塑性强，基本无弹性。这种面团不单独用来制作成品，而是作为内夹酥使用。油酥面团的用油量一般为小麦粉的50%左右，调制时，油酥面团严禁使用热油调制，防止蛋白质变性和淀粉糊化，造成油酥发散。调制过程中严禁加水，以防止面筋形成。这种面团用固态油脂比用植物油好。油酥面团典型配方见表6-1。

表 6-1 油酥面团配方　　　　　　　　　　　单位：kg

糕点名称 \ 原料	面　粉	油　脂
京八件(酥料)	100	50
玫瑰饼	100	53
苏式月饼	100	50

（2）水调面团（elastic dough） 水调面团是用水和小麦粉调制而成的面团。面团弹性大，延伸性好，压延成皮或搓条时不易断裂，因而也称筋性面团或韧性面团。这种面团大部分用于油炸制品，如馓子、京式的炸大排叉儿等。

调制原理及方法：将面粉、水和其他辅料放入调粉机内，充分搅拌，使面粉吸收足够的水分而形成大量面筋。由于面团内没有油脂等疏水物质，面粉蛋白质可以充分吸水胀润，形成面筋而具有良好的黏弹性，操作时要求充分揉压面团，使面团充分起筋。面团调制完成后静置20min左右，以降低弹性，增强延伸性，便于搓条或压延。

水调面团典型配方见表6-2。

表 6-2 水调面团配方 单位：kg

原料 糕点名称	面粉	水	盐	砂糖粉	发酵粉
馓子	100	63	1.9	—	4.5
栗子酥	100	41~50	—	14	—
盘丝饼	100	60	0.5	—	—

（3）松酥面团（crisp pastry dough） 松酥面团又称混糖面团或弱筋性面团，面团有一定筋力，但比水调面团筋力弱一些。大部分用于松酥类糕点、油炸类糕点和包馅类糕点（松酥皮类）等。如京式冰花酥、广式莲蓉甘露酥、京式开口笑等。调制时，将糖、糖浆、鸡蛋、油脂、水和疏松剂放入调粉机内搅拌均匀，使之乳化形成乳浊液，再加入面粉，继续充分搅拌，形成软硬适宜的面团。由于糖液的反水化作用和油脂的疏水性，使面筋蛋白质在一定温度条件下，部分发生吸水胀润，限制了面筋大量形成，使调制出来的面筋既有一定的筋性，又有良好的延伸性和可塑性。面团调制时应使用温水。松酥面团配方见表6-3。

表 6-3 松酥面团配方 单位：kg

原料 糕点名称	面粉	砂糖	油脂	鸡蛋	糖浆	水	疏松剂	其他
枣泥酥	100	29	21	8	29	5	0.1	枣泥5
开口笑（皮）	100	24	9.8	9.8	19.5	5	—	—
蜜供	100	42	21	—	42	5	0.5	蜂蜜8
长圆酥	100	26	37	18	1	7	1	—

（4）酥性面团（short pastry dough） 酥性面团又称甜酥性面团。用适量的油、糖、蛋和其他辅料与面粉调制而成的面团。具有良好的可塑性，缺乏弹性和韧性，属于重油类产品。产品特点是非常酥松。

调制原理及方法：要使产品达到起酥的目的，在调制面团时必须限制面筋的形成。关键在于投料顺序。首先将油、水、糖、蛋放入调粉机内充分搅拌，形成均匀的水-油型乳浊液后，加入疏松剂、桂花等辅料搅拌均匀。最后加入面粉，界面张力很大的油滴均匀分布在面粉颗粒表面，形成了一层油脂薄膜；同时油、水、糖、蛋形成具有一定浓度的乳浊液后，产生较大的渗透压。油膜和渗透压都对面筋蛋白质产生"反水化"作用，阻止水分子向蛋白质胶粒内部渗透，大大降低了蛋白质的水化和胀润能力，使蛋白质之间的结合力下降，面筋不能充分形成，面团韧性降低，可塑性增强。酥性面团典型配方见表6-4。

表 6-4　酥性面团配方　　　　　　　　　　　　　　　　　　　　　单位：kg

糕点名称 原料名称	蛋黄桃酥	吧裂饼	芝麻酥
面粉	100	100	100
砂糖粉	49	50	50
猪油	61	50	50
蛋	—	—	10
蛋黄	6	—	—
桃仁	8	—	—
桂花	3	5	—
碳酸氢铵	0.8	—	—
小苏打	0.4	0.6	1
发酵粉	—	1.4	1
水	适量	16~18	—
芝麻仁	—	4	3

调制技术上必须注意以下几点。

① 严格按照先乳化油、水、糖、蛋，最后面粉的顺序投料。油、糖、水必须充分乳化，乳化不均匀会使面团出现发散、浸油、出筋等现象。

② 加入面粉后，搅拌时间要短，速度要快，防止面团形成面筋，面团呈团聚状即可。

③ 面团温度不宜过高，特别要控制水温。温度过高，加快面粉水化，容易出筋，还易使面团走油。一般控制在 18～26℃ 之间较适宜。

④ 酥性面团不需要静置，特别是夏季，面团调制好后立即成型，并做到随调随用。如果室温高，放置时间长，则面团会出现走油、上筋等缺点，使产品失去酥性特性，质量下降。

⑤ 调制酥性面团要严禁后加水，否则极易上筋，面团黏度增大，搅拌时间延长，韧性增强，可塑性下降。

（5）水油面团（water-oiled dough）　水油面团主要是用小麦粉、油脂和水调制而成的面团，为了增加风味，也有用部分蛋或少量糖粉、饴糖、淀粉糖浆调制成的。面团具有一定的弹性、良好延伸性和可塑性，不仅可以包入油酥面团制成酥层类、酥皮包馅类糕点（如京八件、苏八件、千层酥等），也可单独用来包馅制成水油皮类、硬酥类糕点（如京式自来红、自来白月饼、福建礼饼、奶皮饼等），南北各地不少特色糕点是用这种面团制成。水油面团典型配方见表 6-5。

表 6-5　水油面团配方　　　　　　　　　　　　　　　　　　　　　单位：kg

糕点名称 \ 原料	面粉	水	油脂	蛋	砂糖	淀粉糖浆	其他
京八件	100	53	21	—	—	—	—
苏式月饼	100	40	30	—	—	10	—
油香酥	100	46	14	—	14	—	—
小胖酥	100	32	18	27	6.8	—	莲蓉

调制原理及方法：首先将油、水、糖、蛋等材料搅拌使之充分乳化成油-水型乳浊液。但大部分水油面团配方中没有糖、蛋，仅搅拌水和油不易乳化均匀，在这种情况下可加入少量面粉调成糊状使之乳化。油、水形成乳浊液后加入面粉搅拌，水分子首先被吸附在面筋蛋白质表面，然后被蛋白质吸收而形成面筋网络。油滴作为隔离介质分散在面筋之间，

使面团表面光滑、柔韧。由于水和油在加面粉前已形成一定浓度的乳浊液，使面粉蛋白质既能吸收水分形成面筋而具有一定的筋性，又不能吸收足够的水分而筋性太强，面团既有一定的筋性又有良好的延伸性。

水油面团按用油量和用途可分为烘焙型和油炸型，油炸型水油面团筋力可低些。调制水油面团主要有以下三种方法。

① 冷水调制法。首先搅拌油、糖浆，再加入冷水搅拌均匀，最后加入面粉。此法制出的产品皮色浅白，酥层不易断脆，起酥性偏硬。

② 温水调制法。用 40~50℃ 的水调制面团。该法生产的糕点起酥性好，柔软酥松，入口即化，皮色较深。

③ 冷热水调制法。这是目前国内糕点行业广泛采用的水油面团调制方法。首先将部分开水冲入油、糖浆等原辅料中，乳化均匀后拌入面粉，调成坨块状。用手摊开面团，稍冷却片刻，再逐次加入冷水改制，反复加水 3~4 次。将面团搓、拉、摔至光滑细腻并上筋后，再用手摊开面团，静置一段时间使之退筋散热并待用。产品皮色适中，酥脆不硬。

调制水油面团时的加水方法是非常重要的，即是一次性加水还是分次加水好。加水方法不同，制出的面团性能也不同。延伸性面团需要形成较多面筋，故需分次加水；而弱延伸性面团不需要形成太多的面筋，则可一次性加水。

（6）糖浆面团（syrup-mixed dough） 糖浆面团是将事先用蔗糖制成的糖浆或麦芽糖浆与小麦粉调制而成的面团。这种面团松软、细腻，既有一定的韧性又有良好的可塑性，适合制作浆皮包馅类糕点，如广式月饼、提浆月饼和松饼类糕点（如广式的薄饼、苏式的金钱饼等）。糖浆面团可分为砂糖面团、麦芽糖浆面团、混合糖浆面团三类，以砂糖浆制成的糕点比较多。糖浆面团配方见表6-6。

表 6-6 糖浆面团配方　　　　　　　　　　　　　单位：kg

糕点名称 \ 原料	面粉	砂糖	饴糖	水	疏松剂	油	鲜蛋
提浆月饼	100	32	18	16	0.3	24	—
广式月饼	100	80（糖浆）	—	2（碱水）	—	24	—
鸡仔饼	100	20	66	1（碱水）	—	20	12
甜肉月饼	100	40	5	15	—	21	—

调制原理及方法：首先将糖浆和油脂放入调粉机内搅拌成乳白色悬浮状液体，然后再加入面粉搅拌均匀。由于糖浆黏度大，增强了它们的反水化作用，使面筋蛋白质不能充分吸水胀润，限制了面筋大量形成，使面团具有良好的可塑性。糖浆面团不同于其他面团，在工艺上要求较严，调制糖浆面团时应注意以下几点。

① 糖浆应提前一两天制好，并掌握好浆的老嫩程度。使用时必须用凉浆，不可使用热浆。

② 糖浆与水（碱水等）充分混合，才可加入油脂搅拌，否则成品会起白点；再者，对于使用碱水的糕点，一定控制好用量，碱水用量过多，成品不够鲜艳，呈暗褐色，碱水用量过少，成品不易着色。

③ 在加入小麦粉之前，糖浆和油脂必须充分乳化，如果搅拌时间短，乳化不均匀，则调制的面团发散，容易走油、粗糙、起筋，工艺性能差。

④ 面粉逐次加入，最后留下少量面粉以调节面团的软硬度，如果太硬可增加些糖浆来调节，不可用水。

⑤ 掌握好面团调制时间。用糖浆调制面团的最大特点是面筋胀润缓慢，因此调制时有充分时间搅匀拌透。但要掌握既使面团有较强的团聚性，又不形成过多面筋。如果搅拌过度或面团胀润后再搅拌，就会使面团产生强筋现象，降低面团可塑性。

⑥ 面团调制好以后，面筋胀润过程仍继续进行，所以不宜存放时间过长（在30～45min成型完毕），时间拖长面团容易起筋，面团韧性增加，影响成品质量。

（7）米粉面团（rice flour dough） 米粉是以大米为原料，经过加工磨碎成粉，一般使用粳米、籼米和糯米，其中以粳米、籼米制的粉称为占米粉，以糯米磨制的粉称为糯米粉。用占米粉制成的产品缺乏透明度，制品稍硬，黏度低，松散难成团，制造糕点时可以适当搭配淀粉，以适合某些糕点品种的质量要求。糯米粉黏度大，易结成团块，糊化后黏性更大，其制品具有韧性而柔软，能吸收大量的油和糖，适宜生产重油重糖的品种。在调制米粉面团时，要按照糕点的品质要求，选用一种米粉或按一定比例搭配不同米粉。米粉面团的调制主要有以下几种方法。

① 打芡面团。选用糯米粉，取总量10%的糯米粉，加入20%的水捏和成团，再制成大小适宜的饼坯。在锅中加入10%的水，加热至沸腾后加入制好的饼坯，边煮边搅，煮熟后备用，这一过程称为打芡或煮芡。有的品种是将制好的饼坯与糖浆一起煮制打芡。将煮芡与糖一起投入调粉机内搅拌，糖全部溶解均匀后，再加入剩余的糯米粉，继续搅拌调成软硬合适的面团。这种面团多用于油炸类糕点，如江米条、酥京果。

② 水磨面团。将粳米或籼米除杂，洗净浸泡3h，水磨成浆，装入布袋中挤压出一部分水备用。按配方取出25%，加入0.8%左右的鲜酵母，发酵3h后进入下道工序，该面团可制作藕筒糕等蒸制类糕点。如果不需发酵，先将糯米除杂洗净，浸泡3～5h水磨成浆，沥水压干，然后与糖液搅拌而成。

③ 烫调米粉面团。将糯米糕粉、砂糖粉等原料用开水调制而成面团。因为糕粉已经熟制，再用沸水冲调，糕粉中的淀粉颗粒遇热大量吸水，充分糊化，体积膨胀，经冷却后形成凝胶状的韧性糕团，这种面团柔软，具有较强的韧性。

④ 冷调米粉面团。首先将制好的转化糖浆、油脂、香精等投入调粉机中混合均匀，再加入糯米粉充分搅拌，有黏性后加入冷水继续搅拌，当面团有良好的弹性和韧性时停止搅拌。当加入冷水时，糕粉中的可溶性α-淀粉大量吸水而膨胀，在糖浆作用下使糕粉互相连接成凝胶状网络。调制中可分批加水，使面团中淀粉充分吸水膨润，降低面团黏度，增加韧性和光泽。多用于熟粉制品，如苏式的松子冰雪酥、清凉酥、闽式的食珍橘红糕等。

（8）发酵面团（fermented dough） 发酵面团是以面粉或米粉为主要原料调制成面团，然后利用生物疏松剂（酵母）将面团发酵，发酵过程会产生大量气体和风味物质。这种面团多用于发酵类和发糕类糕点，如京式缸炉、糖火烧、光头、白蜂糕、广式的伦教糕、酒酿饼等。发酵面团的制作方法有两种：一是使用酵母，二是使用面肥。发酵面团配方见表6-7。

表6-7 发酵面团配方　　　　　　　　　　　　　　　　　　　　　单位：kg

原料 糕点名称	面粉	猪油	白糖	桂花	碱	水	其他
切边缸炉	100（一次发酵）	2～6	32	1.5	0.12	55～60	—
糖火烧	100（一次发酵）	—	—	0.1	—	55～60	—
光头	100（20%发酵）	0～1	31	—	0.15	55～60	奶油5、牛奶13
白蜂糕	米粉100（二次发酵）	—	40	2.0	—	55～60	青红丝0.5、瓜仁0.5、杏仁0.5

(9) 面糊　面糊又称蛋糕糊、面浆。在制各式蛋糕、小人糕、华夫等时，都按一定配方将蛋液打入打蛋机内，加入糖、饴糖等充分搅打，使呈乳白色泡沫状液体，当体积增大1.5～2倍时，再拌入面粉，拌匀即成面糊。

（三）馅料（filling）制作技术

中式糕点相当一部分是包馅制品，如酥皮包馅、浆皮包馅等，一般馅的重量占糕点总重量的40%～50%，有的甚至更高。馅料能反映各式糕点的特点风味。同样的馅料，由于在配方和加工方法上的变异，会使制品口味具有不同的特点。

馅料的种类很多，有荤素之分，也有甜、咸、椒盐之分，通常按馅料的制作方法可分为炒制馅和擦制馅。炒制馅是将糖或饴糖在锅内加油或水熬开，再加入其他原料炒制而成的，炒制的目的是使糖、油熔化，与其他辅料凝成一体。常见的有豆沙馅、豆蓉馅、枣泥馅、山楂馅、咸味馅等。擦制馅（又称拌制馅）是在糖或饴糖中加入其他原料搅拌擦制而成，依靠糕点成熟时受到的温度熔化凝结，但馅料中的面粉或米粉必须先进行熟制加工。常见的品种有果仁馅（百果馅）、火腿馅、椰蓉馅、冬蓉馅、白糖芝麻馅、黑麻椒盐馅等。

西点中有不少品种也经常使用各种馅料，通常以夹心方式使用，如派、塔、一些点心面包、奶油空心饼等。西点的馅料与中点的馅料有很大区别，常见的西点馅料有果酱与水果馅料、果仁（主要是杏仁）糖馅料、奶油类馅料、蛋奶糊与冻类馅料等。下面介绍一些常用馅料的加工方法。

1. 豆蓉馅

豆蓉馅是广式、潮式糕点中的传统馅料，多用于月饼。其制作方法为：先将花生油放入锅中烧热，加入葱煎熬，葱味浓郁，待葱变成黄色时，捞去葱渣，加入猪油熔化，再加入清水、白糖、盐，同时不断搅拌至所有原料熔化。最后加入绿豆粉，不断搅拌，以防粘底，直至煮熟成厚糊，冷却后即成。

2. 白糖馅

白糖馅是各地普遍制作的馅料，以此为基础添加各种辅料，如玫瑰、青梅、葡萄干等，可以制成玫瑰馅、青梅馅、葡萄馅等多种炒馅。

制作方法：将水和饴糖加热煮沸，随后加入白砂糖继续熬制，并不断搅拌，待糖液熬制能拉出丝时，加入油搅拌，再分次逐渐加入面粉，最后加入桂花和蜂蜜，搅拌均匀即可。

3. 火腿馅

火腿馅是广式、苏式和宁式糕点的著名馅料，是糕点馅料中的著名品种，各地配方有以果仁为主，辅以火腿（广式），也有以火腿为主，辅以果仁（苏式、宁式）。

制作方法：先将火腿去皮、骨，然后熟制。广式用蒸熟，稍硬；苏式、宁式习惯煮熟，火腿质地较软。经切丁或切片以后，广式和苏式用曲酒拌和，宁式用香油拌和。葱姜经油炸处理后再用。核桃仁、青梅切成小粒，金橘饼切成碎屑。将果料、蜜饯、肥膘（肉）、火腿拌匀后加入油、糖和适量水拌和，最后加入熟面粉或糕粉拌匀即可。

4. 山楂馅

山楂馅是富有北方特色的馅料，大多先制成山楂冻或山楂糕（又称金糕）。北京、天津、河南、河北以及东北等地区制作较普遍。

制作方法：选择无霉烂、无虫蛀的山楂，用清水洗净，按1份山楂加2.5份水的比例，将山楂倒入开水锅中旺火煮烂，过筛或用搓馅机去掉核和皮，制成酱。然后将山楂酱倒入熬好的糖浆锅中，迅速搅拌，稍稍加热，待山楂糖浆起泡，倒入盘中冷却，冻结后，即为山楂冻，切块可单独作为商品出售，称山楂糕。用作月饼馅可切成小片，再配以其他辅料。

5. 椰蓉馅

椰蓉馅是广式糕点中特有的馅料，色泽淡黄，质软肥润，不韧腻，不干燥，有椰香味，特别是奶油椰蓉馅，香而肥润，有奶香味。

制作方法：先将椰丝轧成粉末，再与白糖、鸡蛋、油脂等拌和均匀，然后加入开水继续拌匀，最后加入糕粉一起搅拌均匀即可。

6. 椒盐馅

椒盐馅是苏式糕点典型的馅料，多用于苏式月饼，油润不腻，香味浓郁，甜咸适口。

制作方法：先将除油以外的原料混合均匀，再加入油中搅拌均匀即可。

（四）糕点成型技术

成型是将调制好的面团（糊）加工制成一定形状，一般在焙烤前进行。糕点的成型基本上是由糕点的品种和产品形态所决定，成型的好坏对产品品质影响很大。成型方法主要有手工成型、印模成型和机械成型。

1. 手工成型

手工成型比较灵活，可以制成各种各样的形状，所以糕点的成型仍以手工成型为主。手工成型主要有以下几种方式。

（1）手搓成型　手搓是用手搓成各种形状，常用的搓条，适合发酵面团、米粉面团、甜酥面团等，有些品种需要与其他成型方法互相配合使用。手搓后，生坯一般外形整齐规则，表面光滑，内部组织均匀细腻。

（2）压延（擀）成型　用面棒（或其他滚筒）将面团压延成一定厚度面皮的形状，常用于点心饼干、小西饼、派等的成型。压延可分为单层压延和多层压延：单层压延是将面团压成单片，使面团均匀扩展，不进行折叠压延；多层压延是将压延后的面片折叠后再压延，可重复数次，目的是为了强化面坯内部组织结构，使产品分层次。

（3）包馅成型　包馅是将定量的馅料，包入一定比例的各种面皮中，使皮馅紧密结合并达到该产品规定的技术要求。适合于需要包馅的糕点，如糖浆皮类、甜酥性皮类、水油酥性皮类糕点等。包馅的技术要求为皮馅份量准确、严密圆正、不重皮、皮馅均匀，并按下道工序的要求达到一定形状。

（4）卷起成型　卷起是先把面团压延成片，在面片上可以涂上各种调味料（如油、盐、果酱、椰蓉等），也可以铺上一层软馅（如豆沙、枣泥等），然后卷成各种形状，用卷起成型法可以制成许多花色品种和风味的糕点。

（5）挤注成型　挤注多用于裱花，但有些点心如蛋黄饼干、杏元等的成型也采用挤注方法。这种面团一般是半流动状态的膏状，具有一定保持形状的能力。这种成型方式能够发挥操作者的想象力，创造出各种形态和花纹。这种成型方法多用于烫面类西点（空心饼、爱克力等）的成型。

（6）注模成型　注模成型用于面糊类糕点的成型，如海绵蛋糕、油脂蛋糕等面糊组织内有的含有气泡、有的不含气泡、富有流动性，不能进行压延、切断操作，所以浇注到一定体积、一定形状的容器中。

（7）切片成型　切片成型可用于部分糕点面团、半成品等的成型。如冰箱小西饼（酥硬性小西饼），面团调制好后，用纸包起来放入冰箱中 0.5～1h，使其变硬，用手搓成圆棒状，再放入冰箱中冷却硬化数小时，然后从冰箱中取出，用刀切成不同形状的面坯焙烤。

（8）折叠成型　产品需要形成均一的层状结构时，面团采用折叠方式成型，如中式的千层酥、西式松饼、帕夫点心等，常用的是二折法（对折法）、三折法、四折法和十字法。

（9）包酥成型　包酥成型又称皮酥包制，它是以皮料包入油酥后，经擀制和折叠使面团形成层次分明的层次结构，多用于中点中酥层类糕点制作。一般使用面皮和油酥的比例为1∶1，有的品种油酥的比例稍高些。包酥方法可分为大包酥和小包酥两种方法。大包酥是用卷的方法制作的，优点是效率高、速度快，缺点是层次少，酥层不容易起得均匀、清晰，成品质量较低，适合于生产低档的品种；小包酥可以用卷的方法，也可以采用叠的方法制作，特点是皮酥层次多，层薄且清晰均匀，坯皮光滑不易破裂，产品质量高，但比较费工，效率低，适宜制作精细、高档的品种。

2. 印模成型

印模成型即借助于印模使制品具有一定的外形或花纹。印模是一种能将面团（皮）经按压切成一定形状的模具，形状有圆形、椭圆形、三角形等，切边又有平口和花边口两种类型。常用的模具有木模及铁皮模两种。木模大小形状不一、图案多样，有单孔模与多孔模之分。单孔模多用于糖浆面团、甜酥面团的成型，大多用于包馅品种；多孔模一般用于松散面团的成型，如葱油桃酥、绿豆糕等。铁皮模用于直接烘烤与熟制，多用于蛋糕及西点中的蛋挞等。为避免粘模应在模内涂上油层，也可采用衬纸。有些粉质糕坯采用锡模、不锈钢模经蒸制固定外形，然后切片成型。

3. 机械成型

机械成型是在手工成型的基础上发展起来的，是传统糕点的工业化，目前西点中机械成型的品种较多，中点的机械成型的品种较少，但近年来发展较快。常见的糕点机械成型主要有：压延、切片、浇模、辊印、包馅等。

（五）糕点熟制技术

面团（糊）经成型后，一般要进入熟制工序。熟制是糕点生坯通过加热熟化的过程，由于糕点种类繁多、风味特色各异，要求加工的方法也不尽相同。熟制方法主要有焙烤、油炸熟制、蒸煮熟制三种，其中以焙烤最为普遍。

1. 焙烤

焙烤就是把成型的糕点生坯，送入烤炉内，经过加热，使产品烤熟定型，并具有一定的色泽。在糕点焙烤过程中，从热源发出的热量依靠传导、辐射和对流三种方式传递，其中以传导、辐射为主要形式。生坯受高温热烤后，表面温度很快上升，水分迅速蒸发。由于内部水分向外转移速度小于外层水分蒸发速度，这样就形成了一个蒸发层。随着烘烤的进行，蒸发层逐渐向里推进，慢慢加厚，最终在制品表面形成一层干皮。

焙烤过程中发生一系列物理、化学和生物化学变化，如水分蒸发、气体膨胀、蛋白质凝固、淀粉糊化、糖的焦糖化与美拉德褐变反应等。美拉德反应是还原糖和氨基酸相互作用的结果。焦糖化作用是由于高温条件下，糖发生水解或脱水，进而不断地脱水缩合而生成深色物质。美拉德反应和焦糖化反应不但使制品具有诱人的色泽，还产生香味物质，增加制品的风味。

焙烤对产品的质量和风味有着重要的影响。根据糕点的品种及类别，来选用恰当的焙烤条件。影响焙烤的因素主要有如下几点。

（1）焙烤温度　焙烤糕点应根据品种选择不同的炉温，炉温一般分为三种：170℃以下的炉温，主要适宜烤制白皮类、酥皮类、水果蛋糕等糕点；170～200℃之间的炉温，主要适宜烤制大多数蛋糕、甜酥类及包馅类等糕点，产品要求外表色泽较重，如金黄色；200℃以上的炉温，主要适宜于烤制酥类、部分蛋糕及其他类糕点的一部分品种等。产品要求表面颜色很重，如枣红色或棕褐色。

(2) 焙烤操作要点　焙烤糕点时要充分利用上下火调整炉温,根据需要发挥烤炉各个部分的作用。上火指焙烤时烤盘上部空间的炉温,也称面火;下火是指烤盘下部空间的炉温,也称底火。要掌握好炉温与烘烤时间的关系,一般炉温高,时间要缩短;炉温低,则延长时间。同时要求进炉时温度略低,出炉温度略高,这样有利于产品胀发与上色。应根据不同品种,饼坯的大、小、厚、薄、含水量,灵活掌握温湿度的调节。烤盘内生坯的摆放位置及间隙,根据不同品种来确定,一般烘烤难度大的距离大一些,反之小一点。

2. 油炸熟制

油炸的热传递方式主要是热传导,其次是对流。油炸过程中的传递介质是油脂。油脂具有很高的发烟点和燃点,可被加热到180℃以上,本身能储存大量热能。油炸时热量首先从热源传递到油炸容器,油脂再从容器吸收热量迅速传至制品表面,然后一部分热量由制品表面逐步传向内部,另一部分热量直接由油脂带入制品内部,使内部温度逐渐上升,水分不断受热蒸发。

由于油脂温度很高,制品很快受热成熟且色泽均匀。油脂除了起传热作用外,其本身被吸收到制品内部,也增加了制品的营养价值。

油炸熟制根据油温高低,可分为3种,即炸:温度在160℃以上;氽:温度在120～160℃;煎:油温在120℃左右。

油炸时,应严格控制油温在250℃以下,并要及时清除油内杂质。每次炸完后,油脂应过滤,以避免其老化变质。为保证产品质量,要严格控制油量与生坯比例,每次投入量不宜过多,同时要及时补充和更换炸油。

3. 蒸煮熟制

蒸是把生坯放在蒸笼里用蒸汽传热使之成熟的方法。主要依靠热蒸汽的传导和对流使制品成熟,而传导起主要作用。当成型的生坯进入蒸笼后即受到热蒸汽作用,蒸汽以传导的方式将热量传递给制品,制品外部的高压蒸汽逐步向内部低温低压区推进,使制品内部逐层受热成熟。

生坯在受热过程中,蛋白质和淀粉等成分发生一系列变化,生坯中的面筋在30℃左右时发生最大限度的胀润,当温度进一步提高时,面筋蛋白质凝固变性并析出部分水分;而淀粉在50℃左右开始吸水发生剧烈膨胀,随着温度的上升,淀粉颗粒最终破裂、糊化,淀粉分子水化成为含水胶体。当制品出笼冷却后,就成为凝胶体,具有光滑、柔润的表面。

产品的蒸制时间,应根据原料性质和块形大小灵活掌握。蒸制时,一般需在蒸笼里充满蒸汽时,才将生坯放入,同时不宜反复掀盖,以免蒸僵。煮是制品在水中成熟的方法,在糕点制作中一般用于原料加工。

(六) 糕点冷却技术

熟制完毕的糕点要经过冷却、包装、运输和销售等环节才能最终被消费。而刚刚熟制的糕点,出炉时表面温度一般在180℃,中心温度较低(约100℃),大多数品种冷却到35～40℃时进行包装,但也有少数品种(如广式月饼)须经冷却待重新吸收空气中水分还潮后才可包装。

糕点刚出炉时,其内部水分高于外表,成批产品的冷却等于在低温环境中继续焙烤,水分逐步在冷却过程中挥发,产品最终达到一定含水量。糕点的品种不同,脆、酥、松、软等口感特性要求也不同,规定中的水分含量也差别较大。糕点冷却过程中水分的变化与空气温度、相对湿度关系密切。适宜的冷却时间应根据糕点品种和车间布置等具体条件,进行测定后判别应当冷却的时间。糕点的包装或装箱都要在冷却后进行，如果不冷却，热蒸汽不易散发，过冷产生的冷凝水便吸附在糕点表面或包装上，为微生物的生长繁殖提供了必要条件，使糕点容易霉变。空气相对湿度能影响产品的含水量，空气相对湿度大于产品的含水量时，产品吸湿；反之，产品中的水分向空气中散失而逐渐变得干硬。

另外，糕点出炉后不宜马上脱离载体（烤盘、烤听等），进行急速降温冷却，应连同载体缓慢冷却，否则糕点可能会出现变形和裂缝现象。有些需装饰的糕点（如面糊类蛋糕）出炉后，先在烤盘内冷却（散热）10min，取出继续冷却1~2h，然后再加奶油或巧克力等需要的装饰。还有些糕点（如海绵蛋糕等）出炉后应马上翻转使表面向下，以免遇冷而收缩。

（七）糕点装饰技术

有很多糕点在包装前需要进行装饰（也称美化），装饰能使糕点更加美观、吸引人，也增加了糕点的风味和品种，是西点变化的主要手段。除了色泽装饰和裱花装饰，装饰糕点的常用方法还有夹心装饰、表面装饰和模具装饰等。

1. 夹心装饰

夹心装饰即在糕点的中间或几层糕点之间夹入装饰材料进行装饰的方法。夹心装饰不仅美化了糕点，而且改善了糕点的风味和营养，增加了糕点的花色品种。糕点中有不少品种需要夹心装饰，如蛋糕、奶油空心饼等，将蛋糕切成片状，每片之间夹入蛋白膏、奶油膏、果酱等，可制成许多层次分明的花色蛋糕。奶油空心饼和巧克力也是一种夹心装饰，将烤好冷却后的奶油空心饼和巧克力装入奶油布丁馅和巧克力布丁馅即成。另外，夹心装饰也用于面包、饼干中。

2. 表面装饰

表面装饰是对糕点表面进行装饰的方法，在糕点装饰中被普遍采用。表面装饰又可分为许多种，常见的有以下几种。

（1）涂抹法　涂抹法是将带有颜色的膏、泥、酱等装饰材料均匀地涂抹于制品的四周和表面进行装饰的方法，例如西点中常将熔化的巧克力或糖霜类装饰材料倾倒在制品表面上，然后迅速将其抹开或抹平。中点中常将蛋液、油、糖浆、果酱等装饰材料刷在糕点表面，使之产生诱人的色泽。

（2）包裹法　包裹法是将杏仁糖皮或普通糖皮等包在糕点的外表，彩色蛋糕经常用这种方法。

（3）拼摆法　拼摆法是将各种水果、蜜饯、果仁、巧克力制品等直接拼摆在糕点表面上构成图案或在裱好的花上加以点缀的装饰方法，如水果塔的装饰等。

（4）模型法　模型法是先用糖制品或巧克力等制作成花、动物、人物等模型，再摆放到糕点上。

（5）黏附法　黏附法是先在制品表面抹一层黏性装饰料或馅料（如糖浆、果酱、奶油膏、冻胶等），然后再接触干性的装饰料（如各种果仁、籽仁、糖粉、巧克力碎粒、椰丝等），使其黏附在制品表面，装饰料黏附牢固，不易脱落。

（6）穿衣法　穿衣法是将糕点部分或全部浸入熔化的巧克力或方登中，片刻取出，糕点外表便附上一层光滑的装饰料。

（7）盖印法　盖印法是用各种印章蘸上色素直接盖在糕点的表面进行装饰，如中式糕点中的月饼等。

(8) 撒粉法 撒粉法在糕点表面撒上砂糖、食盐、糖粉、碎糕点屑、籽仁等来装饰糕点表面的方法。如撒糖粉，先将砂糖磨成细粉，然后用各种形状的小物品放在糕点表面，撒上糖粉，再撒上这些小物品，则用糖粉装饰的表面图案就出来了，也可以将糖粉直接撒在糕点表面上。

3. 模具装饰

模具装饰是用模具本身带有的各种花纹和文字来装饰糕点，是一种成型装饰方法，如中式糕点的月饼、龙凤喜饼等。

【思 考 题】

1. 简述蛋糕配方平衡的设计原则。
2. 鸡蛋在蛋糕制作中的作用是什么？
3. 说明蛋糕膨松原理。清蛋糕和油蛋糕的主要区别是什么？
4. 说明蛋糕油的作用、加入时机，加入量受哪些因素影响。
5. 简述海绵蛋糕制作工艺要点。
6. 简述戚风蛋糕面糊制备时的工艺要点。
7. 蛋糕生产常见质量问题有哪些？
8. 中式糕点和西式糕点有哪些区别？
9. 糕点生产有哪几种面团？各种面团的操作要点是什么？
10. 烘焙产品进行装饰的目的、原则是什么？举例说明典型装饰料制备方法。

实验五　蛋糕的制作

蛋糕含有丰富的蛋白质和热量。蛋糕以其营养丰富、结构松软、风味可口香甜等特点，深受广大消费者的欢迎。蛋糕的制作是利用鸡蛋液的发泡性能，通过对鸡蛋液的强烈机械搅拌，使其结合大量的空气，形成许多细小的空气泡，这些气泡在烘烤过程中受到热膨胀，同时由于蛋白质的热变性凝固，从而制成了膨松多孔的产品。蛋糕制作的两个最关键的工序是蛋液的搅拌和烘烤。

一、实验目的

1. 了解各种蛋糕制作的基本原理。
2. 掌握三种基本类型蛋糕的制作过程和技术要领。

二、设备与器具

打蛋机、远红外烤箱、蛋甩、油刷、台秤、瓷盆、不锈钢匙、烧杯等。

三、配方

面粉 1.25kg，鸡蛋 1.5g，白糖 1kg，碳酸氢钠 6.25g，色拉油（涂模用）0.25kg。

四、实验操作

蛋糕制作的基本工艺流程如下：

配料 → 打蛋 → 调糊 → 成型 → 冷却 → 成品

1. 原料准备

① 按配方称取鸡蛋，用自来水洗涤后，打蛋去壳，蛋液打入打蛋机搅拌。
② 按配方分别称取面粉和碳酸氢钠，并过筛打碎粉块。

2. 打蛋

将白糖倒入装有蛋液的搅拌机内,接通电源,启动打蛋机对蛋液进行高速搅拌。搅拌过程中由于空气的充入,蛋液体积不断增大,直至蛋液体积增长2~3倍,蛋液呈乳白色时结束高速打蛋,打蛋快结束时加入碳酸氢钠,稍加搅拌即可。打蛋工序大约需要20min。

3. 调糊

打蛋后取下搅拌器,将面粉加入蛋液中,同时用打蛋器慢速搅拌,至搅拌均匀为止。

4. 入模成型

事先用油刷对蛋糕模涂上油,重点是蛋糕模内侧的涂油。

调好的糊用不锈钢勺将蛋糊刮入蛋糕模内。模内装蛋糊的量约为模容量的80%。

5. 烘烤

蛋糊入模后应及时入炉烘烤。烘烤温度200℃以上,时间约8min,当蛋糕表面发黄时即可出炉。

注意:烤炉应提前升温到200℃以上,因为烤模入炉时炉温会降低很多。

6. 脱模冷却

蛋糕出炉后应趁热及时将蛋糕倒出烤模,并经冷却后再装盘。

五、典型蛋糕的制作

(一)海绵蛋糕的制作工艺

1. 海绵蛋糕配方(单位:g)

蛋糕粉1000,全蛋1000,糖1100,盐2.5,蛋糕油3,水400,泡打粉10,色拉油150。

2. 操作步骤

(1)打蛋 先将蛋液,糖和盐混合,使糖盐基本溶解,再用高速打至蛋液呈乳白色,加入蛋糕油、水后继续打到泡沫稳定。

(2)调糊 将蛋糕粉均匀地撒入调粉机中慢速搅拌均匀即可。

(3)注模 将蛋糕糊倒入已预先铺好油纸的模具内,注入量为2/3。

(4)烘烤 采用先低温后高温的方法,炉温为180~220℃,烘烤时间根据胚的大小而定,小的15min左右,大的30min左右。当烘烤到一定时间后,可用一根干净的牙签插入蛋糕的内部,抽出观察,如上面沾有白面糊,说明尚未成熟;如上面光滑无沾物,则说明蛋糕已完全成熟。

(5)冷却 烘烤后,稍微冷却,然后脱模,再继续冷却。

3. 注意事项

① 所用器具必须清洁,不宜染有油脂,也不宜用铝制器具。

② 蛋糕糊终点判断方法:手挑起呈鸡尾状。

(二)戚风蛋糕的制作工艺

1. 戚风蛋糕配方(单位:g)

蛋白糊部分:蛋白1600,细糖850,盐8,塔塔粉15。

蛋黄糊部分:细糖400,奶水400,色拉油500,泡打粉20,低筋粉110,牛油香粉15,蛋黄650。

2. 操作步骤

（1）蛋黄糊调制　加入蛋黄、细糖搅打至糖溶解，再加入水，继续搅打，打到一定程度后，再加入已事先过筛混匀的面粉、泡打粉、牛油香粉混合物，快速搅打数分钟，直至用手挑起以后呈鸡尾状为止，最后再慢速搅拌 2～3min。

（2）蛋白糊调制　加入蛋清快速搅打，直至搅拌到白沫状，再加入盐，搅拌数分钟，把糖加入溶解后，搅拌至蛋白糊用手勾起呈鸡尾状停止搅拌即可。

（3）两种蛋糕混匀　把蛋黄糊分两次倒入蛋白糊中，混匀即可。

（4）装模　把混匀的蛋糕装入事先铺好油纸的模具中装六成满即可。

（5）烘烤　同海绵蛋糕。

（6）冷却　先冷却，后脱模，再继续冷却。

（三）重油蛋糕的制作工艺

1. 重油蛋糕配方（单位：g）

黄奶油 500，净蛋 500，糕点粉 500，细糖 416，泡打粉 20。

2. 操作步骤

① 将奶油和细糖混合，打至发白（充气），越白越好，但不能过气。

② 加入净蛋，打匀。

③ 加入已混匀的糕点粉和泡打粉，打匀即可。

④ 将面浆倒入纸盒内，约 90g/只，装盘烘烤，上火 190℃，下火 160℃，约 12min。

3. 注意事项

① 奶油打得过气时会拉断奶油弹力，烘烤时蛋糕发不起来。

② 每只蛋糕的大小要掌握好，否则蛋糕表面爆不开。

六、思考题

1. 海绵型蛋糕在搅打蛋液时为何要避免接触油脂？

2. 各种蛋糕的制作工艺的异同？

实验六　酥饼类食品的制作

酥饼的种类很多，其中桃酥是非常重要的一种。桃酥是一种无馅点心（个别品种有夹馅），油糖比重较大，使成品具有酥、松、脆的结构特点，味香可口，深受欢迎。桃酥的品种很多，有的用籽仁作饰裱，造型有花边、长方、正圆及菱形等形状。烤制成熟后，表面有小裂纹或硬花，色泽有棕红色、棕乳白色等，产品酥松、色味俱佳。

一、实验目的

1. 了解酥类点心膨松的原因。

2. 掌握桃酥的制作技术。

二、工艺流程

配料 → 制坯 → 成型 → 刷蛋液 → 饰裱 → 焙烤 → 冷却 → 成品

三、设备及器具

远红外烤箱、打蛋机、木制圆形模子（俗称板子）、不锈钢刀、不锈钢匙、烧杯、烤盘等。

四、配方

低筋粉 1000g，糖粉 350g，生油（或猪油）344g，鸡蛋 50g，小苏打 10g，葱 25g（切成屑），精盐 13g。

五、实验操作

1. 搅拌

配料是决定桃酥品质的重要工序，主要是油、糖、面调制而成。将熟面粉放在桌上，使成盆形，将糖、油、鸡蛋、小苏打、盐和葱屑放在其中，拌匀擦透，调成软硬适宜松散状面团。

2. 成型

将擦透的半成品放入木制圆形的模子内，用力按压，使其在模型内黏结，用薄片刮去多余的粉屑，再将模内的葱油桃酥生坯敲出，磕出的桃酥码入烤盘，要轻拿轻放，要防止走形，码盘的距离要适合于加温焙烤，块间距离均匀。

3. 焙烤

为增加制品表面光泽，可涂蛋液后再入炉烘烤。炉温是决定桃酥品质的关键。如温度过高会烤焦，表层不易出裂纹；温度过低则延长焙烤时间，水分大量散失，制品干硬，色泽灰白。炉温应以 160~180℃，烤 8~9min 为宜，桃酥出现裂纹并稍带黄色为熟。

4. 冷却

桃酥焙烤出炉之后，余热未散尽，桃酥发软，需要有一定冷却时间，冷却后包装入箱。

六、感官指标

（1）色泽　表面浅黄、底部深黄、裂纹处黄白，不焦煳。
（2）形态　规格整齐、呈圆形，大小一致，厚薄均匀，表面要有舒展的裂纹。
（3）内部组织　疏松，具有均匀的小蜂窝，不能硬脆、撞嘴。
（4）口味　酥松绵软、爽口、有浓郁的葱香、兼有咸甜两味、无异味。
（5）成品　内外清洁、无杂质、无异物。

七、思考题

桃酥中油、糖的作用是什么？

实验七　泡芙类食品的制作

一、实验目的

熟悉并掌握泡芙的加工工艺过程。

二、设备及器具

搅拌机、裱花袋、烤盘、烤箱等。

三、配方

黄奶油 800g，水 1200g，高筋粉 1000g，吉士粉 100g，鸡蛋 35g，鲜奶油适量。

四、制作过程

① 将黄奶油、水煮开分别加入高筋粉、吉士粉煮成熟面糊状。
② 将煮熟的面糊倒入搅拌机中快速打致冷却，分次加入鸡蛋，快速搅打均匀，搅打好的面糊手挑起成尖锋状。

③ 烤盘上刷油，并撒少许生面粉，将面糊挤在烤盘上，并做相应的形状，如长条状。

④ 将烤盘放入已预热的烤箱中，要求面火温度 200℃，底火温度 180℃，烤至金黄色。

⑤ 将鲜奶油打发，用裱花袋挤入到冷却后的泡芙壳里，然后进行装饰，即得泡芙制品。

五、注意事项

① 鸡蛋要一个个加入，边加边搅匀。

② 挤形时要体积不要面积，不要留缝，否则烘烤时胀发不起来。

实验八　蛋挞的制作

一、实验目的

掌握蛋挞的制作技术。

二、设备及器具

远红外烤箱、搅拌机、蛋挞模子、烤盘等。

三、配方

1. 皮料

低筋面粉 1000g，水（或蛋）125g（200g），油脂 500g，白砂糖 250g，泡打粉 10g。

2. 浆料

鸡蛋 280g，白砂糖 140g，牛奶 1000g。

四、制作方法

1. 制皮

① 将皮料配方中材料调制成面团。

② 将面团擀开至所需要的厚度（约为 3mm）。

③ 用花边印模将面皮按压成一定大小的圆块。圆块翻面放入模具中，用手指将面块与内壁贴紧制成生塔坯。

2. 制浆

① 将牛奶、蛋和糖一起搅打均匀即可。

② 将蛋塔馅料小心装入塔坯中，高度约为塔高度的 2/3。

3. 烘烤

入炉烘烤，炉温约 200℃，烘烤至塔坯呈金黄色。

五、感官质量标准

蛋挞皮有层次、酥脆，蛋浆表面光滑，反倒时蛋浆不流动，有蛋黄颜色和香味。

六、注意事项

① 天热时皮料易粘物，最好放冰箱冷却后使用。

② 倒浆后表面如有气泡，要用竹签挑破，否则出炉后表面不够光滑。

第七章 月饼制作技术

> **学习目标**
>
> 1. 了解我国月饼的种类及其食用特点。2. 掌握广式月饼的制作技术及操作要点。3. 理论联系实际,在实践操作中分析月饼在生产过程中常见的质量问题及解决方法。

第一节 月饼的分类及特点

中秋佳节的传统食品是月饼,月饼是圆形的,象征着团圆,反映了人们对家人团聚的美好愿望。自古以来,就有关于月饼的流传佳话,而且其制作工艺越来越精细。

近几年来,我国的月饼发生了很大的变化。除了包装越来越精美以外,其口味口感也越来越亲近现代人的口味需求,个头小了,甜味降低了,馅料丰富了,口感柔软了。我国月饼经过长期的演变和发展,到今日,花样不断翻新,品种不断增加,风味因地各异。地区的差异使品种外观、口感、味道各具独特风格,其中京式、苏式、广式、潮式等月饼广为我国南北各地的人们所喜食。

我国月饼品种繁多,按产地分,有京式月饼、广式月饼、苏式月饼、台式月饼、滇式月饼、港式月饼、潮式月饼、徽式月饼、桂式月饼,甚至日式等;就口味而言,有甜味、咸味、咸甜味、麻辣味;从馅心讲,有五仁、豆沙、冰糖、黑芝麻、火腿月饼等;按饼皮分,则有浆皮、混糖皮、酥皮三大类;就造型而论,有光面月饼、花边月饼和孙悟空月饼、老寿星月饼,还有儿童喜食的象形月饼,如猪仔饼、狮子饼等;按原料分,又有冰皮月饼、果蔬月饼、海味月饼、椰奶月饼、茶叶月饼、药膳月饼等。

目前,全国月饼可分为六大类,其特点简述如下。

1. 广式月饼

广式月饼是目前最大的一类月饼,它起源于广东及周边地区,目前已流行于全国各地,其特点是皮薄、馅大,通常皮馅比为2∶8,皮馅的油含量高于其他类,吃起来口感松软、细滑,表面光泽突出,突出的代表是广州莲香楼及广州酒家的白莲蓉月饼。

2. 京式月饼

京式月饼起源于京津及周边地区,在北方有一定市场,其主要特点是甜度及皮馅比适中,一般皮馅比为4∶6,以馅的特殊风味为主,口感脆松,主要产品有北京稻香村的自来红月饼、自来白月饼,还有五仁月饼等。

3. 苏式月饼

苏式月饼起源于上海、江浙及周边地区,其主要特点是饼皮疏松,馅料有五仁、豆沙等,甜度高于其他类月饼,主要产品有杭州利民生产的苏式月饼等。

4. 滇式月饼

滇式月饼主要起源并流行于云南、贵州及周边地区,目前也逐渐受到其他地区消费者的喜欢，其主要特点是馅料采用了滇式火腿，饼皮疏松，馅料咸甜适口，有独特的滇式火腿香味，主要产品是昆明吉庆祥生产的云腿月饼。

5. 潮式月饼

潮式月饼起源于潮汕地区，为传统糕点类食品，属酥皮类饼食，其主要特点是饼身较扁，饼皮洁白，以酥糖为馅，入口香酥，猪油是传统潮式月饼的主角，主要品种有绿豆沙月饼、乌豆沙月饼等。

6. 其他月饼

其他帮式的月饼相对量较少，如宁波的"宁式月饼"、上海的"沪式月饼"、厦门的"庆兰月饼"、福州的"五仁月饼"、西安的"德懋恭"水晶月饼、哈尔滨的"老鼎丰牌"月饼、扬州的"黑麻月饼"、绍兴的"干菜月饼"、济南的"葡萄软馅"月饼和"水晶豆蓉"月饼等著名品种，风味特点各有千秋。

"年年中秋明月夜，岁岁月饼有不同。"各式月饼花色虽近似，但风味却迥然不同：京式月饼以素字见长，油与馅都是素的，做法如同烧饼，外皮香脆可口；而广式月饼的外皮和西点类似，以内馅讲究著名，重油重糖；苏式月饼则取浓郁口味，油糖皆注重，且偏爱于松酥，外皮吃起来层次多且薄，酥软白净、香甜可口，外皮越松越白越好；潮式月饼身较扁，饼皮洁白，以酥糖为馅，入口香酥。

我国人民原来消费比较多的是京式月饼，京式月饼属于松酥型，饼馅以果仁、果料、冰糖为主，味足不腻回味无穷。现在，市场上比较多见的是广式月饼，广式月饼皮薄、馅大，入口柔软，比较适合老年人的胃口。因为现在大部分的月饼还是用来孝敬老人的，这种月饼正好迎合了这种消费需求，所以现在广式月饼大行其道。

第二节　广式月饼制作技术

广式月饼（图 7-1）又名广东月饼，是中国月饼的一大类型，盛行于广东、海南、广西等地，并远传至东南亚及欧美各国的华侨聚居地。广式月饼因主产于广东而得名，早在清末民初已享誉国内外市场。广式月饼闻名于世，最基本的还是在于它的选料和制作技艺无比精巧，其特点是选料上乘、皮薄馅丰、滋润柔软、油光闪闪、色泽金黄、造型美观、精工细作、饼面上的图案花纹玲珑浮凸、式样新颖，可茶可酒，味美香醇，百食不厌，且饼身不易破碎、包装讲究、携带方便，是人们在中秋节送礼的佳品，也是人们在中秋之夜，吃饼赏月不可缺少的佳品。

图 7-1　广式月饼

一、广式月饼分类及特点

（一）从口味上划分

广式月饼分为咸、甜两大类。它的品名一般以饼馅的主要成分而定，如五仁、金腿、莲蓉、豆沙、豆蓉、枣泥、椰蓉、冬蓉等。月饼馅料的选材十分广博，除用莲子、杏仁、橄榄仁、桃仁、芝麻等果实料外，还选用咸蛋黄、叉烧、烧鹅、冬菇、冰肉、糖冬瓜、虾米、橘饼、陈皮、柠檬叶等多达二三十种原料，并配制成众多的花色品种。近年又发展到用凤梨、榴莲、香蕉等水果，甚至还使用鲍鱼、鱼翅、鳄鱼肉、瑶柱等较名贵的原料。

（二）从饼皮上划分

广式月饼可分为糖浆皮、酥皮和冰皮三大类。

1. 糖浆皮月饼

广式月饼以糖浆皮月饼为主，因为糖浆皮月饼历史悠久、源远流长、广为传播，加上皮质柔软滋润，皮色金红，可塑性大，能支撑整个月饼，如莲蓉类的甜饼，海味类的咸饼，且保鲜时间长，这是糖浆皮月饼的一大特色。

2. 酥皮月饼

酥皮月饼的饼皮色泽金黄，它是吸收西方点心类的做法，结合广式月饼的特色创制而成，主要生产莲蓉类的甜饼为主。其特点是：热吃松化甘香，有牛油味，冷吃则酥脆可口。

3. 冰皮月饼

冰皮月饼只有数十年历史，最初源自香蕉糕的做法，饼皮如玉石般洁白，制成后必须放在 2~5℃的恒温箱内保存。

在广式月饼中，以莲香楼、广州酒家、泮溪酒家、陶陶居、大三元、趣香饼家等几间名家生产的月饼最有代表性，产销量也比较大。这些名家月饼，无论是甜的还是咸的，是荤的或是素的，无不香甜柔润，吃后口齿留香，久久不能忘怀，享誉海内外。如莲香楼的莲蓉类月饼、陶陶居的"居上月"、大三元的"五仁咸肉月"等品种很早就驰名省港澳、东南亚国家和地区。莲香楼生产的月饼自 1982 年首次销往美国后，现已成功打入欧美国际市场。

现在的广式月饼，既有历史悠久的传统产品，又有符合不同需要的创新产品，如低糖月饼、低脂月饼、水果月饼、海鲜月饼等，高、中、低档兼有，各取所需，且老少咸宜，越来越受到国内外食客的青睐。

二、广式月饼制作技术

（一）原料的选择

1. 馅料

广式月饼通常分为硬馅与软馅两种。硬馅一般是各企业自制，其质量控制点主要是掌握所选购的原料要新鲜、干燥、无霉味。五仁类和粉类原料须预先清理并炒熟烤透，否则会导致产品质量下降及影响保质期。同样道理，选购蛋黄亦须预先进行防腐防霉处理。软馅大多企业是选购的，故其质量控制点主要是把握所选取馅料的新鲜度、纯度、风味及水分含量。通常用于面包和糕点的馅，因其水分含量过高而不宜用于月饼。有的馅料在开封后，闻有酸味，这说明已发酵腐败；有的会出现起块或有白点，那可能是粉料回生或砂糖返砂结晶所引起。这些馅料应具备该品种天然的纯香味，揉成团时不粘手，细腻润滑，软硬适中，制成的月饼不开裂，不"泻脚"等。

2. 面粉

广式月饼最适宜的是低筋粉或月饼专用粉，其湿面筋含量在 22%~24% 为佳。面筋含量过高,在和面时会产生过强的筋力,使面团韧性和弹性增大,加工时易收缩变形,操作困难,烘烤后饼皮不够松软和细腻,易发皱,回油慢,光泽差。但过低的面筋含量,因其面粉吸水率低,使面团发黏,缺少应有的韧性、弹性,因而也不很适合。

3. 糖浆

目前,我国用于月饼生产的糖浆主要是用砂糖熬制而成的转化糖浆,其作用不仅仅体现在提供甜味和调节面团的软硬度,更主要还表现在以下几方面:限制和面时面筋的形成;加快成品的回软回油速度;增加月饼烘烤时的上色程度;延长月饼的保质期。

经实验证明,糖浆中果糖和葡萄糖的含量分别达到20%和25%以上时,做出的月饼就可以达到令人满意的效果。也就是说,在传统的糖浆熬制工艺下,其转化率需达到75%以上。虽从理论上计算,若糖浆的浓度为78%,只要转化率达到60%即可符合要求,但由于在熬糖时糖浆的温度时常要超过110℃,这样已被转化成的单糖特别是果糖就很易受到破坏而损失。因而,在传统的熬糖工艺下很难做到一步到位,即熬好后马上就能用于月饼生产,否则,过度熬制,虽转化率能达到要求,但因糖浆的色泽加深,产生过多的焦糖,将严重影响月饼质量。为此,有经验的老师傅在熬制糖浆时熬到一定的程度(此时转化率约为60%~65%),然后冷却,室温下放置15~20天后再使用,在此过程中仍可利用糖浆中的酸,让砂糖慢慢转化而使果糖和葡萄糖含量进一步增加并达到理想的要求。还需要特别指出的是,对于月饼糖浆的质量要求,其浓度、酸度和色泽也很重要。一般来说,浓度为76%~82%,pH值在3.5以上,色泽为淡黄色或棕黄色的糖浆是适宜的。

以往,企业所用的糖浆常是自制的,但由于熬制程度往往难以掌握,而使产得的糖浆达不到要求,且前后产出的糖浆质量不一致,导致生产的月饼质量不稳定。因此,若选用价格合理、质量稳定可靠的月饼专用成品糖浆,则将是解决这一难题十分有效的方法。

4. 油脂

油脂在月饼皮中也是一个很重要的原料,其主要功能表现在:产生润滑作用;提供了起酥性,因为油脂的疏水性,可限制面团中面筋的形成,加上油脂的隔离作用,使面团弹性韧性下降,可使月饼表皮松软;改善月饼的质构、适口性、风味及增加光泽;提供热量及营养;油脂本身具有防腐能力。

目前,我国许多企业所用的油脂大多为花生油,其主要原因是常温下呈液态,在饼皮中易于流动,烘烤后回油快、光泽好,且具有易于人接受的风味。但花生油油色太深,从而影响月饼的外观和光泽;同时由于其含有较多的不饱和脂肪酸,易发生氧化酸败;另外,天然花生油缺乏乳化剂,使其不易与糖浆发生乳化及不易与蛋白质、淀粉等结合,易使月饼产生走油现象,并影响月饼烘烤后回软的速度。因此,生产质量较高的广式月饼应选择经过精炼并添加了一定种类乳化剂及风味物质的液态起酥油为佳。

5. 枧水

在调制广式月饼饼皮面团时,常加入叫枧水的物质。它是用碳酸钾和碳酸钠作为主要成分,再辅以磷酸盐或聚合磷酸盐,配制而成的碱性混合物。用含有碳酸钾的枧水制作的月饼,饼皮既呈深红色,又鲜艳光亮,与众不同,催人食欲。这是使用枧水与单独使用碳酸钠的主要区别。如果仅用碳酸钾和碳酸钠配成枧水,则性质很不稳定,长期储存时易失效变质。一般都加入10%的磷酸盐或聚合磷酸盐,以改良保水性、黏弹性、酸碱缓冲性及金属封闭性。

加入枧水的目的有三个:一是中和转化糖浆中的酸,防止月饼产生酸味而影响口味、口感;二是使月饼饼皮碱性增大,有利于月饼着色,碱性越高,月饼皮越易着色;三是枧水与酸进行中和反应产生一定的二氧化碳气体,促进了月饼的适度膨胀,使月饼饼皮口感更加疏松又不变形。

枧水的浓度也非常重要：枧水浓度太低，造成枧水加入量大，会减少糖浆在面团中的使用量，月饼面团会"上筋"，产品不易回油、回软，易变形；枧水浓度太高，会造成月饼表面着色过重，碱度增大，口味口感变劣。

（二）原料配方

1. 皮料

面粉 9.25kg、糖浆 6.9kg、柠檬酸 9.25g、花生油 2.8kg、枧水 0.175kg。

2. 饰面料

调匀蛋液 0.5kg。

3. 馅料

按不同品种配制。广式月饼的馅心配方如下。

（1）豆沙月饼　砂糖 16kg、赤豆 12kg、花生油 5.5kg、糖玫瑰 1.5kg、面粉 1kg。

（2）豆蓉月饼　砂糖 15kg、花生油 3kg、绿豆粉 10.5kg、猪油 1kg、五香粉 0.25kg、麻油 2.5kg、精盐 0.1kg、生葱 1kg。

（3）枣泥月饼　砂糖 8.25kg、花生油 6.5kg、绿豆粉 1.5kg、黑枣 18.7kg、熟糯米粉 1.5kg。

（4）百果月饼　砂糖 9.5kg、花生油 1.5kg、糖玫瑰 1kg、熟糯米粉 2.5kg、净白膘肉 7.5kg、橄榄仁 1kg、瓜子仁 2kg、核桃仁 2kg、熟芝麻 2.5kg、糖冬瓜 2.5kg、大饼 0.5kg、大曲酒 0.375kg、杏仁 0.5kg、糖金钱橘 1.5kg。

（5）金腿月饼　砂糖 8.75kg、花生油 7.5kg、糖玫瑰 1.5kg、五香粉 0.175kg、熟糯米粉 3kg、净白膘肉 6.75kg、橄榄仁 1kg、瓜子仁 2kg、核桃仁 2kg、熟芝麻 2kg、糖冬瓜 1.5kg、橘饼 5.5kg、大曲酒 0.125kg、杏仁 1.5kg、糖金钱橘 2.5kg、火腿 1.5kg、麻油 0.25kg、胡椒粉 0.175kg、精盐 0.065kg。

（6）椰蓉月饼　砂糖 12.25kg、猪油 5.25kg、熟糯米粉 26.25kg、椰子粉 10.5kg、鸡蛋 6.575kg、香精 100ml。

（7）冬蓉月饼　砂糖 7.5kg、花生油 1.5kg、猪油 1.5kg、熟糯米粉 3.75kg、净白膘肉 3kg、糖冬瓜 15kg、熟面粉 3.75kg。

（8）莲蓉月饼　砂糖 16.875kg、花生油 6.565kg、莲子 15kg、枧水 0.25kg。

（9）蛋黄莲蓉月饼　莲蓉馅 12.1kg、咸蛋黄 80 只。

（10）五仁甜肉月饼　糖渍肥肉 15kg、砂糖 2.5kg、南杏仁 2.5kg、瓜子仁 2.5kg、核桃仁 2kg、橄榄仁 4kg、糖冬瓜 2.5kg、芝麻 2kg、糖橘饼 1kg、糖玫瑰 1kg、花生油 1kg、熟糯米粉 4kg、汾酒 0.4kg、清水 2kg。

（11）五仁咸肉月饼　糖渍肥肉 15kg、砂糖 2.5kg、南杏仁 2.5kg、瓜子仁 2.5kg、核桃仁 2kg、橄榄仁 4kg、糖冬瓜 2.5kg、芝麻 2kg、糖橘饼 1kg、糖玫瑰 1kg、精盐 2kg、柠檬叶 0.1kg、花生油 1kg、熟糯米粉 4kg、汾酒 0.4kg、清水 2kg。

（12）腊肠叉烧月饼　腊肠 6kg、叉烧 7.5kg、核桃仁 3kg、瓜子仁 2.5kg、南杏仁 2kg、胡椒粉 0.025kg、白酒 0.25kg、熟糯米粉 7.25kg、花生油 1.25kg、糖橘饼 0.75kg、熟芝麻 2kg、砂糖 16.25kg、精盐 0.25kg、橄榄仁 8kg、味精 0.01kg、柠檬叶 0.05kg、芝麻油 0.25kg、糖莲子 2.5kg、清水 3.5kg。

（13）鲜奶椰丝莲子月饼　砂糖 7.5kg、熟冰肉 5kg、猪油 1.5kg、橄榄仁 1.5kg、糖椰丝 28kg、糖莲子 6.5kg、花生油 1kg、鲜奶 4kg、熟糯米粉 8kg。

（14）珠江鸳鸯月饼　砂糖 15kg、熟卤肉 5kg、冬菇 0.75kg、熟芝麻 1.5kg、花生油

0.5kg、熟糯米粉 6kg、熟肫肝 2.5kg、油泡橄榄仁 6kg、叉烧 5kg、蚝豉 1.5kg、瓜子仁 4kg、芝麻油 0.5kg、烧鸭肉 2.5kg、白酒 0.5kg、红色甜姜 0.1kg、柠檬叶 0.05kg、胡椒粉 0.025kg、清水 5～6kg、熟蛋黄 400 只、皮蛋 100 只（去壳后每只皮蛋分切成 4 块）。

(三) 制作方法

1. 制皮

(1) 制糖浆 以 2kg 白砂糖 1kg 水的比例，先将清水的 3/4 倒入锅内，加入白砂糖加热煮沸 5～6min，再将柠檬酸用少许水溶解后加入糖溶液中。如果糖液沸腾剧烈，可将剩余的清水逐渐加入锅内，以防止糖液溅泻。煮沸后改用慢火煮 2h 左右，煮至温度大约为 115℃，用手粘糖浆可以拉成丝状即成。糖浆制成后需存放 15～20 天，使蔗糖转化、发酸变软，用这样的糖浆调制的面团质地柔软，延伸性良好，无弹性，不收缩，制品花纹清晰，外皮光洁。

制作要点：

① 糖浆原料的选择。在实际生产中，糖的品质直接影响糖浆的制作，以至于影响到月饼的质量，月饼糖浆要选用结晶均匀，颗粒大小一致，内部无杂质的粗粒砂糖，而且必须是蔗糖；制作糖浆加入柠檬酸是制作广式月饼中一大特色，它能使制作好的糖浆有爽口的酸味，同时防止糖浆翻砂，促进糖浆的转化，使月饼回油快，且色泽金黄，柔软金亮，所以柠檬酸要选用上等的，或使用自然界中的酸性硬物质，如菠萝。

② 糖浆制作工具的选择。应选用铜锅或不锈钢锅，而不应选用铁锅或铝锅加热。因为用铁锅或铝锅制作糖浆，由于温度过高，铁与铝的分子结构不稳定，会起化学反应，使糖浆颜色变黑，影响糖浆的品质，因此所用的长把勺也应使用铜制或不锈钢制的。

③ 制好的糖浆需要进行过滤处理。

④ 糖度要求 78%～80%（糖度仪），糖浆温度要求 110～115℃。

⑤ 完成后的糖浆要求装塑料桶（防急冷翻砂）。糖浆起锅时，桶一定要擦干，不要直接接触地面，糖浆热时，桶盖不能立即盖上，要先蒙上一层纱布，等糖浆完全冷却后再盖上盖子以防水汽回落。

⑥ 月饼加工中加入月饼饼皮中的不是普通的蔗糖，而是果葡糖浆。它对月饼的回油情况、成型效果、通透度起到至关重要的作用。为了确保饼皮质量，如果能使用提前三个月进行熬制的糖浆，才能保证让蔗糖充分转化成为果葡糖浆，才能使其成分稳固恒定不会发生逆反反应，因此月饼加工厂每年都必须在 4、5 月份就开始熬制。

(2) 制枧水 碱粉 25kg 加小苏打 0.95kg 用 100kg 沸水溶解，冷却后使用。

(3) 制皮 面粉过筛，置于台板上围成圈，中央开膛，倒入加工好的糖浆与枧水，先充分混合兑匀后，再加入花生油搅和均匀，然后逐步拌入面粉，拌匀后揉搓，直至皮料软硬适度，皮面光洁即可。面团要在 1h 内成型完毕。

制作要点：

① 糖浆、枧水、生油必须拌匀，否则皮熟后会起白点。

② 油与糖浆要充分长时间搅拌（为了更好地乳化）才能拌面粉，否则月饼皮容易往外渗油。

③ 要注意掌握枧水用量，多则易烤成褐色，影响外观，少则难以上色。

④ 面团的软硬应由糖浆和面粉的增减来调节，不得加水，否则面粉"上筋"，使面团弹性增大，易收缩，花纹不清。

⑤ 因为使用的糖浆浓度因人而异，所以在做月饼皮时要以饼皮的柔软度为准，且必须要和馅料的软硬程度达到一致，皮太软容易出现粘模子的现象，皮太硬烤出来的月饼容

易发生脱皮现象，外形呆板不自然，发干并且不容易回油，只要像耳垂的软度即可。

⑥ 皮料调制后，要静置 20～30min 方可使用，目的是使面团更好的吸收糖浆及油分，便于制作，但存放时间不宜过长。静置的时间太长，面团中的蛋白质将过度吸水胀润，产生过强的韧性，同时，面团也会逐渐冷却降温，面团中的糖浆产生胶凝作用，使面团变硬，可塑性下降。面团的静置时间应根据不同地区、不同气候和面团的搅拌时间长短来灵活掌握。

2. 制馅

按不同品种配制（见前）。

（1）豆沙馅　以赤豆为主料，用赤豆、面粉、砂糖、糖玫瑰、花生油，加水提沙和炒制而成。

制作要点：豆沙馅不易保管，水分不得超过 10%。

（2）豆蓉馅　以绿豆粉为主料，先将油放入油锅内加热，加入生葱，炸黄去渣，再加适量水烧开，放入砂糖、盐、五香粉等原料，溶解后，倒入绿豆粉，不停地搅拌，熬制成泥即成。

制作要点：豆蓉馅亦不易保管，水分不得超过 10%。油一般为绿豆粉的 35%～50%。糖为绿豆粉的 100%～140%。

（3）枣泥馅　以红枣、黑枣为主料，先将枣蒸烂，去枣核后放入筛中擦除枣皮，滤出枣浆。按每百千克枣浆加 50～80kg 的砂糖，50～80kg 的熟猪油或植物油，同时入锅熔化，浓缩成厚泥，最后加入 5kg 左右糕粉拌匀即成。

（4）百果馅　白膘切成小丁，用糖腌（比例为 1∶1）。果料、蜜饯切碎，将白砂糖与糖渍白膘加清水溶解，再加入芝麻、果料、蜜饯等拌和，最后加糕粉拌匀。

（5）金腿馅　除火腿仍需切成小丁外，其余与百果馅制法相同。

制作要点：①切料颗粒要均匀，不可乱斩；②应按糕粉吸水量加水；③拌白砂糖时，要先全部溶解；④炒蓉是关键，随时注意火候，过旺易焦，不足则色不黄，一定要用铜锅炒，铁锅会使浅色馅变色；⑤下油时要慢，少量多次才能吸收，否则易使油、馅分离。

（6）椰蓉馅　以椰子肉粉为主料，先将蛋及砂糖搅拌溶化，然后投入椰子肉粉及其他原料拌制而成。

（7）冬蓉馅　以糖冬瓜为主料，先将糖冬瓜绞成糊状与其他原料混匀而成。

（8）莲蓉馅　以莲子为主料（用湘莲制成的质量较好），先将莲子去皮、去心，再将莲瓣放入铜锅内煮烂，绞成泥，榨去多余水分备用。以 1∶(1～1.5) 比例的砂糖，加水溶化，熬制，待水分基本蒸发后，加入植物油等原料，继续搅拌、炒干成稠厚的砂泥为止。

（9）蛋黄莲蓉馅　如单黄莲蓉，在莲蓉馅中间加一只蛋黄即可；双黄或三黄莲蓉，则要把莲蓉分成两份或三份，每份莲蓉再包入一个蛋黄，以二合一或三合一的方法包成一个饼坯。

3. 包馅

（1）分皮、分馅　先将饼馅及饼皮各分 4 块，皮每块约 5kg，馅每块约 8kg。皮、馅各分 40 只。

（2）包馅　取分摘好的皮料，用手掌揿扁、压平，广式月饼的皮绝对不能厚，厚了烤好花纹就没有了。然后放馅，一只手轻推月饼馅，另一只手的手掌轻推月饼皮，使月饼皮慢慢展开，直到把月饼馅全部包住为止。这个技巧很重要，可以保证月饼烤好后皮馅不分离。包馅最关键的操作是要求饼皮厚薄均匀，无内馅外露，馅与皮的接触层应尽量避免有干粉，以免烘烤后起壳分离。

(3) 收口　口朝下放台上，稍散干粉，以防成型时粘印模。

4. 成型

把捏好的月饼生坯放入特制的木模印内或已经加热的铜模内（模印刻有产品名称），轻轻压实、压平，压时力量要均匀，使饼的棱角分明、花纹清晰。注意封口处朝上，揿实，不使饼皮露边或溢出模口。然后再将木模敲击台板，小心将饼坯磕出（铜模可在烘烤后脱模），逐个置于烘盘内，准备烘烤。依次做完所有的月饼。

制作要点：

① 放入生坯之前，应先在模内刷层油或在月饼模型中撒入少许干面粉，摇匀，把多余的面粉倒出，包好的月饼表皮也轻轻的抹一层干面粉。

② 敲脱印模时，上下左右都敲一下，就可以轻松脱模了。脱模时要注意饼形的平整，不应歪斜。

5. 饰面

将饰面用的鸡蛋打匀，先刷去饼上干粉，再用排笔在饼面刷上薄薄一层蛋液以增加光泽。注意广式月饼刷蛋液不可太多，均匀即可，可以在蛋液中适当加一些色拉油，以增加月饼表面颜色的亮度。

6. 烘烤

下火 150~160℃，上火 200~220℃。在月饼生坯表面轻轻喷一层水，放入烤箱最上层烤 5min 左右，饼面呈微黄色后取出刷上鸡蛋液，再入烤箱烤 7min 左右，取出再刷一次鸡蛋液，再烤 5min 左右，饼面呈金黄色、腰边呈象牙色即成。最后一次进烤箱时，可以只用上火，上色更快。

制作要点：

① 糖浆皮月饼在进炉之前需刷清水，其原理是能在饼皮形成一层水膜，水膜在烘烤中能使表皮上的干粉湿润，防止烘烤后出现白色斑点；同时还能使表皮变得细腻而光滑，可增加光泽；此外，也可防止表皮过早上色而产生焦化。如果不刷清水进炉，饼皮的焦化加快，饼皮颜色不艳，没有光泽。所以糖浆皮月饼（如广式月饼、提浆月饼）需刷水进炉，而其他月饼则不需要（如苏式月饼），但刷水或喷水不能过多，饼皮若水膜过厚将影响饼皮花纹的明晰度。

② 广式月饼的烤盘应铺垫牛油纸，如果没有牛油纸应少擦一点油，不能过量，否则月饼会泻脚。

③ 烘烤是关键，要正确掌握炉温与时间。五仁月饼的温度最好上火在 220℃ 左右，底火 150~160℃，而蓉馅月饼的温度要适当高些，面火为约 250℃，底火 150~160℃。面火太猛，月饼出炉后表面会裂开，馅内拌有生白膘馅的烘焙时间要适当延长。

7. 冷却和包装

烘烤结束后，刚出炉的月饼其表面温度可达到 170~180℃，出炉后，表面立即冷却，但由于内部仍处于高温，使内部水分仍剧烈向外散发，因此不能立即包装，否则会使包装容器上凝结许多水珠，造成饼皮表面发黏，花纹不清，在保存中易发生霉变。

(1) 冷却　把烤好的月饼取出，放在排气好的架子上完全冷却至常温，然后放入密封容器放 2~3 天，使其回油，即可食用。或将出炉月饼经稍加冷却至表皮约 60℃ 时即刻热包装。此时，内外温度差已不大，水分散发不强烈，经包装后散发出的水分并不会迅速凝固在包装袋上，而相反会慢慢地被饼皮所吸收，加快了回软的速度；同时，由于包装后内外温度差相对变小，更易于内部的油脂流动到表面，使得回油速度也加快；更重要的是，克服了完全冷却所带来的易被微生物污染的弊端，最大限度地保证了产品的卫生质量。

（2）包装　根据《中华人民共和国产品质量法》和强制性国家标准 GB 7718—94《食品标签用标准》的要求，必须严格按照品种规格，通过紫外线灭菌封口机封口，装进包装盒内进行规范包装。

月饼包装分为两种。第一种是没有任何保鲜剂的包装。这种包装只是将月饼用塑料袋密封而已，这种包装的月饼防霉极差，如果进行这样包装的话，月饼一定要彻底冷却，否则月饼温度比室温高，包装内会产生水汽，几天后月饼就会发霉。第二种是放有保鲜剂的包装。保鲜剂目前多用隔氧剂和脱氧剂。脱氧剂保鲜是将其与包装内原有的氧气反应，使包装内不存在氧气，从而令月饼中存在的微生物在无氧的状态下停止活性，使月饼不发霉。如果脱氧剂的含量和包装袋都符合要求，那么月饼的冷却程度就无关紧要，可以热包装也可冷包装。一般来说，月饼刚出炉受污染的可能性少，热包装效果会更好一些。如用隔氧保鲜剂，它是用挥发气体将月饼周围与含氧空气隔离，令氧气不与月饼接触，从而保证月饼不发霉。用这种保鲜剂最好是等月饼完全冷却后包装，因为保鲜剂挥发的气体是带有气味的，如果与月饼蒸发出来的水汽所接触，易将异味留于饼表皮。

还应注意包装产品的标识、标注。月饼的包装要注明名称、配料表、净含量（标明块数）、制造单位名称和地址、生产日期、保质期和保存期，以及产品标号、储藏指南，如有添加辅料或食品添加剂的须标注配料表。包装运输过程中要轻拿轻放，产品不能有破损、受潮、压坏等情况发生。

包装是最后一道工序，每一个包装人员都是产品质量检查员，任何不合格的产品都不能包装，更不能流入市场。

（四）质量要求

1. 色光

表面棕黄色或金黄色有光，蛋浆层薄而均匀，没有麻点和气泡，底部圆周没有焦圈，圆边应呈现黄色。如表面颜色深，圆边颜色过浅，呈现乳白色，则说明馅料含水分过高（如豆沙、枣泥、莲蓉），久存容易产生脱壳和毒变。

2. 形状

表面和侧面圆边微外凸，纹印清晰，不皱缩，没有裂边、漏底、露馅等现象，如表面突起，中心下陷，侧面圆边凹进，是烘焙不熟的现象。

3. 外皮

松软而不酥脆，没有韧缩现象。

4. 内质

皮馅厚薄均匀，无脱壳和空心现象。果料粗细适当，橘饼、橘皮等香料必须细碎。

5. 滋味

应有正常的香味和各种花色品种的特有风味，如使用香精，不宜过浓，要没有刺鼻感觉。

6. 水分指标

百果月饼为 11.5%～12.5%，金腿月饼为 12.5%～14%，椰蓉月饼为 18.5%～19.6%，豆沙月饼为 18.5%～19.5%。

第三节　广式月饼生产常见质量问题及解决方法

在广式月饼的实际生产过程中，不可避免地会出现这样或那样的质量问题，如月饼不回油、出炉后饼皮脱落、皮馅分离、表面花纹不清晰、颜色过深、饼皮破裂、泻脚、泻身等现象。下面针对一些常见质量问题产生的原因及解决方法做简要阐述。

一、月饼回油慢

（一）原因

造成月饼不回油（回软）的原因有很多：糖浆转化度不够；糖浆水分太少；煮糖浆时炉火过猛；糖浆返砂；柠檬酸过多；馅料掺粉多；馅料太少油；糖浆、油和枧水比例不当；面粉筋度太高等。

（二）月饼回油的机理

搓制月饼皮时加了油、转化糖浆、低筋粉等原料，经过搅拌形成了暂时的乳化体系（即该乳化体系在一定的条件下可能会解体）；月饼皮包过馅，经过烘焙后，皮的水分含量很低，大概在5%，但馅的水分含量还是比较高，通常在20%左右；这样月饼在放置的过程中，馅中的水分就会向皮中迁移，干燥的饼皮在吸了足够多的水分后，由于水油互不相溶，原来的乳化体系就会被破坏，油自然就会向外渗透，给人的感觉就是饼比较油润、光泽、通透，即回油。也有另外一种，就是馅中的油足够多的情况下，馅中的油可以渗透到饼皮中来，但通透性会较差。

（三）解决方法

广式月饼的饼皮是否回油主要取决于转化糖浆的质量、饼皮的配方及制作工艺。

1. 转化糖浆的质量

糖浆的质量关键在其转化度和浓度。转化度是指蔗糖转化葡萄糖和果糖的程度，转化度越高，饼皮回油越好。影响转化度的因素主要有煮糖浆时的加水量、加酸量及种类、煮制时间等。浓度是指含糖量，常用的转化糖浆浓度在75%左右即可，因含糖量越高，回油越好，故某些厂家把浓度提高到85%以上。

2. 饼皮的配方及制作工艺

月饼皮的配方和制作工艺对其是否回油起着重要作用。如果配方把面粉当作100%用，油就不可能加入35%，因为25%~30%已达到顶点。如果只考虑糖浆、油和枧水三者的配比，面粉用量再根据软硬来调节，这样面皮中的面粉用量则不会稳定。国内很多厂家都不习惯按标准配方的形式来设计配方，这是不科学的。如果月饼不回油，极有可能是用料配方的问题。应按面粉为100%、糖浆75%、油25%的配方来调制饼皮，如果按这一想法生产月饼，饼皮仍不回油，那就是转化糖浆质量太差（高品质的糖浆，月饼烤熟第二天就回软）。

（1）饼皮的配料要合理　月饼皮的含水量、油量和糖浆用量要协调。糖浆太多，油太少，饼皮光泽不佳；糖浆太少，油太多，饼皮回软慢。

（2）月饼馅的软硬程度及其含油量要恰当　广式月饼的特点就是皮薄馅厚，馅是帮助回软的主要因素。如果馅料的含水量、油量很少，或者皮很厚，馅很少，这种月饼回软也慢。

二、饼皮脱落、皮馅分离

（一）原因

饼皮与馅料不黏结，主要原因有如下两个方面。

① 由于馅料中油分太高，或是因馅料炒制方法有误，使馅料泻油，即油未能完全与其他物料充分混合，油脂渗透出馅料。这种情况会引起月饼在包馅时皮与馅不能很好黏结，烤熟后同样是皮与馅分离。如馅料泻油特别严重，月饼烤熟后存放时间越长，饼皮脱

离越严重。

② 饼皮配方中油分太高，糖浆不够或太稀，饼皮搅拌过度，也会引起饼皮泻油。泻油的饼皮同样也会使饼皮与馅料脱离。

另外，炉温过高、皮馅软硬不一（最主要是皮太硬）、操作时撒粉过多等也是重要原因。

（二）解决方法

主要方法就是防止泻油现象的出现。如果是馅料泻油，可以在馅料中加入3%～5%的糕粉，将馅料与糕粉搅拌均匀。若是皮料泻油，可以在配方中减少油脂用量，增加糖浆的用量。搅拌饼皮时应按正常的加料顺序和搅拌程度，这是防止饼皮泻油的关键。

三、发霉

（一）原因

导致月饼发霉的原因有：月饼馅料原材料不足，包括糖和油；月饼皮的糖浆或油量不足；月饼烘烤时间不足；制作月饼时卫生条件不合格；月饼没有完全冷却就马上包装；包装材料不卫生等。

（二）解决方法

① 最好等月饼彻底冷却后才进行包装，如果月饼温度高就进行包装，包装膜内就会产生水汽，几天后月饼就会发霉。

② 使用放有保鲜剂的包装，令氧气不与月饼接触，从而保证月饼不发霉。

四、月饼表面光泽度不理想

月饼表面的光泽度与饼皮的配方搅拌工艺，打饼技术及烘烤过程有关。配方是指糖浆与油脂的用量比例是否协调，面粉的面筋及面筋质量是否优良。搅拌过度将影响表面的光泽，打面时不能使用或尽可能少用干面粉。最影响月饼皮光泽度的是烘烤过程。月饼入炉前喷水是保证月饼皮有光泽的第一关；其次，蛋液的配方及刷蛋液的过程也相当重要，蛋液的配方最好用2只蛋黄和一只全蛋，打散后过滤去不分散的蛋白，放20min才能使用。刷蛋液时要均匀并多次，要有一定的厚度。

五、月饼着色不佳

广式月饼的颜色，主要由两部分构成。其一是糖浆的颜色。糖浆太稀，月饼烘烤时不容易上色，糖浆转化率过高，又会导致月饼颜色过深。糖浆的颜色与糖浆的煮制时间，煮制时火的大小及使用的糖浆设备有关。其二，饼皮的颜色。饼皮的颜色与调节饼皮时加入枧水浓度和用量有关，当饼皮的酸碱度偏酸性时，饼皮着色困难；当枧水的用量增加，饼皮碱性增大，饼皮着色加快，枧水越多，饼皮颜色越深，减少枧水的用量，就可以使饼皮的颜色变浅。再者，减少烘烤时间和相对降低炉温，也可减轻饼皮的颜色，但一定要保证月饼完全烤熟，否则月饼易发霉。

六、糖浆返砂

1. 原因

引起糖浆返砂的原因有：煮糖浆时水少；没有添加柠檬酸或柠檬酸过少；煮糖浆时炉火太猛；在煮制糖浆时，搅动不恰当等。

2. 解决方法

① 在煮沸之前可以顺着一个方向搅动，当水开之后则不能再搅动，否则容易出现糖粒。

② 煮好后的糖浆最好让其自然放凉，不要多次移动，因为经常移动容易引起糖浆

返砂。

③ 煮糖浆时加入适当的麦芽糖。

七、泻脚

1. 原因

造成泻脚的原因主要有：馅料水分太多；饼皮太厚或太软；烘烤炉温太低；面粉筋度过高；糖浆太浓或太多等。

2. 解决方法

① 生坯成型后放置时间不宜过长。

② 合理馅的配方，如糕粉、面粉和糖的比例。

③ 合理控制水分含量、糖浆的浓度和烘烤温度。

八、饼皮破裂

饼皮破裂通常发生在烘烤过程中，馅料太软或糖分过高，炉温尤其是面火温度太高，烘烤时间过长，饼皮太硬等原因均会导致月饼表面出现裂纹。月饼在进炉前适当喷水，馅料避免搓揉过度，掌控好烘烤的温度与时间的关系才能有效地防止该现象的发生。

月饼出炉后塌陷、表面出麻点等现象也是广式月饼在生产过程中常见的质量问题，这与月饼馅的糖含量、烘烤时间、皮馅的软硬度、糖浆的质量好坏息息相关。必须要严把每一道质量关，才能生产出"团圆"的月饼。

第四节 其他月饼制作技术

一、京式月饼

京式月饼是以北京地区制作工艺和风味特色为代表的一类月饼。做法如同烧饼，外皮香脆可口。传统品种有提江月饼、翻毛月饼、自来红和自来白等。

（一）自来白月饼类

自来白月饼类指以小麦粉、绵白糖、猪油或食用植物油等制皮，冰糖、桃仁、瓜仁、桂花、青梅或山楂糕、青红丝等制馅，经包馅、成形、打戳、焙烤等工艺制成的皮松酥、馅绵软的一类月饼。

1. 原料配方

（1）皮料　富强粉 20kg，白砂糖 1.5kg，猪油 10kg，碳酸氢铵 26g，开水（100℃）4.5kg。

（2）馅料　熟标准粉 4kg，白糖粉 8kg，猪油 4.8kg，核桃仁 1kg，瓜子仁 0.25kg，糖桂花 0.5kg，山楂糕 1.5kg，冰糖屑 1kg，青丝、红丝共 0.5kg。

2. 制作方法

（1）面团调制　在搅拌桶内加入白砂糖，冲入开水使其溶化，再将猪油投入，在搅拌机上充分快速搅拌使其乳化。油、水混合液在 40℃ 左右时放入碳酸氢铵，溶化后加入面粉搅拌均匀，调成软硬适宜略带筋性的面团。分成每块 3.05kg，各下 80 个小剂。

（2）制馅　在搅拌机中按秩序加入白糖粉、猪油，搅拌均匀后投入熟面粉，再拌匀后加入其他切碎的果料，继续搅拌均匀，软硬适宜。分成每块 2.25kg，各打 80 小块。

（3）成型　取一块小皮面擀成长方形，从两端向中间折叠成三层，再擀长后，从一端卷起，将小卷静置一会按压成扁圆形；再静置一会儿，用小擀面杖擀成中间厚的薄饼，静置后取一小馅包入，剂口朝下，制成馒头状圆形。底面垫一小方纸，表面打戳记（除白糖馅心外的白月饼,均需打戳记标明),用细针扎一气孔,找好距离,码入烤盘,准备烘烤。按成品 16 块/kg 取量。

(4) 烘烤　调好炉温(180℃左右),将摆好生坯的烤盘送入炉内,烘烤 16min 后熟透出炉,冷却后装箱。

3. 质量要求

饼呈扁鼓形,表面平整,不崩顶,不起泡。表面乳白色,底部金黄色。皮馅均匀,稍有空洞,不漏馅,不含杂质。入口酥绵,不垫牙,有果料桂花香味。

(二) 自来红月饼类

自来红月饼类指以精制小麦粉、食用植物油、绵白糖、柠檬酸、小苏打等制皮,熟小麦粉、麻油、瓜仁、桃仁、冰糖、桂花、青红丝等制馅,经包馅、成形、打戳、焙烤等工艺制成的皮松酥、馅绵软的一类月饼。

1. 原料配方

(1) 皮料　富强粉 8.5kg,标准粉 8.5kg,白砂糖 1.5kg,饴糖 1.5kg,麻油 7.5kg,碳酸氢铵 25g,开水 (100℃) 4kg。

(2) 馅料　熟标准粉 7kg,白糖粉 7kg,麻油 4.5kg,花生仁 1kg,芝麻 0.5kg,青丝、红丝共 0.5kg,核桃仁 0.5kg,瓜子仁 0.5kg,青梅 0.5kg,橘饼 0.5kg,葡萄干 0.5kg,糖桂花 0.5kg。

(3) 装饰料　纯碱 25g,饴糖、白砂糖、蜂蜜适量。

2. 制作方法

(1) 面团调制　白砂糖和饴糖置于搅拌桶内,冲入开水使糖溶化,再将麻油投入,在搅拌机上充分快速搅拌使其乳化;油、水的混合液在 40℃左右时放入碳酸氢铵,溶化后加入面粉搅拌均匀,调制成软硬适宜略带筋性的面团。分成每块 3.05kg,各下 80 个小剂。

(2) 制馅　在搅拌机中按次序加入白糖粉、麻油,搅拌均匀后投入熟面粉,再拌匀后加入其他切碎的果料,继续搅拌均匀,软硬适宜。分成每块 2.25kg,各打 80 小块。

(3) 制碱水　纯碱 25g 加入适量的饴糖、白砂糖、蜂蜜熬制成枣红色浆水,又称磨水。口尝微微发涩。

(4) 成型　取一小块皮面擀成长方形,从两端向中间折叠成三层;再擀长后,从一端卷起,静置一会按成扁圆形;再静置一会,用小擀杖擀成中间厚的薄饼;静置后取一馅包入,剂口朝下,制成馒头状圆形。底面垫上一小方纸,表面中间用碱水印一小圈(也可用笔蘸碱水在每只饼上画个圆圈),用细针扎一气孔,找好距离,放入烤盘,准备烘烤。按成品 16 块/kg 取量。

(5) 烘烤　调好炉温 (200~210℃),烘烤时间 9~10min。待制品表面烤成棕黄色,底面金黄色,熟透出炉,冷却后装箱。

3. 质量要求

饼成扁鼓形,表面平整,印记端正、整齐。表面棕黄色,底面金黄色,腰边麦黄色,碱圈呈酱紫色(黑红色)。馅心端正,不偏不漏,无空洞。口味香甜,酥松适口,有桂花香味,无异味。

(三) 京式大酥皮月饼类 (翻毛月饼)

京式大酥皮月饼类指以精制小麦粉、食用植物油等制成松酥绵软的酥皮,经包馅、成型、打戳、焙烤等工艺制成的皮层次分明、松酥、馅利口不黏的一类月饼。

1. 原料配方

(1) 皮料　富强粉 9.5kg，猪油 0.5kg，清水 4.75kg。
(2) 酥料　富强粉 9.5kg，猪油 4.5kg。
(3) 馅料　熟面粉 6.5kg，白砂糖粉 7.5kg，植物油 2.5kg，麻油 1kg，花生仁 1kg，芝麻 0.5kg，瓜子仁 0.5kg，青梅 0.75kg，橘饼 0.75kg，果脯 0.5kg，糖桂花 0.5kg，果酱 1kg，清水 0.25kg。
(4) 饰面料　扑面粉 1kg，食用红色素适量。

2. 制作方法

(1) 合皮　面粉过筛后置于台板上围成圈，投入猪油、温水（30～50℃）。搅拌均匀后加入面粉，混合均匀后用温水浸扎一两次，调成软硬适宜的筋性面团。分成每块 1.6kg，醒发片刻，各打 50 个小剂。

(2) 制油酥　将面粉与猪油混合揉擦成软硬适宜的油酥面团。分成每块 1.4kg，各打 50 个小块。

(3) 制馅　白砂糖粉、熟面粉拌和均匀，过筛后置于操作台上围成圈，中间加入切碎的小料以及植物油、麻油和适量的水，搅拌均匀后与拌好糖粉的熟面粉擦匀，软硬适量。分成每块 2.25kg，各打 50 个小块。

(4) 成型　将醒发好的皮面按压成中间厚的扁圆形，把油酥包入中间。破酥后擀成中间厚的扁圆形，取一馅均匀包入，封严剂口，拍成底小、上大的圆饼。表面直径 7cm，在制品表面的中间轻轻戳一直径为 2cm 的圆形凹陷，打一红点。找好距离，表面朝下，摆入烤盘，扎一小气孔，准备烘烤。按成品 10 块/kg 取量。

(5) 烘烤　调好炉温（180～200℃），底火大于面火。将摆好生坯的烤盘送入炉内烘烤。待制品表面烙成微黄色时，翻身重新入炉烘烤。熟透出炉，冷却后装箱。

3. 质量要求

饼呈扁鼓圆形，大小均匀一致，不破酥，不漏馅。表面环形金黄色，腰边乳白色，底面红褐色。酥层清晰，馅心端正，不化糖，馅内无大空洞。饼皮松酥，香甜爽口，有多种果料风味，无异味。内外清晰，无杂质。

二、苏式月饼

皮层酥松、色泽美观、馅料肥而不腻、口感松酥是苏式月饼（图 7-2）的精华。苏式月饼的花色品种分甜、咸或烤、烙两类。甜月饼的制作工艺以烤为主，有玫瑰、百果、椒盐、豆沙等品种；咸月饼以烙为主，品种有火腿猪油、香葱猪油、鲜肉、虾仁等。其中清水玫瑰、精制百果、白麻椒盐、夹沙猪油是苏式月饼中的精品。

图 7-2　苏式月饼

苏式月饼选用原辅材料讲究，富有地方特色。甜月饼馅料用玫瑰花、桂花、核桃仁、瓜子仁、松子仁、芝麻仁等配制而成，咸月饼馅料主要以火腿、猪腿肉、虾仁、猪油、青葱等配制而成。皮酥以小麦粉、绵白糖、柠檬酸、油脂调制而成。

（一）原料配方

1. 皮料

富强粉 9kg，熟猪油 3.1kg，饴糖 1kg，热水（80℃）3.5kg。

2. 酥料

富强粉 5kg，熟猪油 2.85kg。

3. 馅料

按不同品种配制。苏式制品的馅心配方如下。

（1）清水玫瑰月饼　熟面粉 5kg、绵白糖 11kg、熟猪油 4.25kg、糖渍猪油丁 5kg、核桃仁 1.5kg、松子仁 1.5kg、瓜子仁 1kg、糖橘皮 0.5kg、黄丁 0.5kg、玫瑰花 1kg。

（2）水晶百果月饼　熟面粉 5kg、绵白糖 11kg、熟猪油 4.25kg、糖渍猪油丁 5kg、核桃仁 2.5kg、松子仁 1kg、瓜子仁 1kg、糖橘皮 0.5kg、黄丁 0.5kg、黄桂花 0.5kg。

（3）甜腿百果月饼　熟面粉 5kg、绵白糖 11kg、熟猪油 4.25kg、糖渍猪油丁 5kg、熟火腿肉 1kg、核桃仁 1.5kg、松子仁 1kg、瓜子仁 0.5kg、糖橘皮 0.5kg、黄丁 0.5kg、黄桂花 1kg。

（4）黑麻椒盐（素）月饼　熟面粉 1.75kg、绵白糖 12kg、麻油 6.5kg、黑芝麻屑 5kg、核桃仁 2.5kg、松子仁 1.5kg、瓜子仁 1.25kg、糖橘皮 0.5kg、黄丁 0.5kg、黄桂花 1kg、精盐 0.25kg。

（5）黑麻椒盐（荤）月饼　熟面粉 1.5kg、绵白糖 11kg、熟猪油 4.15kg、糖渍猪油丁 5kg、黑芝麻屑 4kg、核桃仁 1.5kg、松子仁 1kg、瓜子仁 1kg、糖橘皮 0.5kg、黄丁 0.5kg、黄桂花 1kg、精盐 0.25kg。

（6）松子枣泥月饼　绵白糖 16kg、熟猪油 3.5kg、糖渍猪油丁 0.75kg、黑枣 3kg、松子仁 2kg、瓜子仁 1kg、糖橘皮 0.5kg、黄丁 0.5kg、黄桂花 0.5kg。

（7）清水细沙月饼　糖渍猪油丁 2.5kg、豆沙 28.5kg、糖橘皮 0.5kg、黄丁 0.5kg、黄桂花 1kg。

（8）猪油夹沙月饼　糖渍猪油丁 8kg、豆沙 22.5kg、黄丁 1kg、黄桂花 0.5kg、玫瑰花 0.5kg。

（二）制作方法

1. 制水油面团

面粉置于台板上开塘，加入猪油、饴糖和热水，将油、糖、水充分搅拌均匀，然后逐步加入面粉和成面团。盖上布醒发片刻，制成表面光滑的面团待用。

2. 制油酥

面粉置于台板上开塘，倒入猪油用手边推边擦，直到擦透成油酥。

3. 制酥皮

采用大包酥或小包酥的方法制成酥皮。

4. 制馅

一般采用混拌法拌馅。制法如下。

（1）普通馅料　上述一般馅料根据配方拌匀擦滋润即可。

（2）松子枣泥　先将黑枣洗净去核，蒸烂绞碎成泥，另将绵白糖放入锅内加水烧成糖浆骨子，用竹篾能挑出成丝，再加入枣泥、猪油和松子仁拌匀，烧到骨子不粘手为宜。

(3) 清水细沙　即豆沙，系用赤豆 9kg、砂糖 15kg、饴糖 1.5kg、花生油 2.5kg，加水 3kg 提沙和炒制而成。

(4) 猪油夹沙　先将豆沙与黄丁拌匀，再将糖猪油丁、玫瑰花、黄桂花分别放置待用。

5. 成型

按成品 8 只/kg、12 只/kg 或者 24 只/kg 取量。皮与馅的比例为 5∶6。将馅逐块包入酥皮内，馅心包好后在酥皮的封口处贴上方形小纸，压成 1cm 厚的扁形生饼坯。最后在生饼坯上盖上各种名称的红印章。找好距离，生饼坯码入烤盘。

6. 烘烤

调好炉温（200～230℃），将上好生坯的烤盘入炉，烘烤 5～6min。主要是根据炉温而定，炉温过高易焦，过低要跑糖漏馅。用目测来确定月饼的成熟，当饼面呈松酥，起鼓状外凸，饼边壁呈黄白色（乳黄色）即为成熟；若饼边呈黄绿色，不起酥皮，则表示未成熟。

（三）质量要求

月饼的外形圆整微凸，呈扁鼓形，饱满匀称，无僵缩、跑糖、漏馅等现象。底部收口居中，不漏底，四周微见酥层，无碎片。饼面金黄色或橙黄色，油润而有光泽，四周乳黄色，黄中泛白，底黄不焦。酥层分明，包心厚薄均匀，馅料含量不低于 50%，软硬适度，果料大小适中，无杂质。包馅要紧密贴皮，无松散、空心现象，入口酥松不黏，肥润甜美。不同品种应有不同口味与正常香味。无生面味、油哈味和其他异味。

三、潮式月饼

潮式月饼（图 7-3）为传统糕点类食品，又叫潮汕朥饼。属酥皮类饼食，主要品种有绿豆沙月饼、乌豆沙月饼等。潮式月饼饼身较扁，饼皮洁白，以酥糖为馅，入口香酥。猪油是传统潮式月饼的主角，最为传统的潮式月饼主要有两种：一种拌猪油称作朥饼；一种拌花生油称作清油饼。一般把潮州本土制作的、具有浓郁潮州乡土特色的月饼都称为朥饼。

图 7-3　潮式月饼

（一）原料配方

1. 油皮

紫兰花低筋粉 300g、红双圈高筋粉 200g、细砂糖 90g、纯香猪油 150g、蛋黄 100g、水 240g。

2. 油酥

紫兰花低筋粉 500g、纯香猪油 280g。

（二）制作方法

1. 制油皮

面粉置于台上开塘，加入猪油、砂糖、蛋黄和水，将油、糖、水充分搅拌均匀，然后逐步加入面粉搅拌至面筋扩展，待用。

2. 制油酥

面粉置于台上开塘，倒入猪油用手边推边擦，直到擦透成油酥。

3. 制酥皮

用大包酥法将包入油酥的面团擀至均匀厚薄（约 3mm），卷起成圆柱形，松弛。

4. 成型

按成品 8 只/kg 或者 10 只/kg 取量，将松弛好的面皮切分，切面朝上擀薄，包入各式馅料，皮与馅的比例为 5∶5。馅心包好后在生饼坯上盖上各种名称的红印章。找好距离，生饼坯码入烤盘。

5. 烘烤

调好炉温（200～220℃），将上好生坯的烤盘入炉，烘烤 6～8min。主要是根据炉温而定，炉温过高易焦，过低要跑糖漏馅。用目测来确定月饼的成熟，当饼面呈松酥，起鼓状外凸，饼边壁呈黄白色（乳黄色）即为成熟。

（三）质量要求

月饼的外形应当完整、丰满、边角分明，无跑糖、漏馅现象，无黑泡或明显焦斑，不破裂，色泽均匀，有光泽。月饼的饼皮厚薄均匀，馅料软硬适中，分布均匀，外表和内部均无肉眼可见杂质。

四、滇式月饼

滇式月饼（图 7-4）亦称云腿月饼，它与苏式月饼、广式月饼相比各有千秋。云腿月饼是用云南特产的宣威火腿，加上蜂蜜、猪油、白糖等为馅心，用昆明呈贡的紫麦面粉为皮料烘烤而成。其表面呈金黄色或棕红色，外有一层硬壳，油润艳丽，千层酥皮裹着馅心。这种月饼既有香味扑鼻的火腿，又有甜中带咸的诱人蜜汁，入口舒适，食而不腻。

图 7-4 滇式月饼

云腿月饼根据工艺和外观分为：硬壳云腿月饼、酥皮云腿月饼（含云腿白饼）、软皮云腿月饼（云腿红饼）。硬壳云腿月饼，饼面褐黄色，饼底棕黄不焦。酥皮云腿月饼饼面洁白或微黄色，饼皮层次分明，饼底允许微黄褐色。而软皮云腿月饼的饼面要紧密，无裂纹、饼底微黄不焦。

（一）原料配方

按 50kg 成品计：特制粉 16kg、熟面粉 1.5kg、白糖粉 1.5kg、猪油 9kg、熟火腿丁 12kg、蜂蜜 2.5kg、白糖 10kg。

（二）制作方法

1. 制火腿丁

选用优质宣威火腿，经烧、洗干净后蒸熟，剔骨去皮，肥瘦分开，切成 4mm×4mm 的丁，上锅蒸熟。

2. 炒熟面

热锅上放猪油少许，待猪油化开后放干面粉，不断搅拌至颜色略深。

3. 制面团

先用部分面粉加水打浆，再加糖粉、蜂蜜、猪油，充分搅打乳化均匀后，加入其余面粉，制成面团。

4. 制馅心

用火腿丁、蜂蜜、白糖、熟面粉混合均匀即成。其中瘦火腿丁应占 70%。

5. 包馅、成型

① 将制好的馅料放入冰箱片刻，待猪油结成块，使其利于包馅。

② 面团上取适量小块，用手揉匀（因为有油所以很容易变软揉开），用手拍打成饼状（擀也可以，但是稍黏），按皮、馅 1.1∶1 的比例放馅，把开口处捏在一起，然后倒置过来整形成鼓形生坯，放在涂了油的烤盘上。

6. 烘烤

炉温 220℃ 左右（若能调温，则用 220℃—230℃—210℃），时间约 15~20min，其间刷蛋液两次。待呈棕黄色，出炉冷却包装。

（三）质量标准

饼呈扁圆鼓形，不破皮，不漏馅；面棕黄色，底棕红色，不焦不煳；饼皮厚薄均匀，断面皮心分明，火腿丁分布均匀，肥瘦肉比例适当，无夹生、糖块，无肉眼可见外来杂质；饼皮酥软，齿间留香，馅甜咸适宜，火腿香味突出，无异味；总糖含量 15%~30%，脂肪含量 15%~30%。所有馅料含量必须超过整个月饼重量的 40%，其中火腿丁含量必须达到月饼重量的 11% 以上。

五、水晶月饼

水晶月饼（图 7-5）系陕西传统名点，具有悠久的历史。该品因晶莹透亮、皮白酥香而名为水晶月饼，以精粉、精板油、冰糖、蔗糖、核桃仁、橘饼等多种原料，精细制作而成，入口甜而不腻，回味无穷，是家庭聚会及馈赠亲友之佳品。

（一）原料配方

1. 皮料

富强粉 17.5kg，白砂糖粉 3.5kg，猪油 7.5kg，碳酸氢铵 75g，清水 3kg。

2. 馅料

熟面粉 7kg，白砂糖粉 3.5kg，猪油 2kg，植物油 1kg，冰糖 0.75kg，瓜子仁 0.25kg，芝麻 1kg，瓜条 1kg，糖渍猪板油 6kg，清水 0.5kg。

3. 饰面料

扑面粉 1kg，冰糖 1kg。

（二）制作方法

1. 糖渍猪板油

图 7-5 水晶月饼

猪板油用温水洗净，用刀切成 1cm³ 小块，适量投入开水锅内烫一下，置于干净盘内晾干。按熟板油与白糖粉 1∶1 的比例拌和均匀，放置 2～3 天后使用。

2. 调面团

面粉过筛后置于操作台上围成圈，中间投入白砂糖粉，加水和碳酸氢铵搅拌使其溶解，加入猪油充分搅拌乳化，徐徐加入面粉混合均匀，揉擦成细腻的面团。分成每块 3.05kg，各下 50 个小剂。

3. 制馅

糖粉、熟面粉拌和均匀，过筛后置于操作台上围成圈。将小料加工切碎置于中间，加入猪油、植物油和适量的水，混合均匀，再加入拌好糖粉的熟面粉，擦匀到软硬适度。最后加入糖渍猪板油丁和擀成小颗粒的冰糖，拌和均匀即可。分成每块 2.25kg，各打 50 小块。

4. 成型

取一小块皮面揉擦按压成中间厚的扁圆形，将一馅均匀包入，封严剂口。剂口朝上，装入撒匀冰糖粒并带有"水晶"字样的月饼模内，轻轻用手压平，震动出模。找好距离，摆入烤盘，扎一小气孔，准备烘烤。按成品 10 块/kg 取量。

5. 烘烤

调好炉温（200℃左右），底火大于面火，约 15min 即可。待制品表面烤成黄白色，底面红褐色，熟透出炉，冷却包装。

（三）质量要求

外形端正，花纹清晰，不漏馅，底面无明显凹陷，表面冰糖颗粒均匀。饼面黄白色，底面红褐色。馅心端正均匀，无大空洞。饼皮疏松，皮馅位置匀称。口味醇甜，油香浓郁，嘴嚼时有细小的糖粒感，肥润甜美而不腻口。内外清洁，无杂质。

【思 考 题】

1. 我国月饼的分类及其食用特点？
2. 广式、京式、苏式月饼在制作技术上有何异同？各自的操作要点？
3. 广式月饼在生产过程中常常会遇见哪些质量问题？其解决方法是什么？

实验九　广式月饼的制作

一、实验目的
掌握饼皮的制作；掌握包饼技术；掌握烘烤方法；了解馅料及糖浆的制作。

二、实验要求
1. 通过操作使学生全面掌握广式月饼的整个工艺流程。
2. 实验结束后要做出详尽的实验总结报告。

三、原料及设备
原料（可做大月饼 8 个，或小月饼 20 个）：面粉 160g、植物油 40g，转化糖 110～120g，碱水 1/2 小匙（可用小苏打 1/2 小匙＋水 1 小匙代替），盐少许，月饼馅（大月饼需要 880g，小月饼需要 600g），咸蛋黄（大月饼需要 8 个，小月饼需要 10 个），酒（米酒或高粱酒）2 大匙，装饰（蛋黄 2 个，水或植物油 2 小匙，搅拌均匀）。

设备：调粉机、远红外烤箱、和面机、模具、煤气灶。

四、实验操作
① 把油、糖浆、碱水及盐放容器中，微波炉加热几十秒，至糖浆变稀。筛入面粉，用橡皮刀拌匀，做成的月饼皮像耳垂般柔软就行了。覆盖保鲜膜，室温上放置 4h 以上。

② 咸蛋黄在酒里泡 10min 去腥，然后把蛋黄放烤盘中，不用预热烤箱直接烤，250℃烤 7min。取出待凉。

③ 分割月饼皮。如果做大月饼，把月饼皮分成 8 份，每份 40g；如果做小月饼，每份 15g，共 20 份。

④ 分割月饼馅。如果做大月饼，把月饼馅分成 8 份，每份 110g，分别包好蛋黄搓圆；如果做小月饼，每份 30g，共 20 份，分别包半个蛋黄，搓圆。

⑤ 包月饼。手掌放一份月饼皮，两手压压平，上面放一份月饼馅。一只手轻推月饼馅，另一只手的手掌轻推月饼皮，使月饼皮慢慢展开，直到把月饼馅全部包住为止。这个技巧很重要，可以保证月饼烤好后皮馅不分离。月饼模型中撒入少许干面粉，摇匀，把多余的面粉倒出。包好的月饼表皮也轻轻的抹一层干面粉，把月饼球放入模型中，轻轻压平，力量要均匀。然后上下左右都敲一下，就可以轻松脱模了。依次做完所有的月饼。

⑥ 烤箱预热到 280℃。在月饼表面轻轻喷一层水，放入烤箱最上层烤 5min。取出刷蛋黄液，同时把烤箱调低至 250℃。再把月饼放入烤箱烤 7min，取出再刷一次蛋黄液，再烤 5min，或到自己喜欢的颜色为止。最后一次进烤箱时，可以只用上火，上色更快。

⑦ 把烤好的月饼取出，放在架子上完全冷却，然后放入密封容器放 2～3 天，使其回油，即可食用。

五、注意事项
① 糖浆可自己加工：1kg 砂糖加水 0.5g，煮沸溶解，即成糖浆。但须注意，熬制好的糖浆应放置 15 天以上使用。

② 加碱水的目的有两个，一是为了上色，二是中和糖浆的酸性。碱水加工：碱粉 25kg 加小苏打 0.95kg 用 100kg 沸水溶解，冷却后使用。碱水要求及用量比例为：28～30℃，用量 1.6%～1.8%（面粉量计算）；32～40℃，用量 1.3%～1.5%（面粉量计算）。

③ 因为使用的糖浆浓度不同,所以在做月饼皮时要以饼皮的柔软度为准,只要像耳垂那么软就可以了。广式月饼的皮绝对不能厚,厚了烤好花纹就没有了。

④ 月饼的馅不能太稀,否则烤的时候会露馅。烤月饼时,温度高了,表面的花纹就不明显了,所以一定要低温烘焙。

如果不放咸蛋黄,只要换成和蛋黄同体积的馅就行了。

第八章　方便面及挤压膨化食品制作技术

> **学习目标**
>
> 1. 了解方便面及挤压膨化食品的发展概况。2. 了解方便面及挤压膨化食品基本生产原理。3. 掌握方便面制作技术。4. 掌握挤压膨化食品制作技术。

第一节　方便面概述

方便面是随着现代生活的快节奏而出现的一种方便食品，又称为速煮面，即食面，快餐面等。1958年（昭和33年），日本日清公司首创方便面生产。由于它具有加工专业化、生产效率高、携带方便、营养卫生、食用方便、节约时间等优点，很快即被世界上许多国家和地区所接受。我国的方便面生产始于1970年，通过几十年的发展，方便面已成为家庭常备的方便食品，并成为我国第一大方便食品。

一、方便面的分类

方便面自问世以来迅速发展，有上百个品种和数千个不同商标，而且叫法也不同，如即席面、快食面、快餐面、即食面、方便面等。在分类上也没有统一规定，习惯有如下三种分类方法。

（一）按干燥工艺分

按照方便面的干燥工艺可分为油炸方便面和热风干燥方便面。

1. 油炸方便面

油炸方便面是面条蒸煮后，以油炸方式脱去大部分水分，并使产品定型。油炸方便面由于其干燥速度快（约90s），糊化度高，面条具有多孔性结构，因此复水性好，更方便，口感也好。但由于它使用油脂，因此容易酸败，口感和滋味下降，并且成本高。油炸方便面还可分为油炸面和着味面两种，后者是在油炸之前，喷淋液体或粉末状调味料于面块表面，无需调味料包，食用更方便。

2. 热风干燥方便面

热风干燥面的面条前期加工同油炸面，但采用热风干燥机脱水干燥。因将蒸煮后的面条在70~90℃下脱水干燥，所以不容易氧化酸败，保存期长，成本也低。但由于其干燥温度低、时间长，糊化度低，面条内部多孔性差、复水性差、复水时间长，故口感和方便性较差。

（二）按包装方式分

按包装方式可分为袋装、碗装、杯装三种。袋装成本低，易于储存运输，食用时需另有餐具，因而其方便性不如碗装、杯装的产品。碗装、杯装方便面由于其本身有餐具，具有更好的方便性，并且这类产品一般都有两包以上汤料，风味更佳。

（三）按产品风味分

按产品风味可分若干种，如中国风味的红烧牛肉面、红烧排骨面、麻辣牛肉面，日本风味的酱味粗面、咖喱荞麦面等。

二、方便面的感官指标和理化指标

（一）感官指标

色泽：均匀乳白色或淡黄色，无焦、生现象，正反两面无颜色差别。

气味：正常，无哈喇味及其他异味。

形状：外形整齐，花型均匀。

烹调性：复水后，无断条、并条，不夹生，不粘牙。

（二）理化指标

糊化度（α 度）$\leqslant 1.0$，水分$\leqslant 8.0\%$，脂肪$\leqslant 24.0\%$，酸价（以 KOH 计）$\leqslant 1.8$mg/g，过氧化值$\leqslant 20.0$meq/kg，面条复水时间$\leqslant 4$min。

三、方便面生产的发展趋势

1. 采用新工艺、新设备生产复水性良好的非油炸方便面或大幅度降低油炸方便面的含油率

传统的热风干燥方便面由于复水性差，口感差，不被人们所接受，致使国内市场95%都是油炸方便面。但从健康的角度出发，非油炸方便面越来越为消费者欢迎，因此，生产复水性良好的无油炸方便面和降低方便面含油量成为方便面生产的发展方向。在发达国家非油炸方便面生产量已超过油炸方便面，中国非油炸方便面产量也有所回升。如采用高温热风干燥、微波加热干燥、普通干燥与油炸干燥相结合以及冷冻等技术生产方便面，可使产品的含油率降低，延长保质期。

2. 采用新配方，提高口感和复水性

在配方中可添加一些如变性淀粉、海藻酸丙二醇酯等添加剂以提高口感和复水性。

3. 采用新材料，开发新方便面品种

如在小麦面粉中添加绿豆面、玉米面、荞麦面、大豆粉等，这样生产出来的方便面既迎合了当地人们的饮食习惯，又弥补了小麦面粉中缺少维生素、氨基酸、矿物质等的不足，使营养更全面、更丰富。

4. 开发高档汤料，提高方便面汤料质量

目前，汤料的发展在形式上趋于多品种，即多包化，包内有各种复合汤料，在用料上则趋于天然化、营养化，如天然萃取物的添加使方便面口味更趋于天然。

第二节　方便面生产技术

一、方便面的主要原辅料

1. 面粉

方便面的原料以选用优质高筋粉为宜，一般要求小麦面粉的湿面筋为29%～36%，蛋白质含量为11%左右，灰分低于0.5%，水分含量为12%～14%。用符合要求的面粉生产出来的面条弹性好、成型性强、在复水时膨胀良好、不易折断或软糊，有如新鲜面条。如果采用部分中筋粉，虽可降低成本，但成品在复水后面质较软而且弹性差。

2. 水

硬度较高的水不适合生产方便面。因为硬水中的金属盐类会降低面粉的吸水率，影响面团的延展性和风味。生产实践中，一般用硬度小于10的水，水温控制在25～30℃为好。

3. 油脂

方便面生产用油脂主要是在油炸工序，选用时首先考虑油脂的稳定性，即在连续高温的油炸状态下不易氧化酸败，其次要考虑油脂的风味和色泽。鉴于上述两点的考虑，生产中一般采用棕榈油，因为棕榈油中含不饱和脂肪酸较少，不太容易氧化变质，有利于方便面延长保存期。此外，用棕榈油干燥脱水出来的方便面色泽淡，风味佳。

4. 面团添加剂

（1）食盐　食盐起到强化面筋的作用，使小麦粉吸水快而匀，面团容易成熟，增加面团的弹性，防止面团发酵，抑制酶的活性。一般的添加量为 1.5%～2.0%。

（2）碱水　添加碱水到面粉中，可以使面筋具有独特的韧性、弹性和润滑性，面条煮熟后不糊汤，味觉良好。碱的添加量以不超过面粉的 0.1% 为限，过多则使产品呈黄色，且有不愉快的碱味产生。常用的天然碱为碳酸钠（Na_2CO_3）和碳酸钾（K_2CO_3）的混合物。

（3）品质改良剂　使用品质改良剂可增加面团的弹性，缩短和面时间，减少吸油量，改善方便面口感，提高方便面的复水性能。常用的品质改良剂有复合磷酸盐，羧甲基纤维素、瓜尔豆胶、海藻酸钠和分子蒸馏单甘酯。

（4）营养强化剂　包括维生素、氨基酸以及人体所需的矿物质等。

（5）抗氧化剂　为防止油脂的氧化酸败，延长方便面的储藏期，需添加适量的抗氧化剂。常用的抗氧化剂有丁基羟基茴香醚（BHA）、二丁基羟基甲苯（BHT）、没食子酸丙酯（PG）等。生产中常将几种抗氧化剂混合使用，用量大约为 0.1g/kg。

二、方便面的生产工艺

目前方便面生产流程各厂互不相同，但主要工序是基本相同的，方便面生产工艺流程如图 8-1 所示。

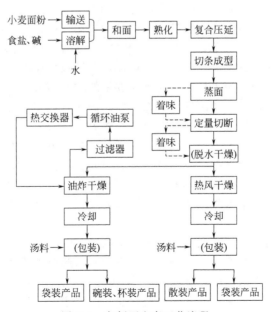

图 8-1　方便面生产工艺流程

（一）原料预处理

原料预处理包括面料的提升和添加剂的溶解。一般是先将面粉提升（用提升机或气体输送）到较高位置，利于和面投料。将食盐、碱等水溶性添加剂溶解后使用，其他添加剂

（如胶体物质等）要在胶化罐中处理。

（二）和面

和面就是将面粉和水均匀混合一定时间，形成具有一定加工性能的湿面团。

1. 基本原理

面粉与水均匀混合时，面粉中的麦胶蛋白和麦谷蛋白吸水膨胀，相互黏结，形成立体状的并具有一定弹性、延伸性、黏性和可塑性的面筋网络结构。与此同时，小麦面粉中常温下不溶于水的淀粉颗粒也吸水膨胀，并被湿面筋网络所包围，从而使没有可塑性的、松散的小麦面粉变成具有可塑性、延伸性和黏弹性的湿面团，为复合压延、切条成型、蒸煮糊化准备条件，为保证产品具有良好的复水性和口感打下基础。

2. 工艺要求

加工性能良好，面粉充分均匀吸水，颗粒松散，大小均匀，色泽呈均匀肉黄色，不含"生粉"，手握成团，经轻轻搓揉成为松散的颗粒面团。

3. 具体操作

先将面粉和各种辅料预混 1min 后快速均匀加水，同时快速搅拌，约 13min，再慢速搅拌 3～4min，即形成具有加工性能的面团。

4. 影响和面效果的因素

和面是方便面生产的首道工序，是保证产品质量的关键环节之一，和面效果的好坏，对下几道工序的操作关系较大。影响和面效果的主要因素有小麦面粉、加水量、水质、水温、食盐的加入量、和面时间、和面机的形式和搅拌强度、湿碎头的加入量等。

（1）面粉质量　对于方便面生产，油炸方便面一般要求面粉中湿面筋的含量为 32%～34%，非油炸方便面一般要求湿面筋含量为 28%～32%。湿面筋含量低或湿面筋质量差都会影响面筋网络形成，使面团的弹性、延伸性受到影响，难以压延出光滑、厚薄均匀的面片，并且会影响成品的口感和含油量。

面粉的灰分含量高低不仅会影响面粉的色泽和气味，而且还会影响和面时面粉均匀吸水，影响面筋网络形成，对产品品质有一定影响。此外，面粉的粒度对和面效果也有影响。颗粒越大，和面效果越差；粒度大小不均匀，会导致色泽不均匀。

（2）和面加水量　和面加水量是影响和面效果的主要因素之一。面粉中蛋白质、淀粉只有充分吸水形成面筋，才能达到好的和面效果。加水量过多，在后续的压片、切条工序中会引起粘辊，同时经导箱形成的波浪花纹支撑能力差，蒸面时由于其透气性较差而降低糊化度，干燥时也易产生脱水不均匀现象；加水量不足，不仅不能形成加工性能良好的面团，而且还会引起蒸煮时淀粉糊化率降低，最后引起复水性降低，不少厂家产品复水性差都是由加水量不足、糊化不彻底引起的。通常要求 100kg 面粉加水 30kg 左右，操作中根据面粉含水量、蛋白质含量做相应调整。在不影响压片与成型的前提下应尽量多加水，以提高产品质量。

（3）和面加水的温度及和面温度　和面时水温及面团温度过低，水分子动能低，蛋白质、淀粉吸水慢，面筋形成不充分。若温度过高，易引起蛋白质变性，导致湿面筋数量减少。因为蛋白质的最佳吸水温度在 30℃。当室温在 20℃以下时，提倡用温水和面。

（4）食盐加入量　和面时适当加入溶解食盐，不仅增味，而且能起到强化面筋，改良面团加工性能的作用。同时食盐对面团的酸败有一定的防治作用。通常是：蛋白质含量高，多加盐，反之少加；夏季气温高多加盐，冬季少加。

（5）纯碱加入量　和面时加入适量食用碱，能够增强面筋，但切忌多加，否则会使面条发黄，硬度增加，甚至损坏面筋结构，降低面团的加工性能。

(6) 和面时间　和面时间长短对和面效果有很大影响。时间过短，混合不均匀，面筋形成不充分；时间过长，面团过热，蛋白质变性，面筋数量、质量降低。比较理想的和面时间是 15min 左右，最少不得少于 10min。

(7) 和面机的搅拌强度　搅拌速度快慢对和面效果具有显著影响。搅拌速度过快，易打碎面团中的面筋，同时使面团温度升高，引起蛋白质的热变性从而影响面团的加工性能；搅拌速度过慢，则延长和面时间。生产上普遍采用卧式双轴和面机，比较理想的搅拌速度是 70～110r/min。

(三) 熟化

熟化，俗称醒面，是借助时间推移进一步改善面团加工性能的过程。

1. 主要作用

① 使水分进一步渗入蛋白质胶体粒子的内部，充分吸水膨胀，进一步形成面筋网络，实际是和面过程的延续。

② 消除面团内部张力使结构稳定。

③ 使蛋白质和淀粉之间的水分达到自动调节，使其均质化。

④ 对复合压延起到均匀喂料的作用。

2. 具体操作

将和好的面团放入一个低速搅拌的熟化盘中，在低温、低速搅拌下完成熟化。要求熟化时间不少于 10min。

3. 影响熟化效果的因素

(1) 熟化时间　熟化时间的长短是影响熟化效果的主要因素。理论上熟化时间比较长，但由于设备条件限制，通常熟化时间不超过半小时，但不应该小于 10min。熟化时间太短，面筋网络未充分形成，制成的面饼不耐泡，易浑汤。

(2) 搅拌速度　熟化工艺要求在静态下进行，但为避免面团结成大块，使喂料困难，因此改为低速搅拌。搅拌速度以能防止结块和满足喂料为原则，通常是 5～8r/min。

(3) 熟化温度　熟化温度低于和面温度。一般为 25℃。熟化时注意保持面团水分。

(四) 复合压延

简称复压，将熟化后的面团通过两道平行的压辊压成两个面片，两个面片平行重叠，通过一道压辊，即被复合成一条厚度均匀坚实的面带。

1. 主要作用

① 将松散的面团压成细密的、达到规定要求的薄面片。

② 进一步促进面筋网络组织细密化，并使细紧的网络组织在面片中均匀分布，把淀粉颗粒包围起来，从而使面片具有一定的韧性和强度，以保证产品质量。

2. 工艺要求

保证面片厚薄均匀，平整光滑，无破边、孔洞，色泽均匀，并具有一定的韧性和强度。

3. 影响复压效果的因素

(1) 面团的工艺性能　面团干湿均匀、面筋形成充分、温度适当、结构性能好的面团，复压后面片质量也好；反之，压片效果差。

(2) 压延倍数　压延倍数＝压延前面片厚度/压延后面片厚度，压延倍数越大，面片受挤压作用越强，其内部面筋网络组织越细密。但要注意，压延倍数过大，会损坏压辊。

(3) 压延比　压延比太小，会使压辊道数增加，不太合理；压延比过大，会使已形成的面筋网络受到过度拉伸，超过面筋承受能力，会将已形成的面筋撕裂，适当的压延比对网络组织细密化非常有利。

此外，压辊直径、压延道数、压辊转速都对压延效果有影响。

（五）切条、折花

切条：经压片工序生产出符合要求的面带，通过切面装置切出厚度 0.8~1.5mm、宽 1.2~1.5mm 的面条。

折花：切条的面条继而被折花成型装置折成一种独特的波浪形花纹状。

1. 主要作用

折花成型的波纹，波峰竖起、彼此紧靠，形状美观；条状波纹之间间隙大，使面条脱水及淀粉熟化速度快，不易黏结；油炸固化后面块结构结实，在储运中不易破裂；食用时复水速度快。

2. 工艺要求

面条光滑、无并条、粗条，波纹整齐，密度适当、分行相等、行行之间不连接。

3. 基本原理

该工序在切条折花自动成型器内完成，切条折花自动成型器是装在面刀下方的一个设计精密的波浪形导向盒。切条后的面条进入导向盒，与盒内壁发生碰撞形成运动阻力，使面条卷曲起来，同时由于输送带的运动速度大大小于未折花面条的运动速度，限制了面条的伸展，于是在盒的导向作用下迫使面条不得不发生弯曲，有规律地折叠成细小的波浪形花纹，连续移动变速网带，就连续形成花纹。

4. 影响因素

（1）面片质量　面片质量对折条成型效果有重要影响。面片含水过多，切条成型后，面条无支撑能力，花型塌陷堆积；含水太少，花型稀疏，不整齐。面片最后形成的厚度必须符合标准，若面片破边、有孔洞，则会形成断条；面片过厚，成型后面条表面会有皱纹。

（2）面刀质量　面刀是成型器的主要组成部分。若刀辊的两齿辊啮合不够深，面条切不断，则引起并条现象；若齿辊表面粗糙，则切出的面条会有毛刺，光洁度差；面梳压紧度不够，面刀齿槽中积累杂质，则面条的光洁度变差；成型盒内有杂质，会产生挂条。

（3）刀辊速度与成型网带速度之比的大小　刀辊速度与成型网带速度是影响切条成型效果的主要因素之一，它是利用刀辊速度大于成型网带速度的关系，促使面条在成型导箱内弯曲扭转堆积成波浪形花纹的面层。比值过大，面条花型堆积，会导致蒸煮不透、油炸不透；比值过小，面条波浪过大、松散，会导致面饼重量不够。

（4）成型导箱前壁压力门上压力的大小　成型导箱前壁压力门上压力的大小，是影响成型效果的另一主要因素。压力大则波纹密，压力小则波纹稀。

（六）蒸面

蒸面是制造方便面的重要环节。制造方便面的基本原理是将成型的生面糊化，然后迅速脱水便得到产品。糊化的程度对产品质量，尤其是复水性有明显影响。

蒸面是在一定温度下适当加热，在一定时间内通过蒸汽将面条加热蒸熟。它实际上是淀粉糊化的过程。糊化是淀粉颗粒在适当温度下吸水溶胀裂开，形成糊状，淀粉分子由按一定规律排列变成混乱排列，从而使酶分子容易进入分子之间，易于消化吸收。

1. 工艺要求

糊化后的淀粉会回生，即分子结构又变成 β 型。因此要尽量提高蒸煮时的糊化度。通常要求油炸面的糊化在 85% 以上，热风干燥面的糊化度在 80% 以上。

2. 具体操作

蒸面在蒸面机内完成，常用的蒸面机是隧道式蒸面机，由网带、链条、蒸气喷管、排槽、上罩和机架几部分组成。工作时，控制好网带的运行速度，设置蒸箱的前后蒸汽压力，保证前温、后温达到工艺要求，保证面条在一定时间达到糊化要求。蒸箱的安装是前低后高，保证冷凝水回流，蒸汽压也是前低后高。在蒸箱低的一端，蒸汽量较少，温度较低，进入槽内的湿面条温度较低，从而使一部分蒸汽冷凝结露，面条含水量增加，有利于淀粉的糊化（因为淀粉糊化的基本条件是首先充分吸水膨胀，然后在一定温度下加热）。在蒸箱高的一端，蒸汽量大、温度高、湿度低，有利于面条吸收热量，进一步提高糊化度。

3. 影响蒸面效果的因素

影响蒸面效果的主要因素是蒸面的温度、面条的含水量、蒸面的时间、面条的物理结构。

（1）蒸面温度　淀粉糊化要有适当的温度。不同的谷物淀粉，其糊化温度是不一样的。小麦淀粉的糊化温度为59.5～64℃。要使小麦粉为原料的面条糊化，蒸面的温度一定要在64℃以上。一定时间内，蒸面温度越高，糊化度越高，蒸面温度越低，糊化度越低。方便面是由多层面条扭曲折叠而成的面块，有一定的厚度和密度，要使这样的面块能在较短的时间内蒸熟，需要的温度比糊化温度高。在生产中，通常进面口温度在60～70℃，出面口温度在95～100℃。进面口温度不宜太高，大的温度差可能超过面条表面及面筋的承受能力，而使糊化度降低。而出面口温度一般较高，高的出面口温度既提高糊化度，又可蒸发一部分水分，起到一定的干燥作用。

（2）面条含水量　含水量是影响面粉糊化效果的第二因素。在蒸面温度和蒸面时间不变的条件下，生面条的含水量越高，面条的糊化程度也越高。面条含水量与糊化度成正比。在生产中，在不影响压片的前提下，应尽可能多加水。实践证明，湿蒸（即用蒸汽直接蒸面）可以让面条吸收更多的水分，这样蒸出的面条起光、有透明感、外观好。

（3）蒸面时间　蒸面时间与糊化程度成正比，延长加热时间，可以提高产品的糊化度；而缩短加热时间，会降低产品糊化度。实践证明，合适的蒸面时间是60～90s，此时糊化度可达到80%左右。

在蒸面时，有时产品品种不同，蒸面时间也不同。如热风干燥方便面，由于其脱水速度慢，糊化的淀粉易回生，因而热风干燥方便面在储存过程中比油炸方便面易老化回生，加之其不具备油炸方便面的多孔性，因而复水性较差。为了改善其复水性，除了采取其他措施外，提高蒸面时的糊化度也是一个重要措施。所以，热风干燥方便面生产中，蒸面时间比油炸方便面长。但蒸面时间也不宜过长，否则不仅增加能耗，而且造成蒸面过度，破坏面条的韧性及食用口感。

（4）面条粗细和花纹疏密厚度　面条粗细和花纹疏密厚度是影响蒸面效果的又一重要因素。面条越细，在蒸面过程中，面条中心升温快，糊化度高；面条越粗，在蒸面过程中，面条中心升温慢，中心部分难以糊化，因而整体糊化度低。面块密度松一些、薄一些，与蒸汽的接触效果好，易于糊化；反之，面条花纹稠密且厚，与蒸汽的接触效果不好，当然面条不易糊化。为了将产品的糊化度提高，将面条的厚度减小是一个重要途径。

（七）定量切断

定量切断是方便面生产线上特有的多功能工序。它有四个方面的作用：首先将从蒸面机出来的波纹面连续切断以便包装；并以面块长度定量；然后将面块折叠为两层；最后分排输出。

定量切断的工艺要求是定量基本准确，折叠整齐，进入热风干燥机或自动油炸机时落盒基本准确。

（八）干燥

干燥就是使熟面块快速脱水，固定α化（淀粉）的形态和面块的几何形状，以防回生，利于包装、运输和储藏。干燥方法主要有油炸干燥、热风干燥、微波干燥，下面主要介绍前两种。

1. 油炸干燥

油炸干燥是制作油炸方便面的关键工序，油炸干燥是我国方便面生产中普遍采用的高温瞬时脱水方法。

（1）基本原理　把定量切断的面块放入油炸盒中，通过高温的油槽，面块中的水迅速汽化逸出，面条中形成多孔性结构，淀粉进一步糊化。在面块浸泡食用时，热水易进入微孔，因而油炸方便面的复水性较好。

（2）工艺要求　油炸均匀，色泽一致，面块不焦不枯，含油少，复水性良好。

（3）影响油炸效果的因素

① 油炸温度。油温的高低是影响油炸效果的主要因素之一。油温过低，面块炸不透；油温过高，面块会炸焦。在适当的时间内，比较合理的温度是130～150℃。整个油炸一般分三个阶段：低温区、中温区和高温区。在低温区，油温一般为130～135℃，面块吸热，温度升高，开始脱水；而后进入中温区，油温一般为135～140℃，面块开始大量脱水，油渗入面条中；最后进入高温区，油温一般为140～150℃，面块含水已基本稳定，不再脱水，温度与油温相近。

② 油炸时间。油炸时间也是影响油炸效果的重要因素。它与油温相互影响。面块中水分含量确定，油温低，则油炸时间长；油温高，油炸时间短。油炸时间太短，面块脱水不彻底，不易储存；时间太长，面块易起泡、炸焦，影响面饼品质，而且由于面块在油中浸泡时间长，使产品含油量增加，增加了成本。

③ 油位。油位太低，面块脱水慢，有可能油炸不透，耗油；油位高，循环量增加，易酸败。油位高低不稳定，对面块糊化度、产品含油量都有影响。

④ 油脂质量。油的凝固点高，组成油的脂肪酸中饱和脂肪酸含量较高，稳定性高，但其流动性差，油炸面块出锅时会有一些油脂沥不下来而附在面块表面，导致含油量增加。而凝固点太低，说明组成油脂的脂肪酸中不饱和脂肪酸含量高，其稳定性差，在高温油炸及产品储运中易氧化酸败。在生产中一般采用熔点在26～30℃的棕榈油。

⑤ 面块的性质。面块的性质也是影响油炸效果的因素之一。若前段工序生产的面块中有生粉或表面不光滑，会导致产品含油升高。若面块水分发生变化，而整个油炸操作工艺条件不变，则最后产品含水也将发生变化。若面块的花纹疏密度增加，会影响油炸过程中水分的蒸发，尤其当面块花纹出现局部过于紧密时，会导致产品局部含水过高，最终成为次品。

2. 热风干燥

（1）基本原理　热风干燥是生产非油炸方便面的干燥方法。由于方便面已经过90℃以上的高温糊化，其中所含淀粉已大部分糊化，由蛋白质所组成的面筋已变性凝固，组织结构已基本固定，与未经蒸熟的面条的内部结构不同，能够在较高温度、较低湿度下，在较短时间内进行烘干。使用相对湿度低的热空气反复循环通过面块，由于面块表面水蒸气分压大于热空气中的水蒸气分压，面块的水蒸发量大于吸附量，因而面块是脱水的。面块中蒸发出来的水分被干燥介质带走，最后达到规定的水分。

热风干燥出来的方便面不会发生油脂的酸败现象，储藏期长，同时生产成本低；但这种工艺所需的干燥时间较长，干燥后的面条没有微孔，复水性较差，复水时间较长。

(2) 工艺要求　热风干燥的工业要求是产品的含水量达到产品质量标准规定的水分(12.0%)以下，以便于保存、包装、运输和销售，尽量使面块形状一致，干燥速度尽量提高，较快地固定α化状态，以防止方便面在储藏和运输中α化的淀粉再回到β化的淀粉，保证面条具有良好的复水性。

(3) 影响热风干燥效果的主要因素　影响热风干燥效果的主要因素有热风的温度、相对湿度、鼓风机的静压力和面块的性质。

① 温度。干燥介质的温度高，干燥速度快，反之则干燥速度慢。温度高能增加水分的蒸发速度，增加面条表面的水蒸气分压，从而增加干燥速度。在生产中，一般要求热风温度为70~80℃。若采用强力热风干燥，干燥介质温度可达200℃，干燥时间缩短为10~20s，面条中间水分快速迁移会使其膨化而产生许多细微小孔，复水性得以提高；但面条的黏性、韧性降低，没有嚼劲，口感较差，生产成本高，很少采用。

② 相对湿度。热空气的相对湿度是影响干燥速度的又一重要因素。相对湿度大，蒸汽分压高，面块的蒸汽分压与干燥介质中水蒸气分压之差是面块干燥脱水的动力，只有面块表面的水蒸气分压超过干燥介质中的水蒸气分压时，面块中的水分才会被蒸发，因此要使面块干燥必须使干燥介质中的水蒸气分压尽量降低，即要使空气中的相对湿度尽量降低。在热风干燥方便面生产中，一般要求干燥介质的相对湿度低于70%。

③ 面块的性质。面块的性质也是影响热风干燥效果的重要因素。面块的粗细、花纹的疏密度、面块中水分含量的多少都会影响面块的干燥速度和产品水分含量。另外面块的形状也会对产品外观有影响。

④ 鼓风机静压力。方便面生产中，链盒式干燥机内有自上而下的九层装满面块的面盒，要同时对九层面块同时干燥，则需热风循环自上而下地反复进行，这就需要热风有一定的风压。若风压太低，热风很难穿过九层面块，干燥效果较差；若风压太高，会大大增加动力消耗。根据生产实践，比较适宜的鼓风机静压力为0.5kPa。

(九) 冷却

1. 基本原理和工艺要求

油炸方便面经过油炸后有较高的温度，输送至冷却机时，温度一般还在80~100℃。热风干燥方便面从干燥机出来的面条达到冷却机时，其温度也在80~100℃，这些面块若不冷却直接包装会导致面块及汤料不耐储存，若冷却达不到规定的标准，也会使包装内产生水汽而造成产品吸湿发霉，因而对产品进行冷却是必要的。冷却方法有自然冷却和强制冷却。

自然冷却方法不适用于工业化的连续生产，因而生产中采用强制冷却，借助鼓风机，将干燥后的面块散布在多网孔、透气性好的传送带上，进行强风冷却。

冷却工艺的要求是冷却后的面块温度接近室温或高于室温5℃左右。

2. 影响冷却效果的因素

影响冷却效果的主要因素有面块性质、冷却时间、冷却风速风量、网带的行走速度。

(1) 面块性质　面块的温度是影响冷却效果的主要因素，若是热风干燥方便面，本身的温度低，冷却就容易进行；若是油炸方便面，本身的温度高，冷却的难度就大。另外，面条直径大小、面块花纹紧密程度、面块的堆积情况均会影响其散热效果。

(2) 冷却时间　其他参数一定，冷却时间越长，冷却效果越好；反之，冷却时间越短，冷却效果就越差，一般冷却时间为3~5min。随着冷却的进行，面块与冷却介质的温度差逐步缩小，降温速度也逐步变小，无限制地延长冷却时间会使冷却设备庞大，或者生产能力降低。

（3）冷却风速风量　冷却风速和风量是影响冷却效果的主要因素之一。风量大则冷却机内外能量交换量大，有利于快速降温，因为冷却介质和面块的温差增大了。风速大则要求风压也要大，风压大对面块的冷却是有利的，因为只有保证一定的风压，才能吹透面块，将其热量带走。

（4）网带的行走速度　网带的行走速度和冷却时间是相互影响的，网带行走速度越快，冷却时间越短，冷却效果越差；反之，网带行走速度越慢，冷却时间越长，冷却效果越好，但会降低产量。网带的行走速度是可以调整的，调速幅度为 3～9m/min。

（十）检测

从冷却机出来的面块，必须经过检查、输送，然后才进行包装。检查项目包括重量、色泽、形状、油炸、冷却情况等。此项工作需要在一输送带上解决。操作工需要将脱水不均匀、形状不符合要求的面块及时拣出，重量检测可以采用人工抽检或自动检测，若重量不符合要求应及时通知前面工序进行调整。同时安装金属检测器。经过以上检测合格的面块可输送到包装机前，输送带可以继续起到冷却作用。

（十一）包装

包装就是把冷却后的方便面块，通过面块供给输送装置送到薄膜之上，借助于薄膜传送装置和成型装置，把印有彩色商标的带状复合塑料薄膜从两侧折叠起来成为筒状，通过纵向密封装置把方便面间隔地卷包在内，再通过上下两条装有条状海绵的输送带，将卷在薄膜内的面块夹住送往横向密封装置，在面块两端定长横向密封切断。

碗装、杯装方便面是将面块人工或机械的办法放入碗（杯）中，然后在碗（杯）中放入汤料、小勺等，碗（杯）与传送链一起运行，封盖机械或人工将盖放在碗上，并封上一层塑料透明薄膜，封口后放在远红外收缩包装主机内，使外衣塑料受热收缩，将碗紧紧地包封起来。

三、方便面汤料的生产

汤料是方便面生产的重要组成部分，对方便面的风味起关键作用。方便面所附带的调味汤料品种很多，如鲜虾、三鲜、麻辣、鸡肉、牛肉等汤料；形态上有粉末状、颗粒状、膏状和液状 4 种。调味汤料的加工工艺因品种不同而有一定差异。

1. 粉末汤料生产工艺

粉末汤料是方便面汤料中用途广泛的汤料，国内生产的绝大部分方便面中一般都配有这种汤料。这种汤料是将购买的原料进行处理、配料、混合、筛分、包装即得到粉末汤料产品。

生产工艺流程：

原料预处理→粉碎→称量→混合→筛分→包装→成品

2. 液体汤料生产工艺

液体汤料（包括半固体汤料）种类不同，其加工过程也不尽相同，但其大致工艺过程是相同的。

一般液体汤料生产中首先对原料进行预处理，然后将各种调味料按一定比例分先后加入、拌和、加热浓缩及灭菌、冷却拌匀后进行包装即可。

生产工艺流程：

香辛料→焙炒

各种原料→预处理→拌和→均质→浓缩→杀菌→自动包装→耐压检查→成品

3. 酱料调味汤料生产工艺

加工方法与液体汤料相近，只要加入一定量的固体汤料或一定量的增稠剂等，经加热、搅拌、杀菌、包装而成。

第三节 挤压膨化食品生产技术

随着社会的发展，人们的生活水平越来越高，食品也越来越多样化，食品市场中的挤压膨化食品已占有相当的份额。

目前，世界上采用挤出生产的食品的范围已经相当广泛，主要有面条（各种形状）、早餐谷物（玉米片、麦圈）、婴儿食品、小吃、糖果、香肠、组织化植物蛋白、变性淀粉、汤粉及蔬菜粉等。在我国，近年来膨化和休闲食品的发展也非常迅速，并且仍有巨大的发展潜力。

在国外，于20世纪60年代中期，以大米、玉米、豆类、薯类、高粱、花生为原料，应用膨化技术生产出了快餐食品、焙烤食品、冲调食品、儿童食品、植物蛋白食品、保健医疗和强化营养食品，用以处理谷物。与此同时，早餐类食品在挤出机内一步蒸煮挤出成形也得到了较迅速的发展。80年代以来，挤出技术又在食品加工行业中以它的一机多能和高能效而得到迅速的发展。在美国，已有60%的大豆和50%的棉籽采用挤压机进行膨化处理，其装备设计和工艺条件控制不断完善，产品花样不断翻新，并且还在向更深一步发展。在日本，有9家大中型企业生产制造的各种类型的挤压机，应用范围涉及食品工业的各个角落，使双螺杆挤出机在食品加工中的应用得到了巨大发展。日本建立了食品挤压蒸煮技术研究组织，有26个企业参加，中心研究课题为"食品用双螺杆挤压机的开发和利用"，日本各公司通力合作，在商品化、实用化的指导思想下，研究开发了挤压谷物、植物蛋白、畜产品、水产品等。表8-1列出是日本参加挤压蒸煮技术研究的课题和企业。

表 8-1 日本参加挤压蒸煮技术研究的课题和企业

序号	实验研究课题	食品制造企业	机械制造企业
1	谷类、蛋白原料的新食品 鱼肉食品的制造技术 高度组织化食品的开发 肉食加工制造技术	昭和产业公司 大洋渔业公司 日清制油公司 日本火腿公司	神户制钢所
2	蛋白质食品连续加工法 甜点的新材料开发 粮食作物新用途的开发 甜点的加工方法	堪唛食品公司 味全食品公司 日清制粉公司 里斯本食品公司	幸和工业
3	含油脂食品的开发 鱼类等饲料技术的开发 畜肉等的组织化技术 乳蛋白等食品的制造方法	旭电化工业公司 东洋酵母工业公司 普力玛火腿公司 明治乳业公司	栗本铁工所
4	肉食品的制造法 食品的附加值技术 鱼肉新加工技术 谷物等的加工技术	伊藤火腿公司 群马豆类食品公司 日本水产公司 富士食品工业公司	末广铁工所
5	蛋白质的组织化技术 鸡蛋、蛋壳的高度利用 谷类、豆类新食品的开发 膨化食品开发 谷类原料加工法	味之素公司 小娃娃塑胶公司 日本制粉公司 明治制果公司 山崎面包公司	东芝机械公司

一、挤压膨化食品加工原理

将混合好的物料连续均匀地加入到挤压机的进料斗中，沿转动杆螺槽轴向运动方向向前输送，这一段物料的物理性质、化学性质基本没变，温度约为70℃。此后，由于受到机头阻力和螺杆压缩结构的作用，物料被逐渐压实，并因吸收来自机筒加热时的热量和螺杆与机筒间强烈的摩擦、搅拌和剪切等机械能所转化的热量而升温直至全部熔融。在压缩熔融时，物料转化成塑性熔融的黏流态，继而进入计量均化段。在计量均化段，随着轴向运动的螺槽逐渐变浅，熔融的物料被继续加热形成蒸煮过程，期间发生了脂肪和蛋白质变性，淀粉被完全糊化，微生物被杀灭等一系列复杂的生化反应，这时物料处于高压3~8kPa和150~170℃的高温状态之下，如此高的压力超过了挤压温度下的饱和蒸汽压，所以在挤出机套筒内不会沸腾蒸发，在如此的高温下，物料呈熔融状态。因机筒内外巨大的压力差使物料从模头狭小的成形膜口快速均匀地喷出。其中均匀分布的游离态水分便发生急骤的蒸发，产生类似于"爆炸"的情况。产品随之膨胀，水分从物料中散失，带走大量热量，使物料在瞬间从挤压时的高温迅速降为80℃左右，从而使物料固定成型，并保护了膨胀后的形状。

1. 挤压膨化过程的三个阶段（图8-2）

（1）加料输送段 当原料从加料斗进入机筒后，即随着螺杆的转动沿螺槽方向向前输送。

（2）压缩熔融段 由于受到机头的阻力作用，固体物料逐渐被压实，又由于物料受到来自机筒的外部加热以及螺杆与机筒的强烈搅拌、混合、剪切等的作用，温度升高，开始熔融，甚至全部熔融。

（3）计量均化段 物料在螺槽中不断向前挤压，由于螺槽逐渐变浅，温度和压力继续上升，物料得到蒸煮，出现淀粉糊化、蛋白质、脂肪变性等一系列复杂的生化反应，物料组织进一步均化，最后定量、定压地由机关通道均匀挤出。

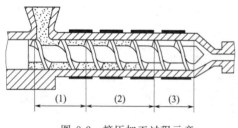

图8-2 挤压加工过程示意
(1)加料输送段；(2)压缩熔融段；(3)计量均化段

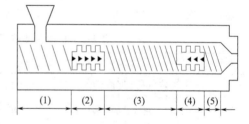

图8-3 挤压膨化过程物料变化区段
(1)一级螺旋输送段；(2)混合段；
(3)二级螺旋输送段；(4)剪切段；(5)高温高压段

2. 挤压膨化过程中物料性质的变化（图8-3）

（1）一级螺旋输送段 物料的物理化学性质保持不变。

（2）混合段 物料受到轻微的低度剪切，但其质构仍基本不变。

（3）二级螺旋输送段 物料已被压缩得组织致密，螺旋叶片的旋转对物料进行挤压和剪切，引起摩擦生热，并使大小谷粒发生机械变形。

（4）剪切段 高度剪切使物料温度上升，并由固态向塑性态转化，形成黏稠的塑性熔融体。含水量在25%以下的粉状或颗粒状物料，在剪切区内均产生压缩粉状向塑性态的明显转化。对于强力小麦粉、玉米碎粒及淀粉来说，这种转化可能发生在剪切区的起始部分，而对于弱力面粉或在配方中谷物含量少于80%的物料来说，转化则发生在剪切区的深入区段。转化时淀粉颗粒内部的晶状结构先发生熔融，进而引起颗粒软化再被压缩成黏稠的塑性熔融体。

(5) 高温高压段　剪切区形成的塑性熔融体继续向前推进,至成形模头前的高温高压区,这时物料已完全流态化,一挤出模孔,恢复常压,使全流态化物料迅速膨化。在挤压过程中,食品物料经过加温、加压,淀粉糊化,蛋白质变性,各种酶的活性钝化,各种微生物被抑制或杀死。由于高温高压的时间很短,一般为5～10s,最长不超过1min,故将挤压加工过程称为高温短时过程,即HTST(high temperature and short time)过程,它使食品加热得到的好处(改进消化性、提高吸收率)趋于最大,而使有害影响(如产生褐度、营养成分的破坏等)趋于最小。由于物料在模头前面压力在10MPa以上,温度达到200℃,所以又称这个过程为高温(high temperature)、高压(high pressure)、短时(short time)过程,即HHS过程。

二、挤压膨化食品的种类及配方

(一) 挤压膨化食品的种类

1. 从加工食品用的主要原料分

(1) 淀粉质　用大米、玉米等食物进行加工的。

(2) 蛋白质　用脱脂大豆进行加工的。

(3) 膨化质　用全脂大豆进行加工的。

2. 从生产的食品性状分

(1) 小吃食品　玉米果、麦圈、锅巴等。

(2) 快餐食品　早餐食物、方便粥等。

(3) 保健食品　老年食品、儿童食品等。

3. 从风味上分

有甜味、咸味、辣味、咖喱味、海鲜味、牛肉味等。

4. 从形状上分

有条形、圆形、饼形、扇形、环形、半圆形等。

(二) 挤压膨化食品的配方

挤压膨化食品的基本配方见表8-2。

表8-2　挤压膨化食品配方(按质量分数计)　　　　　单位:%

组别	原料种类 \ 食品种类	玉米小吃	玉米与马铃薯小吃	全小麦小吃
1	小麦粉 粗碾玉米 马铃薯微粒 马铃薯淀粉	— 85 — —	— 50.0 20.0 5.0	70.0 — — —
2	大豆蛋白 小麦面粉 小麦麸皮	— — —	— 2.0 —	5.0 — 10.0
3	大豆油、棕榈油、菜油 乳化剂 水	1.0 0.3 18.0	1.5 0.3 18.0	1.0 0.3 16.0
4	糖 麦芽糖 盐 味精	— — 1.0 适量	— 5.0 2.0 适量	5.0 — 1.5 适量
5	焙烤粉 磷酸果汁 麸皮	— — —	1.5 — —	1.5 — —
6	乳粉 食用色素	1.0 适量	2.0 适量	2.5 适量

三、挤压过程中原料成分的变化

在挤压机中原料成分发生一系列物理化学变化，使其从外观和质构上都发生改变。

碳水化合物的变化如下。

(1) 淀粉的变化　淀粉是挤压膨化食品的主要成分，它的含量及其直链和支链的含量以及在挤压过程中的变化均与产品质量有很大关系。淀粉是高分子原料，进入挤压机之后变化很大。首先是外观上，由未胶化的白色粉末逐渐变为凝胶化的无色半透明体，淀粉的高分子结构物断裂成低分子产物，如淀粉结构中的1,4-糖苷键断裂，形成葡萄糖、麦芽糖等。第二是发生糊化（α化）作用。在高温条件下，淀粉分子间的氢键断裂，发生糊化，糊化程度与挤压温度、物料中水分含量、螺杆转速、挤压机结构（螺杆、筒体的形状）、剪切力、模头出口形状等诸多因素都有关，一般糊化温度为55～85℃，温度高，水分含量充分，糊化度好；螺杆转速大，糊化度会降低。还有研究表明，以小麦淀粉为原料，采用"急停挤压"方法将挤压机机筒拆卸，沿螺杆分段测定不同挤压条件下淀粉的变化，结果显示：淀粉在挤压过程中由固态经过渡态到熔融态，其中过渡态很短，淀粉糊化主要发生在熔融态。另外，淀粉中直链淀粉和支链淀粉的比例也影响制品的质构特性，直链淀粉含量增加，则膨化度降低，产品质地较硬；而支链淀粉能促进膨化，并使产品变得松脆。在制作膨化休闲食品时，为了获得良好的口感和一定的硬度，直链淀粉含量以20%为宜，超过50%则制品的结构过度密实，膨化欠佳，不过挤出物光亮，表面组织均匀有弹性，挤出过程所需的动力较少。

(2) 纤维素的变化　纤维素在挤压过程中，可溶性膳食纤维的含量相对增加30%左右，纤维素具体变化情况目前尚未得出确切的结论，可能是挤压促使纤维分子间价键断裂、分子裂解及分子发生极性变化所致。

原料中纤维素含量增加，则膨化度降低，纤维素的来源不同和纯度不同均对膨化作用有明显的影响。

(3) 葡萄糖和蔗糖的变化　原料中糖分影响淀粉糊化，另外挤压过程中的高温、高压及高剪切作用使糖分分解成羰基化合物，与原料中的蛋白质发生美拉德反应，使产品颜色变深。原料中糖分分解还能增加产品的甜味，从而提高制品品质。

第四节　常见食品的挤压生产工艺与设备

一、谷物早餐食品

谷物早餐食品，是以谷物为主要成分的一种脆性食品。根据挤压方式，可将谷物早餐食品按挤压工艺分为膨化类、成形类、压片类、涂层类和夹馅类等五种。

(1) 生产工艺

① 传统加工谷物早餐食品的工艺流程。这类谷物早餐食品是利用烘焙和气流膨化方法进行加工的，其工艺流程如下：

谷物原料(含水分34%) → 筛分(3～5min) → 蒸汽蒸煮(1～2h) → 排气冷却 → 带式干燥 → 慢速干燥 → 压片 → 烘焙(水分3%) → 调味 → 包装

这种生产工艺生产量小，加工时间长，能耗较大。

② 谷物早餐食品的工艺流程。挤压加工谷物早餐食品的工艺流程如下（图8-4）：

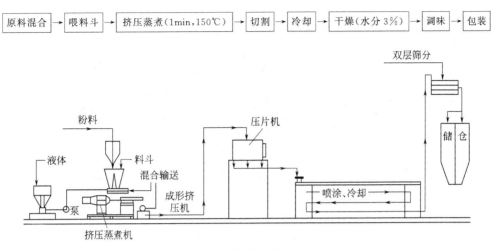

图 8-4 片状谷物早餐挤压加工过程

这种加工方法适用于所有谷物,并方便各种谷物原料的混合配制,挤压时间很短,约为 1min,而原料含水量一般在 14%～30%,烘焙加工耗热能少。

(2) 原料和配方 主要原料和配料有颗粒谷物、谷物粗粒、谷物粉、淀粉、植物油、调味料、白糖、麦芽糖、食用色素等,常用的是玉米、燕麦、小麦。调味料有蔗糖、玉米糖浆等,有的还用红糖和蜂蜜进行调味、调色。有的用全脂大豆粉(大豆蛋白、维生素、矿物质)作为强化剂,用谷物和大豆的混合粉使氨基酸得到互补,以提高蛋白质的生物价。具体配方如表 8-3。

表 8-3 谷物早餐食品配方   单位:%

序号	玉米	燕麦	小麦	脱脂大豆粉	白糖	麦芽糖	蜂蜜	盐	卵磷脂	维生素	矿物质
1	100	0	0	0	0	2	0	2	0	0	0
2	0	100	0	0	5	0	0	2	0	0	0
3	30	30	30	10	10	0	2	2	1	0.5	0.1
4	30	0	70	0	8	0	2	0.5	0.5	0.5	0.1
5	50	0	30	20	5	1	1	2	0	0.5	0.1
6	70	0	10	20	10	0	0	2	0	0.5	0.1

(3) 生产设备 挤压加工谷物早餐食品利用的设备有液体输送泵、粉体输送装置、预混合设备、挤压蒸煮机、挤压成形机、压片机、调味冷却装置、筛分设备、储存和包装设备等。

(4) 操作要点 首先根据不同的需要和条件,选择原料组成,挤压加工谷物早餐食品可以利用当地的任何谷物,其加工原理基本相同,原料选取需要根据营养平衡和调味的需要综合考虑。原料组成、原料含水率和温度是挤压膨化谷物早餐食品生产过程中的主要影响因素,不同的挤出产品和形状要求不同的挤压操作参数。

二、速溶粉末类食品

(1) 生产工艺流程 速溶粉末类食品都需先将原料磨碎,根据营养平衡的原则将各种原料合理配比进行加工。图 8-5 是挤压加工速溶粉末类食品的加工工艺示意图。其大概加工过程是:将各种原料按比例称量,输送到混合机内混合,送入喂料斗,经预处理设备处理后,喂入挤压机进行挤压蒸煮,再经切割,送入干燥设备干燥,冷却后送到磨粉机粉碎,再筛分分级并包装。

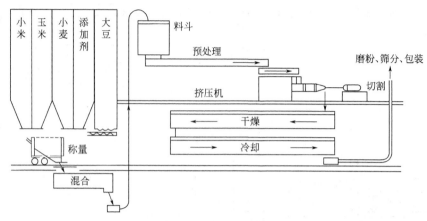

图 8-5 速溶粉末类食品挤压加工工艺示意

(2) 原料和配方　速溶粉末类食品一般用来制作婴幼儿食品，其对原料的要求十分严格，必须选取营养丰富的去皮大豆、大米、米胚、玉米、乳粉、蛋黄粉、白糖、芝麻、细骨粉等原料，利用这些原料中的优质蛋白质、优良的不饱和脂肪酸、丰富的维生素和矿物质。有学者以大米、大豆、米胚、玉米、乳粉、蛋黄粉、白糖为原料，在保证婴幼儿对蛋白质、脂肪、热量和必需氨基酸需求的前提下，获得的最低价格又是最优质膨化婴儿粉的配方是：大米 30%、大豆 25%、米胚 11%、玉米 6%、乳粉 4%、蛋黄粉 3%、白糖 15%。这一配方是比较科学的，有一定的指导作用。是生产用配方，根据婴幼儿食品营养要求、卫生标准及方便调制、可溶于奶或水、不产生固体不溶物质、幼儿易于消化吸收等原则进行制定的，一般配方见表 8-4。

表 8-4　婴幼儿营养米粉配方

原　料	配方量(质量分数)/%	原　料	配方量/(mg/kg)
米粉	65	维生素 B_1	5
糖粉	17	维生素 B_2	3
全脂乳粉	8	维生素 C	50
蛋黄粉	2	碳酸钙	10
麦胚粉	4	硫酸亚铁	150
赖氨酸	0.12	葡萄糖酸锌	30~50
植物油	3	磷酸钙或硫酸氢钙	11.2×10^3

三、组合食品

组合食品的挤压加工是根据营养平衡的需要向谷物原料中添加油料、豆类及氨基酸、维生素、矿物质等进行强化，然后进行挤压加工的。

谷物与大豆混合加工，有效的氨基酸损失少，通过挤压加工进行原料的结构重组，提高蛋白质效率比值，为人们提供有效营养物质。

挤压组合食品的配方如下。

(1) 玉米-大豆粉挤压食品配方　预蒸煮玉米粉 63.8%，脱脂大豆粉 5%，脱脂乳粉 5%，粗炼豆油 5%，矿物质与维生素混合物 2%，水 19.2%。

(2) 玉米-大豆粉挤压食品配方　预蒸煮玉米粉 62.7%，脱脂大豆粉为 22%，精炼植物油 5.5%，矿物质与维生素混合物 2.8%，水 7%。

(3) 小麦、大豆挤压食品配方　预蒸煮小麦面粉 73.4%，脱脂大豆粉 20%，精炼豆油 4%,矿物质与维生素混合物 2.6%。

四、面包片

(1) 工艺流程 挤压加工的面包片,含水量在 10% 以下,类似于饼干,在原料中可加入乳粉等辅料,使口感和营养均得到改善。这种面包片比一般烘焙面包的生产成本低 55%,所以受到欢迎。

其工艺流程如下:

原料 → 预处理 → 挤压、蒸煮 → 切割 → 干燥 → 冷却 → 包装

(2) 生产过程及操作要点 挤压加工的面包片所用的主要原料是面粉,还有少量辅料,如糖、油脂、乳粉、食用纤维等,一般乳粉添加量为 2%,油脂添加量在 1% 以下。将主料和配料按比例输送到预处理装置中进行预处理,再用螺旋喂料器喂入金属探测器,以去除原料中的金属杂质;然后喂入挤压机进行挤压、蒸煮,再按需要的长度用切割机进行切割。切割后进行喷涂调味并干燥至含水量 4%~9%;此时产品温度为 100℃,需将产品置于输送带上进行冷却,待温度降至 70℃ 即可进行收集包装。

五、大豆制品

大豆是我国七大粮食作物之一,也是四大油料作物之一。大豆蛋白质含量为 40% 左右,其蛋白质有较完全的氨基酸,是最好的非动物性高蛋白食品原料。在我国短期内不能大量生产动物蛋白的情况下,大豆是良好的植物蛋白来源。在我国的大豆加工中,应用比较多的是两种方法,一是从豆中提取豆油,然后精炼,将豆饼作饲料或将豆饼加工成脱脂豆粉,再进一步加工为大豆组织蛋白、浓缩蛋白、分离蛋白等制品;二是将大豆制作成豆腐等传统豆制品。目前,用大豆提取的生产工艺水平各有高低,多数生产企业将大豆提取油脂后,把含大豆蛋白质丰富的豆粕作为饲料最终转化动物性食品,这样使大豆蛋白质的利用率作为人类营养的转化率较低。需要研究开发大豆被人类直接食用的方法。用大豆制作豆腐和豆奶等的加工工艺,由于豆腐和豆奶的含水率高,因而储藏和运输比较困难,并且存在豆腐渣的利用问题,使其加工规模受到一定的限制。此外,加工各种速溶豆奶粉、浓缩蛋白、分离蛋白时,都存在先将水加入原料中,最终又将水利用喷雾干燥脱去的过程,这些加工过程所需设备庞大,耗能较高,成本较高。由于大豆的营养价值高,因此可以将大豆粉用作面包、糕点的营养强化剂,也可在主食中掺入大豆粉,使得这种大豆粉可以直接食用,也可以加入到面包、馒头、面条、米饭、蛋糕等主食中,充分有效地利用了大豆蛋白资源,对提高人类食品中蛋白质的摄入量具有十分重要的意义。

(1) 生产工艺 全脂大豆粉加工利用的原料是大豆,大豆加工中的关键技术是去除豆腥味。大豆中的豆腥味源于大豆中的胰蛋白酶抑制素、脂肪氧化酶、脲素酶、血球凝集素等抗营养因子。去除豆腥味目前主要采用的是大豆溶解加热(如各种速溶豆粉)、焙烤、螺杆挤压蒸煮的方法。用挤压蒸煮方法去除大豆腥味对大豆进行深加工的特点是加热去腥的时间短,氨基酸、维生素等营养成分与其他加工方法相比损失小,有利于提高大豆蛋白的消化吸收率,并且大豆在经过膨化后,体积膨大,成为疏松的网孔状,保留了大豆的特有香味,有利于进一步的调味。

加工时，首先用直接蒸汽和间接蒸汽将去皮大豆调水至18%～21%，预热65～104℃然后用挤压机蒸煮，冷却后粉碎到100目左右。也可以利用单螺杆挤压机干法挤压膨化全大豆，这种工艺不需要蒸汽预处理。设备较小，适应性强，但设备磨损严重，耗能较大。为此又设计开发了双螺杆挤出机挤压加工全脂大豆粉的工艺。

如果利用已经粉碎的大豆粉，可以使工艺更加简化，加工工艺如下：

豆粉、水、添加物 → 双螺杆挤压蒸煮 → 冷却干燥 → 磨粉 → 全脂大豆粉

图 8-6 是全脂大豆粉挤压加工工艺设备流程图，实验研究结果表明，利用双螺杆挤压蒸煮加工处理全大豆生产全脂大豆粉，是十分有效的方法。双螺杆挤出处理大豆粉比单螺杆挤压加工的单位能耗小，加工范围更为广泛。利用双螺杆挤压机生产全脂大豆粉，可以充分利用大豆的营养价值，去除大豆腥味，"钝化"有害成分，简化大豆粉的生产工艺。

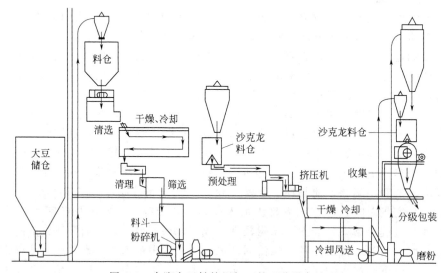

图 8-6 全脂大豆粉挤压加工的工艺设备流程

（2）技术特点 利用挤压蒸煮法加工全脂大豆粉，原料在喂入挤压机前，需要预处理的设备不同，预处理的方法也不相同。大豆经双螺杆混炼、磨碎挤出后，豆腥味明显减弱。采用纯蒸汽加热预处理脱皮大豆，一方面蒸汽热水可以调整原料的含水量；另一方面热处理可以消除抗营养因子的活性。但预先处理必然增加设备的复杂性，尤其是蒸汽预处理需要供汽锅炉，这给无锅炉的用户带来困难。由于挤压加工本身是一种高温、高压的处理方法，因此采用双螺杆挤出加工，可以补充缺少预先热处理的不足，原料预处理粉碎的大豆粉经螺杆挤压后，通过机头成为颗粒状和棒状。将挤出产品和初始原料进行对比，可发现挤出后的产品豆腥味明显减少，接近于完全消除了豆腥味，并且产品有豆香风味，表面有油脂溢出，产品略呈淡黄色。从挤出产品的风味可以看出，利用螺杆挤出机加工粉碎大豆粉的工艺是可行的。在大豆粉的挤出过程中，发现机头模口处有油脂流出，挤出产品有油脂渗出，这种现象和结果对于挤出过程和产品有重要影响，由于大豆中含有16%的油脂，在高温高压作用下，油脂被榨出，可以在一定程度上提高出油率。因为挤压蒸煮的

预处理作用，使物体内部的油脂浸出到表面，给进一步提取创造了有利的条件。

挤压蒸煮加工大豆原料对大豆营养物质（包括维生素、氨基酸等）的损失的影响和其他加工方法相比较小，挤压加工可以提高蛋白质消化吸收率。将挤压加工的全脂大豆粉添加到传统的食品中，对提高食品的营养价值有重要意义。例如：可将全脂大豆粉添加到面包、面条、膨化食品、饮料及饲料之中。在国外，全脂大豆粉作为强化食品添加剂，得到了广泛的应用。在我国，大豆粉加工也逐渐发展，尤其是豆奶粉的发展迅速，但还需要进一步有效开发多种多样的全脂大豆粉产品。

六、工程食品

用低值原料和食品厂的下脚料，制作成与肉的色、香、味相似的工程食品，即模拟食品、人造食品、仿生食品，作为动物性食品的替代品，可满足人们对动物食品和营养平衡的要求。大豆中蛋白质含量高，经过榨油后，脂肪减少，而蛋白质犹存，还有许多其他营养成分，因此，可进一步加工制作工程肉。其工艺特点是：大豆蛋白经过组织化处理，无定型的球蛋白充分伸展并在强剪切、高温、高压作用下发生取向排列，形成类似于动物肌蛋白（瘦肉）的特有结构和纤维组织，复水后成为具有一定强度、弹性和结构的新型大豆蛋白制品。

1. 大豆工程肉的制作工艺

第一步是制取大豆分离蛋白。将脱脂大豆粉经过稀碱液（pH8.5～9.0）浸泡，以提取蛋白质，再离心除去不溶性残渣，取母液酶化，沉淀蛋白质，经多次淋洗，尽可能除去非蛋白质成分，然后中和（pH6.5～7.0），添加特殊成分，加热杀菌，浓缩均质，最后喷雾干燥即得分离蛋白。其蛋白质含量在90%以上，水分含量仅为5%～7%，脂肪、碳水化合物含量很少，灰分含量为2.4%～3.8%，而且无豆腥味。

第二步是以畜肉、大豆分离蛋白和脱脂大豆粉为原料，用双螺杆挤压机生产大豆工程肉。

2. 原料配比

粉体（脱脂大豆粉10%、分离大豆蛋白10%、小麦谷蛋白10%），水10%，肉类（畜肉）58%，盐2%。将以上配料送入双螺杆挤压机，经过60～150℃蒸煮、挤压，再切割、包装。

3. 配方举例

① 大豆分离蛋白粉80kg，玉米淀粉15kg，畜肉13kg，山梨糖醇9kg，调味液1kg。

② 大豆分离蛋白粉61kg，猪肉20kg，淀粉6kg，小麦谷蛋白10kg，酱油1kg，食盐1kg，干燥鸡蛋白8kg。

③ 大豆分离蛋白粉10kg，鸡肉60kg，酪蛋白10kg，脱脂大豆粉20kg。

④ 大豆分离蛋白粉29kg，鸡蛋清12kg，小麦面筋12kg，脱脂大豆粉10kg。

⑤ 大豆分离蛋白粉40kg，鱼糜30kg，蛋白10kg。

⑥ 大豆分离蛋白粉50kg，鱼糜50kg。

⑦ 脱脂大豆粉25kg，鱼肉75kg。

⑧ 脱脂大豆粉25kg，小麦面粉25kg，鱼糜50kg，防腐剂0.1kg。

蛋白质、淀粉、畜肉在双螺杆挤出机内相互作用，其质构重新组合，促使营养合理配置。单一的大豆分离蛋白挤压组织化产品纤维化结构明显，但口感较硬，为改善其口感，降低成本，可以添加马铃薯、猪肉。比例为猪肉：分离蛋白：淀粉＝5：4：1，这样可以连续、均匀挤出，并且产品的纤维化较好。工程肉挤压加工过程见图8-7。挤压条件为：挤压温度200℃，螺杆转速100r/min。机头需要用循环水冷却。双螺杆挤出机螺杆纹元件组合对挤出产品质量和挤出过程的稳定性会产生显著影响,需要根据原料的组成具体决定合理的螺纹元件组合。

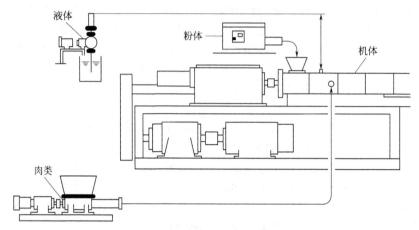

图 8-7　工程肉双螺杆挤压加工过程

七、强化钙、铁、锌的膨化米果

将大米和玉米复合经挤压膨化而成的膨化产品,不仅具有以上特点,还具有品种多样化、味道甜美、口感香酥、色泽黄、营养搭配合理、全面等特点。同时大米和玉米复合膨化食品还可以大大提高玉米、大米等粮食的附加值,但根据分析表明,大米、玉米中矿物元素含量比较低,尤其像钙、铁、锌这些对人体非常重要的微量矿物质元素的含量更低,还不能满足人们的营养需要,而且膨化产品的主要消费群体是儿童。据调查,近几年儿童缺钙、缺锌所引起的佝偻病和缺铁性贫血的发病率较高。现在儿童中常见的厌食症也是由于缺锌所造成的。强化钙、铁、锌的膨化米果,不但具有一般膨化食品的特点,还弥补了谷物类食品中微量元素的缺乏。因此,它是集营养保健功能为一体的新一代膨化食品。

制作强化钙、铁、锌的膨化米果的原辅材料有:大米、玉米、变性淀粉(磷酸酯化淀粉)、品质改良(复合磷酸盐)、营养强化剂(钙、铁、锌的乳酸盐及磷酸氢钙)、食用植物油、乳化剂(单硬磷酸甘油酯)、调味料等。

生产工艺流程如下:

大米、玉米计量 → 适量粉碎 → 混合 → 调湿 → 挤压膨化 → 干燥 → 喷油 → 加调味料 → 包装

1. 大米、玉米计量

为了提高膨化产品的各项指标,找到大米与玉米的最佳配比,将大米与玉米按一定配比计量。

2. 适量粉碎

分别将玉米、大米放入粉碎机内进行粉碎,然后过 60 目筛,其目的是为了达到两种物质的颗粒粒度一致,以便使之混合均匀。

3. 混合

将粉碎好的玉米粉、大米粉、营养强化剂和辅料(变性淀粉、品质改良剂、乳化剂、食盐)按一定比例混匀。

4. 调湿

将配好的原料加水进行调湿,用多功能处理机使之混合均匀。

5. 挤压膨化

采用双螺杆膨化机,先开机30min左右,使机头预热,然后将调湿好的米粉由慢到快加入到膨化机内,进行挤压膨化。

6. 干燥

产品挤出成型后,水分含量一般在7%~10%,可先将其烘干至水分含量为5%左右,水分在5%以下,产品具有比较长的保存期,并且使产品更加松脆。因此,将产品放在90~110℃的烘箱中,烘干10min。

7. 喷油

将干燥后的产品,在其表面均匀喷涂一层植物油,使其口感好,并利于喷调味粉,喷油量控制在8%~10%。

8. 加调味料

将不同风味的调味粉喷在植物油表面,从而得到不同风味的膨化米果。

9. 包装

膨化产品采用真空充氮气软包装。真空充氮气的优点为:抽出氧使微生物失去生存环境,防止食品变质;防止产品表面喷的油脂因含不饱和脂肪酸而被氧化使之酸败;防止维生素C、维生素D损失;防止食品中的不稳定化合物被氧化使产品颜色变暗。

八、营养保健即食糊

营养保健即食糊是以大米和民间熟知的药用食物淮山药（山药）、薏米、莲子、百合和蔗糖等为原料,经高压、高温膨化精制而成。食用时用热（温）开水冲调即成为带有以上各种食物风味和营养保健作用的糊。据我国《中药大辞典》介绍,上述食物具有健脾、补肺、固肾、益精、清热、利尿、养心益肾、止咳、养心安神等功效。此系列食品由于同时含有米谷和药用食物,起到了协同配合、相得益彰的作用。这类食品为免煮性食品,具有结构疏松、风味独特、容易消化吸收等特点,也是兼具风味性、保健性和老少皆宜的方便小食品,且便于携带和食用,储存期长。此项目的投资少,原料来源充足,是食品行业中值得开发的新产品。

1. 工艺流程

2. 操作要点

① 原料的处理。大米精选以除去大米中谷粒、稗子、砂、泥等杂质。将淮山药、薏米、莲子（去心）、百合等进行粗粉碎,使之成颗粒状,粒径1~3mm。蔗糖先经粉碎,过80目筛,在70℃的温度下烘1.5h,收集包装备用。

② 膨化。把精选大米分别和经粗粉碎成颗粒状的各种药用食物原料,按一定比例混合后放入膨化机中,温度在150~180℃、压力为0.981kPa的条件下进行膨化处理。

③ 粉碎。分别把大米与各种药用食物原料的膨化条在容器内进行粗粉碎,然后放入粉碎机中进行细粉碎,用直径0.5mm筛网过筛。

④ 配料及混合。分别在大米与各种药用食物原料的膨化粉中加入蔗糖粉,放入搅拌混合机中混合均匀。

⑤ 筛粉。将各种经搅拌混合后的粉料用60目筛网过筛,收集后密封包装即成为各种产品。

在上述操作过程中，可用大米与淮山药混合膨化制成淮山药糊；用大米与薏米混合膨化制成薏米糊；用大米与莲子混合膨化制成莲子糊；用大米与淮山药、薏米混合膨化制成淮（山）薏（米）糊；用大米与淮山药、莲子混合膨化制成淮（山）莲（子）糊等，可制成一系列营养保健即食糊。

九、挤压膨化食品的加工设备

挤压膨化食品生产加工的主要设备是食品挤压机，近 50 年来挤压机发展很快。由单一功能发展到多功能，由单螺杆发展到双螺杆，由自热式发展到外热式，产量由每小时几千克发展到每小时几吨，操作由手工到全自动化。生产厂家也越来越多，比较著名的生产企业有美国 Wenger 公司、德国的 WP 公司、意大利的 MAP 公司等 20 多家。我国自 1979 年开始研制生产，近年来开始生产双螺杆食品挤压机。

1. 挤压机的基本结构及分类

食品挤压机是由一根或两根基本上是阿基米得螺旋线开关的螺杆及相配合的筒体组成，其类型很多，分类方法也多样。按螺杆的数量分为单螺杆、双螺杆两种；按加热形式分为自热式和外热式两种；按其功能分为通心粉（面条）挤压机、高压成形挤压机、低剪切蒸煮挤压机、膨化型挤压机、高剪切蒸煮挤压机等五种。不同类型各有特色，可因生产条件而选用。

食品挤压设备包括食品挤压机（主机）、辅机、控制系统三部分。

（1）食品挤压机（主机） 图 8-8 是挤压机主体外观图，由 4 个系统组成。

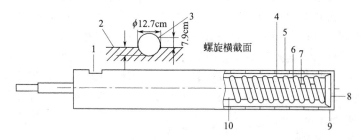

图 8-8 挤压机主体外观

1—喂料口；2—钢管；3—钢丝；4—螺杆与筒体间隙；5—筒体；
6—筒体内杆；7—螺旋槽内破碎片；8—锥模；9—模座；10—螺杆

① 挤压系统。由螺杆、机筒和机座组成，此系统为挤压机的核心部分。

② 传动系统。驱动螺杆转动由电动机、减速装置和齿轮箱组成，保证螺杆所需的扭矩和转速。

③ 模头系统。用来保证挤压食品的开关和建立模头前的压力。它由能与机筒连接的模座、分流板和成形模头组成。

④ 加热（冷却）系统。通过在夹层体内通蒸汽加热筒体而把热量传递给物料，或通入冷循环水冷却筒体，也有用电热元件加热筒体的，将螺杆做成中空也可用来加热或冷却。

（2）辅机 根据产品要求使用不同的原料，需有配套的辅机，主要辅机有如下几种。

① 原料混合器。有多种原料要均匀混合时采用。

② 预处理装置。根据工艺要求，需用水或蒸汽调整原料的含水量和温度便于喂料。

③ 喂料器。保证均匀喂料。

④ 烘干（冷却）装置。食品进一步脱水，再进入烘干机，有的需迅速冷却再进入冷却装置。一般用电加热烘干、风冷。

⑤ 切割装置。食品原料通过模头连续挤出，然后根据产品开关要求在切割装置中用切刀切断。

⑥ 调味装置。许多膨化食品要求具有各种风味，需将调味料喷涂在产品表面上，故应有调味装置。

⑦ 其他辅助设备。包括产品包装机等。

（3）控制系统 食品挤压机的控制系统主要由测量仪器、显示仪表、电器、执引机构和按键等组成，主要用于显示主机的工作状态。

2. 食品挤压设备的操作要点

挤压食品生产的特点就是能在短时间内，在高温、高压的条件下，使食品的各组分发生质构变化。因此，进行挤压生产所用到的挤压机是一种具有高温、高压特性的复杂设备，操作时必须小心谨慎。操作者必须在理解了操作原理后，才能操作得简单明了得心应手，并能通过操作质量的提高，给企业增加经济效益。

【思 考 题】

1. 方便面的种类及特点？比较油炸干燥与热风干燥的异同。
2. 在方便面制作中为什么要添加食盐和碱？
3. 制作优质面条对生产用水有何要求，若采用自来水需要进行哪些处理？
4. 写出方便面生产工艺流程，简单解释各工艺要点。
5. 为什么说方便面生产原理是"充分糊化，快速干燥"？你是如何理解这一原理的？
6. 如何提高方便面的复水性？
7. 挤压食品是否就是膨化食品？
8. 食品在挤压过程中成分有哪些变化？

第九章　焙烤食品生产的卫生及管理

> **学习目标**
>
> 1. 了解焙烤类食品卫生管理办法。2. 理解焙烤类卫生管理及卫生要求。3. 掌握 HACCP 的概念和原理。4. 掌握 HACCP 在焙烤食品中的应用。

第一节　糕点类食品卫生管理办法

一、糕点类食品卫生管理办法

第一条　本办法管理范围系指以面、糖、油、蛋、奶油及各种辅料为原料，经焙烤、蒸炸或冷加工等制成的糕点、饼干、面包、裱花蛋糕（以下简称糕点类食品）。

第二条　糕点类食品生产企业，应远离污染源，经常保持内外环境清洁，设备布局和工艺流程应当合理，设有专用的原料库、成品库，防止生食品与熟食品、原料与成品交叉污染。

第三条　糕点类食品生产企业应设有与产品品种、数量相适应的原料处理、加工、包装等车间（需要进行冷加工的应设专室），并具有防蝇、防尘、防鼠，包装箱洗刷消毒，流动水洗手消毒、更衣等卫生设施。

第四条　糕点生产应不断改革工艺，逐步提高机械化水平，生产加工、储存、运输、销售过程中所用的工具、容器、机械台案、包装材料、车辆等应符合卫生要求，并在使用前后进行洗刷消毒。

第五条　糕点类食品生产企业的新建、扩建、改建工程的选址和建筑设计应符合卫生要求，设计审查与工程验收必须有食品卫生监督机构参加。

第六条　生产销售糕点类食品的卫生质量应符合《糕点、饼干、面包卫生标准》、《裱花蛋糕卫生标准》的规定。生产加工用的面、糖、油、蛋、奶油和各种辅料应符合各自的卫生标准，不得使用生虫、发霉、酸败等污染变质原料，回收的原料与成品需加工复制时，亦应符合上述要求。生产用水必须符合《生活饮用水卫生标准》。

第七条　生产销售糕点类食品的从业人员每年进行一次健康检查，发现患有痢疾、伤寒、病毒性肝炎等消化道传染病（包括病原携带者），活动性肺结核，化脓性或者渗出性皮肤病，以及其他有碍食品卫生的疾病的人员应调离。制售人员应穿戴干净的工作服、发帽、勤剪指甲。操作前必须彻底洗手消毒，直接分装糕点及从事冷加工的人员，操作时应戴口罩。

第八条　糕点厂应以销定产，存放糕点应有专库，做到通风干燥、防尘、防蝇、防鼠，根据不同气候条件，制定各种糕点的保存期限，并在包装上注明生产日期及批号（或代号）。

第九条　糕点厂应逐步建立健全食品检验室，负责监督指导本企业生产中和产品的卫生工作，卫生部门应经常对食品卫生进行监督检查，抽样检验和技术指导，根据监督管理的需要可向有关单位无偿采取必须数量的检验样品，并给予正式收据。

二、焙烤食品的卫生管理及卫生要求

焙烤食品加工从原料、添加剂、容器、包装材料和工具、设备以及生产经营场所、设施和环境，不论哪一方面的卫生状况都直接影响食品的卫生质量。焙烤食品生产经营过程中，从原料采购、加工、包装、储存、运输、销售，不论哪一个环境不符合卫生要求都直接影响食品的卫生质量。焙烤食品生产经营的所有从业人员的健康状况、个人卫生的好坏，也直接影响食品的卫生质量。所以，要提高食品卫生质量，保证食品安全，就应该采取综合治理的办法，搞好焙烤食品生产经营的一切方面、每一个环节和所有从业人员的卫生管理，建立食品卫生质量保证体系。

（一）焙烤食品生产中的卫生问题

焙烤类食品生产过程中的卫生问题主要是可能产生的各种危害。包括：生物性危害，由于操作人员和生产环境的卫生状况不佳，会在生产过程中带入细菌、病毒等生物性危害；化学性危害，如原料小麦的农药残留、食品添加剂（小苏打、香兰素、抗氧化剂、面团改良剂等）的超量使用、包装材料（容器）等与食品接触时，其中的化学成分有可能移入食品中而造成危害；物理性危害，如碎玻璃、螺丝钉、砂石、尘土等。因此，控制焙烤产品的安全性，原辅料的选择和控制具有极其重要的作用。

食品的质量是生产出来的，而不是靠最后的分析检验出来的。因此，在食品生产全过程中，必须采取各种措施，严格控制可能影响食品安全与卫生的因素。其中最重要的一条，就是必须采取必要的卫生措施，防止食品受微生物、化学和物理危害，保证食品的安全性。

（二）焙烤食品生产中的卫生管理

食品生产的卫生管理是指生产过程中所采取的各种防止微生物污染、化学污染和物理危害的措施。焙烤食品是以粮、油、糖、蛋等主要原料为基础，添加适量辅料，并经过配制、成型、成熟等工序制成可直接食用的食品。这类食品种类繁多，销售面也很广，生产企业应根据食品卫生法规、条例的要求，结合本企业具体情况制定一套必要的卫生制度，这是保证焙烤食品卫生质量的重要措施。

焙烤食品企业建立的卫生制度必须能满足法律、法规要求，应针对焙烤食品生产过程中有重要影响的各个生产环节和比较容易出现的卫生问题来制定相应的措施。例如，环境卫生制度、车间和器具的清洁和消毒制度、个人卫生制度、原辅材料和成品质量检验制度、卫生操作规程和岗位卫生责任制等。同时，还要认真落实执行。

1. 生产环境的卫生管理及卫生要求

① 应在远离焙烤类加工车间处设置垃圾及废弃物临时存放设施。垃圾及废弃物须当天清理出厂。该设施应采用便于清洗、消毒的材料制成：结构严密，能防止害虫侵入，避免废弃物污染食品、生产用水、设备和道路。

② 锅炉（包括茶炉）应设在厂区常年主风向的下风侧，并有消烟、除尘措施，烟尘排放必须符合 GB 3841《锅炉烟尘排放标准》的规定。生产中产生噪声、震动大的机器设备均应装置消声、防震设施。

③ 厂区厕所应有冲水、洗手设施和防蝇、防虫设施。墙裙应砌浅色瓷砖或相当的建材。地面应平整，易于清洗、消毒，并经常保持清洁。厕所应远离生产车间25m以上。

④ 厂房应按工艺流程合理布局。须设有与产品种类、产量相适应的原、辅料处理、生产加工、成品包装等生产车间及原料库、成品库。须冷加工的产品应设专用加工车间。

⑤ 必须设有与生产人员相适应的通风良好、灯光明亮、清洁卫生、并与车间相连接的更衣室、厕所、工间休息室和淋浴室。这些场所应布局合理，厕所门、窗不得直接开向

生产车间。

⑥ 车间墙壁、地面应采用不适水、不吸潮、易冲洗的材料建造。墙壁高 3m 以上，下有 1.5m 的墙裙（白瓷砖或相当材料），地面稍向下水口处倾斜，利于清洗、冲刷。下水口应有翻碗或鼻盖。墙角、地角和顶角呈弧形。内窗台向下斜 45°。

⑦ 生产车间应有充足光线，门窗必须有防蝇、防虫及防鼠措施，做到车间无蝇、无虫、无鼠。厂区周围及厂区内应定期或在必要时进行除虫灭害，防止害虫滋生。

⑧ 车间出入口处应配备与生产人数相适应的不用手开关的冷热水洗手和消毒设施、并备有干手设施。各车间应单设工具、零部件专用洗刷室；并有冷热水设施。

⑨ 车间内水、汽管道须避开操作场地的上方。灯具应有防护罩，以免破碎后混入食品中。生产车间固定设备的安装位置应便于清洗、消毒，离墙 25～30cm，设备传动部分应有防护罩。

⑩ 生产用操作台（案子）和直接接触食品的工具、容器等，应用硬质木料或对人身体无毒害的其他材料制作；表面应光滑、无凹坑及裂痕。

⑪ 工厂和车间都应配备经培训合格的专职卫生管理人员，按规定的权限和责任负责监督全体工作人员执行本规范有关的规定。卫生管理监督人员应占全厂人数的 2%～4%。加工车间的设备及工器具应经常检修，必须保证正常运转，符合卫生要求。

⑫ 每天工作结束后，应将加工场所的地面、墙壁、机器、操作台、工器具、容器等彻底清洗、擦拭，必要时要进行消毒。工具应按类别存放在专用柜内。

⑬ 车间内使用杀虫剂时，应按卫生部门的规定采取妥善措施，不得污染食品、设备、工器具和容器。使用杀虫剂后应彻底清洗，除去残留药剂。

⑭ 凡直接参与焙烤类加工的人员，每人必须备有两套工作服、帽，并应经常洗换，保持清洁。

2. 生产工作人员的卫生管理及要求

（1）健康检查及健康要求　焙烤食品加工人员及有关人员，每年至少进行一次健康检查，必要时接受临时检查。新参加或临时参加工作的人员，必须经健康检查，取得健康合格证后方可工作。工厂应建立职工健康档案。凡患有下列病症之一者，不得在焙烤食品加工车间工作：传染性肝炎；活动性肺结核；肠道传染病及肠道传染病带菌者；化脓性或渗出性皮肤病、疥疮；手有外伤者；其他有碍食品卫生的疾病。

（2）卫生教育　新参加工作或临时参加工作的人员必须经卫生安全教育后方可参加工作。

（3）个人卫生　①焙烤食品加工人员应保持良好的个人卫生，勤洗澡、勤理发、勤换衣，不得留长指甲和涂指甲油及其他化妆品。②焙烤食品加工人员进车间必须穿戴本厂统一的工作服、工作帽、工作鞋（袜）；头发不得外露；工作服和工作帽必须每天更换。不得将与生产无关的个人用品和饰物带入车间。③焙烤食品加工人员不得穿戴工作服、工作帽、工作鞋进入与生产无关的场所。④严禁一切人员在车间内吃食物、吸烟、随地吐痰、乱扔废弃物。⑤焙烤食品加工人员应自觉遵守各项卫生制度，养成良好的卫生习惯；操作前必须洗手消毒，衣帽整齐。西点冷操作车间的操作人员必须戴口罩。

3. 焙烤食品加工过程中的卫生管理及要求

食品生产过程包括从原料到成品的整个过程。食品原料经过各种形式的加工工艺，生产过程中环节多，污染的可能性大，这就要求整个生产过程应处在良好的运行状态，即从制定合理的工艺流程着手，根据不同焙烤食品的特点，建立严格的生产工艺和卫生管理制度，避免在加工过程中受到污染。

(1) 原辅料

① 所用的原辅料必须符合国家规定的各项卫生标准或规定。投料前必须经严格检验，不合格的原辅料不得投入生产。

② 应有专用辅料粗加工车间。各种辅料必须经挑选后才能使用，不得使用霉变或含有杂质的辅料。

③ 应有专用洗蛋室，备有照蛋灯和洗蛋、消毒设施。选蛋：挑出全部破蛋、劣蛋。洗蛋：将挑选后的合格蛋用水浸泡，然后洗去污物。消毒：先用3％～5％的漂白粉上清液浸泡3～5min，再用清水洗净漂白粉液。

④ 投料前的油、糖、面、蛋等主要原辅料，应过筛、过滤。

(2) 生产用水　生产用水必须符合 GB 5749《生活饮用水卫生标准》的规定。

(3) 清洗、消毒　加工焙烤食品时用的烤盘应设专人一用一擦（必须用洁净的抹布擦拭）。操作台、机器设备、工器具用前应仔细检查，是否符合卫生要求；使用后应洗刷、消毒，并用防尘罩遮盖严密。

应设有专门洗刷焙烤食品盛放器（木箱、塑料箱）的专用室（间）。洗刷盛放器应分步进行：先用热水浸泡；再用清洗剂刷洗；最后用5％漂白粉清液浸泡2～3min，亦可使用其他消毒剂。清洗、消毒后的盛器不得直接接触地面。

(4) 剩料、下脚料　加工焙烤食品时的剩料、残次品、下脚料如符合有关卫生标准时应及时再加工，否则应及时处理掉。下班后不得存放余料，以免腐败变质，污染成品。

(5) 成品包装

① 包装焙烤食品用的包装纸、塑料薄膜、纸箱必须符合 GB 9693《食品包装用聚丙烯树脂卫生标准》和 GB 11680—89《食品包装用原纸卫生标准》的规定。严禁使用再生纸（包括板纸）包装焙烤食品。

② 小包装焙烤食品应在专用包装室内包装。室内设专用操作台、专用库及洗手、消毒设施。

③ 盒装、袋装及其他小包装焙烤食品的包装标志，必须符合 GB 7718《食品标签通用标准》的规定。

4. 成品储藏、运输的卫生管理及要求

① 散装焙烤食品须放在洁净的木箱或塑料箱内储存。箱内须有衬纸，将焙烤食品遮包严密。

② 成品库应有防潮、防霉、防鼠、防蝇、防虫、防污染措施。库内通风良好、干燥。储存糕点时应分类、定位码放，离地20～25cm。离墙30cm，并有明显的分类标志。库内禁止存放其他物品。

③ 不合格的产品一律禁止入库。

④ 运输成品时须用专用防尘车。车辆应随时清扫，定期清洗、消毒。成品专用车不得储存其他物品。

⑤ 各种运输车辆一律禁止进入成品库。

第二节　HACCP 在焙烤食品中的应用指南

一、HACCP 概述

HACCP 的概念起源于20世纪60年代为保证宇航食品的安全，由皮尔斯堡（Pillsbury）公司、美国宇航局（NASA）和美国陆军纳提克（Natick）研究所三个单位联合提出的一种食品安全管理方法，HACCP 概念于 1971 年美国的全国食品保护会议期间公布于众并在美国逐步推广应用。HACCP 即"危害分析与关键控制点"，是 Hazard Analysis Critical Control Point 的首字母缩写。HACCP 是一种科学、高效、简便、合理而又专业性很强的食品安全管理体系。HACCP 是一种控制食品安全危害的预防性体系，用于确定食品原料和加工过程中可能存在的危害，建立控制程序，并有效监督这些控制措施。HACCP 不是一种零风险体系，而是用来使食品安全危害的风险降低到最小或可接受的水平。HACCP 被用于确定食品原料和加工过程中可能存在的危害，建立相应的控制程序并有效监督控制措施。这些危害可能是有害的微生物、寄生虫，也可能是化学的、物理的污染。实施 HACCP 的目的是对食品生产、加工进行最佳管理，确保提供给消费者更加安全的食品，以保护公众健康。

1999 年联合国食品法典委员会（CAC）在《食品卫生总则》附录《危害分析与关键控制点（HACCP）体系应用准则》中将 HACCP 的七个原理确定为如下内容。

原理 1：进行危害分析（hazard analysis，HA）

危害分析是 HACCP 原理的基础，也是建立 HACCP 计划的第一步。列出生产流程中所有的危害，并找出其预防办法。企业应根据所掌握的食品中存在的危害以及控制方法，结合工艺特点，进行详细的分析。

原理 2：确定关键控制点（critical control point，CCP）

关键控制点（CCP）是能进行有效控制危害的加工点、步骤或程序，通过有效地控制——防止发生、消除危害，使之降低到可接受水平。CCP 或 HACCP 是产品/加工过程的特异性决定的。如果出现工厂位置、配合、加工过程、仪器设备、配料供方、卫生控制和其他支持性计划以及用户的改变，CCP 都可能改变。

原理 3：确定关键限值（critical limit，CL）

关键限值是非常重要的，建立关键限值应做到合理、适宜和可操作性强，并且关键限值应直观，易于监测和可连续监测。如果关键限值过严，结果会出现实际上并没有发生影响安全的问题却要采取纠偏行动；如果关键限制过松，又会导致不安全的产品流入消费者手中。

原理 4：确定关键控制点的监控程序

应用监控结果来调整及保持生产处于受控企业应制定监控程序，并执行，以确定产品的性质或加工过程是否符合关键限值。

原理 5：确立纠偏措施

经监控认为关键控制点有失控时，应采取相应的纠偏措施（corrective actions，CA），即偏离关键限值或不符合关键限值时采取的程序或行动。如有可能，纠偏措施一般应是在 HACCP 计划中提前决定的。纠偏措施一般包括如下两步。

第一步：纠正或消除发生偏离关键限值的原因，重新加工控制。

第二步：确定在偏离期间生产的产品，并决定如何处理。采取纠正措施包括产品的处理情况时应加以记录。

原理 6：建立验证程序

验证程序是用来确定 HACCP 体系是否按照 HACCP 计划运转，或者计划是否需要修改，以及再被确认生效使用的方法、程序、检测及审核手段。

原理 7：建立记录系统

企业在实行 HACCP 体系的全过程中，须有大量的技术文件和日常的监测记录，这些记录应是全面的，记录应包括：体系文件，HACCP 体系的记录，HACCP 小组的活动记录,HACCP 前提条件的执行、监控、检查和纠正记录。

二、建立焙烤食品行业的 HACCP 系统

焙烤食品是以面粉、食糖、油脂为主料,配以蛋品、乳品、果料及多种籽仁等辅料,经过调制、成型、熟制、装饰等加工工序,制成的具有一定色、香、味、形的食品。虽然焙烤食品要经过高温加工,理应是安全的。但是,随着焙烤食品种类的增加,产品加工呈多样性。而且,焙烤食品含有大量糖类、蛋白质和脂类,营养丰富,是可以直接入口的方便食品。因此,潜在着微生物危害。尽管在食品行业中,由焙烤食品引起的食源性疾病较少。但从焙烤食品的加工制作过程来看,大多数制坯工艺还需手工操作,特别是像西点裱花蛋糕等产品,尚有成熟后用手工加工的工序。因而对于焙烤食品来说,微生物污染所带来的潜在性危害,不容忽视。采取有效的预防、控制措施,清除、减少这种危害,是焙烤食品及其他食品生产管理上的极为重要的环节。

HACCP 是保证食品安全的一种预防控制体系,在焙烤食品生产管理中引入该系统,首先是对焙烤食品的生产,从原料到终产品的全过程中,每一个环节进行危害分析,确定关键的控制点。然后,针对这些危害点,制定有效的控制措施,消除各危害因素。从而保证产品的食用安全。该方法具有简便、实用、经济等多方面优点,在打开卫生监督和企业自身管理的新局面方面,颇有实际意义。

(一) 焙烤食品的危害分析

焙烤食品生产过程中的危害分析一般从原辅料、加工过程、食品从业人员三方面考虑。

1. 原辅料的危害

焙烤食品的原辅料主要为面粉、油脂、糖、鸡蛋、奶粉、添加剂、各种馅料等,它们的品质直接影响产品的质量。

(1) 生物性危害 焙烤食品原辅料中,面粉和油脂容易受到霉菌的污染,其中致病霉菌的种类主要有麦角菌、禾谷镰刀菌、黄曲霉、寄生曲霉等,它们可引起霉菌性食物中毒。黄曲霉产生的黄曲霉毒素还是食品中常见的一种强致癌物。温暖、潮湿的条件有利于霉菌的生长和产生毒素。面粉的标准水分应小于 14.5%。如采购的原料水分偏高,或储藏环境的湿度太大,很容易使面粉发生霉变。油料种子被霉菌及其毒素污染后,榨出的油中也含有毒素,其中花生最易受黄曲霉的污染。

新鲜牛乳中含有大量细菌,在 4℃ 以下细菌繁殖速度较慢,牛乳质量保持较好。牛乳一旦污染了葡萄球菌,在适宜的环境下大量繁殖而产生肠毒素,可引起食物中毒。

鲜蛋在夏季高温下贮藏极容易腐败变质,在 -1.5~0℃ 的冷库中储藏可保存 4~6 个月,在 -2.5℃ 温度下可保存 6~8 个月。鲜蛋主要易受沙门菌污染,尤其是春夏季节的鸡蛋、鸭蛋的污染率更高,所以必须对与蛋接触的器具进行极为仔细的清洗和消毒。沙门菌等微生物可在烘烤时被杀死,但通常可在蛋壳上发现沙门菌,所以如果在焙烤房打蛋的话,必须采取极为谨慎的卫生措施。

糖易受细菌污染。馅料主要由各种动物肉类和坚果类植物组成,易受细菌污染。从微生物角度分析,这些原料均属于高危险性食品原料,易发生食物中毒。

昆虫也容易引起生物性危害。昆虫通过食品使人致病的途径有多种,除作为病原体和中间寄主外,多数昆虫在飞翔和爬行过程中污染食品,传播疾病,例如蝇类、蟑螂、螨类等会污染食糖、奶粉等原料,引起肠道疾病。

(2) 化学性危害 焙烤食品原料中存在的化学性危害来源于:面粉、油脂等农产品原料中的农药残留,以及由于环境污染引起的原料中重金属包括砷、汞、铅等的超标;鸡

蛋、奶粉等畜产品原料中的兽药残留，包括抗生素、磺胺类、呋喃类等药物的残留；防腐剂、色素、抗氧化剂、香精香料等食品添加剂的超标和滥用；用腐败变质的油脂作为原料等。包装材料、容器在与食品接触时，其中的化学成分有可能移入食品中而造成化学性危害，如月饼的表面含油量较高，应防止脂溶性有害成分的迁移。

油脂在常温下存放时间过久，会产生氧化酸败和水解酸败。水解酸败使油脂的酸值升高，产物中的短碳链脂肪酸会使油脂带有刺激性气味；氧化酸败使油脂的过氧化值升高，其分解产物醛、酮类物质会使油脂带有刺激性的哈喇气味。动物实验表明，长期食用酸败油脂可出现体重减轻、发育障碍、肝脏肿大，酸败油脂也可引起动物急性中毒和肿瘤。

过氧化苯甲酰是我国面粉加工企业普遍采用的面粉增白剂。因其具有氧化性能，过量使用会破坏面粉中的维生素 A、维生素 E、维生素 B_1 等营养成分，还会给人体健康带来危害，消耗人体内的氨基酸，甚至造成苯中毒。因此国标规定其最大使用量为 60×10^{-6} g/kg。此外，个别面粉生产企业有可能使用吊白块、次氯酸钙、荧光粉等价格便宜、增白效果好而毒性更强的工业用氧化剂和漂白剂，以及用硫黄熏蒸等。

山梨酸钾、丙酸钙、苯甲酸等防腐剂的合理使用有利于延长制品的保质期，但过量使用对人体的健康有害。在馅料加工过程中，个别企业用过氧化钠来漂白莲子，造成馅料残留有强碱，伤害人体的消化道。必须使用国家规定的定点厂生产的食品级食品添加剂，使用的食品添加剂必须符合国家《食品添加剂使用卫生标准》（GB 2760—2007）。

糖是焙烤食品生产的重要辅料，应选择色泽洁白、杂质少的优质白砂糖，个别厂家出于成本考虑选用黄砂糖，易造成重金属超标及成品中脂肪哈变，另外此种糖还常有糖螨存在。使用的糖必须符合国家《绵白糖标准》（GB 1445.1—91），感官上结块、酸败、变黄的禁止使用。

（3）物理性危害　制造焙烤食品所用的原料主要来自于农业生产系统，这些原料中经常会掺杂一些外来物，如金属、石头、木棍、树枝和叶茎、棉线、玻璃碎片等，对人体造成物理性危害。小麦储藏条件恶劣时可能遭到鼠、鸟、昆虫等的侵害，因此面粉中会出现鸟粪、鼠毛、虫屑以及尿等污染物。面粉所受的虫害侵袭主要是虫卵，特别是地中海粉蛾、谷象和螨虫，这些可能是在受虫害侵扰的面粉厂中被传染。

2. 生产过程的危害分析

焙烤食品的生产工艺一般包括原辅料的接收、配料、面团调制、成型、烘烤、冷却、包装等工序，对于月饼等糕点还包括馅料制作和装填，对于某些蛋糕还有裱花装饰等工序。

（1）原辅料的接收和储藏　原辅料中存在各种各样的潜在危害，如果在接收时检验不严格，有可能将原辅料中的危害带入产品，尤其是其中的化学危害，在后面的工序中难以消除。验收合格的原辅料在使用之前，要储藏在适宜的条件下，否则会造成微生物的生长繁殖等。

（2）配料　在焙烤食品的加工中要使用香精、色素、防腐剂、甜味剂等食品添加剂，它们的称量要准确，用量要符合 GB 2760 的规定，尤其是那些对人体健康有潜在危害的防腐剂、色素等添加剂，称量更要准确，否则会给消费者带来严重的后果。面粉在拆包时缝包线、标签或纸片容易随面粉一起落下，操作工应警惕这一点，附近应设有垃圾桶装这些垃圾。

（3）面团调制　按配方的要求逐一准确称量各种原辅料后，按照一定顺序投入搅拌机中，在机械作用下形成适合加工的面团。在此过程中操作不当会造成温度升高，一方面影响面筋的形成，另一方面也为杂菌滋生创造有利条件。

在面团调制过程中要加入疏松剂（如碳酸氢铵、小苏打等），它们必须完全溶解于水后才能投料，如若未能全部溶解，则以颗粒状态存在于生坯中，焙烤时会造成其分解产物局部集中，导致产品成泡，出现内部空洞和表面黑斑，影响产品质量。

亚硫酸盐能够降低面团的面筋强度，改善面团的可塑性，使面团容易调制，成型性好，焙烤后着色均匀，口感疏脆。但亚硫酸盐在加工过程中会生成二氧化硫，对人体健康有一定的危害，所以其添加量必须要符合规定。如果超过面粉的0.06%，不仅有害于人体健康，而且残留的二氧化硫影响产品的口感和风味。

(4) 面团发酵　对于面包等产品，有面团发酵的过程。在面团发酵过程中，接种于其中的酵母通过竞争抑制了自然存在的微生物。如果发酵时的温度过高则会造成产酸菌的生长，使面团酸度增高而造成制品质量下降。而设备的设计不当有可能利于芽孢杆菌、肠膜菌等有害微生物的大量繁殖，从而降低产品的可接受性。

(5) 成型　此工序在国外和国内一些规模较大的企业都已经由机械取代手工操作，但较多的中小企业还是采用人工操作，若不注意个人操作卫生和台面器具的及时消毒易造成交叉污染。如果成型操作时间过长、成型设备不清洁，就极易造成微生物生长繁殖。

对于月饼等产品，制作馅料的原料应新鲜，对发霉的植物（如橄榄仁、花生等）应剔除，动物性肉类应煮熟，各种原料制成的馅料应尽快使用，否则由此带来的危害难以在后面的工序中彻底消除。

(6) 烘烤　烘烤一方面使制品成熟，可供人们食用，另一方面杀灭生坯中存在的微生物，确保产品的安全性。因此，要严格控制烘烤的温度和时间。如果加热不充分（如在烘烤结束时，发现蛋糕中心部位的面糊尚未凝固），制品易产生由丝状黏质菌引起的腐败变质。以马铃薯杆菌为代表的丝状黏质菌常出现于土壤和谷物中，其孢子可耐受140℃的高温。面包、蛋糕在烘烤结束时的中心温度在100℃左右，烘烤不透时局部温度小于100℃，不可能将丝状黏质菌的孢子全部杀死。在夏秋高温季节里，孢子会很快成长为菌体，通过分解淀粉和蛋白质形成黏液，并产生特殊的臭气和味道。但加热温度也不能过高，否则会发生不利的化学反应，生成苯并芘、杂环胺等有害物质。

涂抹油脂管理不善时，会使烤模、冷却台架带有异味，影响制品的质量。由于涂抹油脂长时间处在高温下，又直接跟金属烤盘（或烤模）中的铁离子相接触（金属离子可促进不饱和油脂的自动氧化过程），极容易氧化酸败。

(7) 冷却　刚出炉的制品温度很高，在冷却过程中水分会继续蒸发，如过早的进行包装，则蒸发的水分会积聚在包装材料的内表面，给微生物的繁殖提供了湿度条件，成品就容易发霉变质。在生产旺季，有的工厂往往在制品还未充分冷却时就进行包装，容易使制品发生霉变。冷却时的卫生环境要清洁，空气中微生物数量要少，冷却时间也不宜过长，否则会造成微生物的二次污染。

对于蛋糕等产品，冷却后要进行裱花等装饰操作，要控制裱花间的温度低于20℃，裱花时间不超过30min，裱花用具要进行消毒处理，否则会造成微生物的大量繁殖。尤其在春夏季节，环境空气的温度和湿度都较大，极容易使制品表面产生霉点。

(8) 包装　对饼干包装材料的要求如下。①对大气中的水分有足够的防护，因为饼干是吸湿性的，一旦吸收水分就会变软。②遮蔽强光，隔绝大气中的氧气。氧气促使脂肪酸败，产生令人讨厌的臭味。当饼干吸收水分时，氧化酸败就特别快。③保护产品不受损坏和破碎。此外，直接包装在产品外面的材料必须容易热封，抗油性好、不易戳破、气味特别低。

包装盒或袋不符合相关卫生标准，易造成化学性污染。从事内包装的工人个人卫生不良、包装间的卫生设施不齐备、包装材料不洁都可带来微生物的二次污染。外控型的防霉剂接触产品可造成化学性污染，包装封口不严密可使空气中的微生物进入包装袋内造成再污染，同时外控型的防霉剂将失去效力。

（9）储藏　产品一旦装箱就很容易被生产部门和质量控制部门忘记，然而从储藏、运输到出售都需要对产品进行关心。储藏期间的高温或温度波动会导致走油、反霜、巧克力变质、酸败等问题。高湿度会降低纸板箱的强度，增加水分穿过包装薄膜的传递速率，因此对于饼干等产品储藏时应保持干燥和低温。如有必要，使用绝热良好的墙壁和天花板，加上气调和空气循环，会减少局部高温或温度波动。成品的储藏、入库、运输、销售环节通过实施SSOP进行控制产品。

3. 作业人员的危害分析

在原料的制备及加工以致成品包装过程中，都可人为地受到微生物的污染，特别是在熟制环节（烘坯、油炸、蒸）出来的产品是卫生安全的，在包装材料、操作用具卫生的前提下，微生物的危害则来自于操作人员不卫生的手，在做危害分析时，操作人员的手是否卫生应作为重点。

（二）焙烤食品的关键控制点

关键控制点是一个操作、程序、部位，通过对它的预防、控制，可以防止并减少危害。关键控制点提出要符合下列要求：①控制措施将预防一个或多个危害；②控制的危险、严重程度应属高度或至少中度；③控制标准应能建立和规定；④关键控制点能被监测；⑤当监测结果表明具体的标准未达到时，应能采取适当的措施加以控制。

关键控制点在实际生产中可分为两种形势。①CCP1。将确保控制一种危害（绝对消除）。②CCP2。将减少但不能确保控制一种危害。

按照上述要求，结合对焙烤食品的原料、生产过程和作业人员的危害分析，将以下工序确立为关键控制点。

1. 原材料的验收

原辅料中的奶、蛋等可能存在李斯特菌、沙门菌等致病菌，面粉、油脂中可能污染黄曲霉毒素，致病菌在后面的烘烤过程不能保证全部被杀死，而黄曲霉毒素在后面的加工过程中难以完全消除，所以将生物性危害确定为关键控制点。面粉中的农药残留、重金属含量、面粉增白剂含量，油脂的农药残留、酸价和过氧化值，奶、蛋等原料的兽药残留，这些化学性危害在后面的加工过程是无法消除的，因此也是关键控制点。当然，包装材料是否符合食品卫生标准也是关键控制点。原料中的物理性杂质一般不作为关键控制点，因为这些物理性危害可在后面的工序进行去除。但是对于包填馅料的产品，如果馅料原料（如绿豆）中混有砂石和金属碎片，则在原料处理时要对其清洗筛选以清除砂石和金属，尤其是砂石，在后面的工序难以清除，因此应被确定为关键控制点。

控制措施：选择合格的供应商以及定期对供应商进行评价，采购的原辅料必须向销售方索取检验合格证书。对进厂入库的原辅料和包装材料，质检部门应对其主要质量指标（如面粉的含水量、油脂的酸值和过氧化值、牛奶的酸度与细菌总数、鲜蛋的细菌总数等）进行严格的检验，对原辅料中的农药残留、兽药残留、重金属等有害物质进行定期的检测，不符合规定的拒绝入库和使用。

原辅料的储藏对控制微生物的生长繁殖和油脂的氧化酸败等也非常重要，因此要控制好储藏库的温度、湿度及卫生条件，这些可通过实施GMP和SSOP进行控制，所以不作为关键控制点。

2. 配料

必须使用国家规定的定点厂生产的食品级食品添加剂，使用的添加剂必须符合《食品添加剂使用卫生标准》（GB 2760—1996），必须严格按照使用范围和使用剂量标准添加。对于某些需要加入防腐剂、面团调节剂（如亚硫酸盐、溴酸钾等）、抗氧化剂、化学合成色素等添加剂的产品，如果配料时称量不准，可能导致添加剂超标，危害人体健康，所以确定为关键控制点。

控制措施：一是严格按照工艺要求进行配料，并进行2人复核制度；二是对有关的计量器具进行定期校验，确保器具的精度。

3. 烘烤

在面团调制、成型等工序，要注意操作环境的卫生清洁、设备的卫生安全，这些可由SSOP进行控制，因此这些工序不作为关键控制点。尽管如此，面坯中微生物的数量会继续增加，因此要尽量缩短操作的时间，控制好操作环境的温度和卫生。

烘烤是焙烤食品加工过程中唯一能杀灭微生物的工序，它的成功与否关系到成品中微生物数量的多少，关系到成品的生物性危害能否被有效地控制。如果烘烤温度控制不当或烘烤时间不正确，会造成杀菌不充分，导致微生物后续的过量繁殖，带来严重的食品安全隐患。所以烘烤确定为关键控制点。

控制措施：烘烤工艺设计要合理，确保加热强度能够杀灭足够数量的微生物。同时要准确地控制烘烤温度和烘烤时间，这就需要经常检查烘炉的性能，观察烘炉显示的温度是否达到烘烤的要求，计时器是否精确。烘烤过程中应特别注意烘烤温度过高时产生的外焦内生现象，烘烤的温度和时间最好采用自动控制，减少由人为因素造成的质量问题。

4. 冷却

刚出炉的制品温度较高，必须进行充分地冷却后才能进行包装，否则会导致因包装后结露和返潮造成的霉变、皮软等问题，也会加剧油脂的氧化酸败。但是，制品冷却到60℃以下时微生物又开始生长繁殖。冷却时间过长或冷却间的空气过于潮湿，都容易引起面包、蛋糕等制品的再次污染。所以，可以将冷却确定为关键控制点。也有些企业未将冷却作为关键控制点，而是采取自然冷却，冷却的环境卫生由SSOP进行控制。而且对于饼干，冷却时的环境温度和湿度不能太低，冷却速度不能太快，否则容易引起产品的破裂。因此，是否将冷却作为关键控制点要根据不同的产品特性、工艺路线以及生产条件来决定。

控制措施：烘烤后的面包、蛋糕应采用空气循环条件下的加速冷却，短时间内把面包、蛋糕温度冷却到35℃以下。面包在不同条件下的冷却时间是不同的：即在静止空气下，主食面包的冷却时间6h，花色小面包的冷却时间4h；在强制循环空气（1m/s）下，主食面包的冷却时间60～90min，花色小面包的冷却时间30min。冷却间应装有排风扇或其他除湿装置，及时排除从面包、蛋糕表面蒸发出来的水分。

5. 包装及金属检测

如果包装材料不卫生，封口不严密，容易造成微生物的二次污染，饼干等产品容易吸潮，因此，对于某些焙烤制品可以将包装列为关键控制点。有些企业将包装程序放在操作性前提方案（OPRP）中进行控制，对包装材料的标准、采购和验收过程、储存过程以及小包装糕点的包装过程进行规定，配备符合要求的包装操作间和包装设备。

对于某些糕点制品，原料中可能混入金属碎片、玻璃或石子等杂质，加工设备出现故障时制品也可能带入金属碎片，这些杂质会对人体造成物理性伤害，所以产品包装后要经过金属探测器检查，故确定为关键控制点。

控制措施：定期检测封口机的封口温度及速度，检测封口的密闭性。对密封性能的检测可以通过观察、对着折叠缝吹气看包装是否膨胀，或者把包装浸入水中，然后降低水面压力观察是否有气泡逸出，或用中空的探针伸入包装向内打气以增加包装内的压力。这些试验可以发现劣质密封和穿孔的位置和大小。

对于金属碎片等杂质，可对成品进行金属探测以及 X 射线检测等方法，同时要经常检验金属探测器的灵敏度。

加工设备及产品盛放容器应按照要求洗刷消毒，清洗消毒后的盛放容器不得直接接触地面，各类食品包装材料除选择符合国家卫生标准要求的品种外，还要注意避免受到有毒有害物的意外污染。

6. 作业人员及环境

另外，糕点的整个生产过程中，作业人员手的卫生可以说是关键控制点，如果不注意手的清洁，沾染了病菌、病毒，就能直接污染到食品。因此，作业人员上岗后保持一双清洁的手，是防止食品受到污染的重要预防控制手段之一。

手消毒具体措施：采用流动水进行手的清洗消毒，用肥皂水连洗带刷，可以洗掉 95% 的微生物，再用 75% 的酒精棉球擦拭，就能控制由于手的不洁给糕点（特别是成品包装及裱花蛋糕）带来的污染。同时，要加强生产环境的改善，建立环境卫生制度，定期清扫、消毒、检查、用灭菌剂在厂区喷雾，消灭空气中的微生物禁止在车间四周乱堆乱放杂物等。

【思 考 题】

1. 焙烤类食品卫生管理办法的内容是什么？
2. HACCP 在焙烤食品中是如何应用的？

实验十　焙烤食品质量安全调查报告

一、实验目的

1. 通过对焙烤食品企业存在问题、现象的分析调查，学会搜集资料和分析总结问题，并提出意见和建议。
2. 学会写调查报告。

二、实验过程

① 通过老师介绍或自己寻找单位。
② 确定调查时间并通过查找资料了解该单位的大致情况。
③ 记录原料的进入渠道、原料的质量。
④ 记录原料的处理方法。
⑤ 记录产品生产的过程。
⑥ 记录产品的储藏情况。
⑦ 跟踪调查产品的运输方式及销售地点。
⑧ 采访一些消费者对该产品的评价。
⑨ 根据调查和采访的数据撰写调查报告。
⑩ 找出该企业的不足并提出合理化建议及时反映给企业。
注：调查过程中可以绘制表格。

调查顺序　原料 → 原料处理 → 过程生产 → 成品保藏 → 产品运输 → 产品销售 → 顾客反馈

调查表：

名　称	检 验 项 目	得　分
原料(15分)	1. 原料是否符合质量标准 2. 原料是否通过正规渠道	
原料处理(15分)	1. 处理后检验是否有致病菌检出 2. 是否达到生产所需标准	
生产过程(30分)	1. 生产环境是否保证不影响产品品质 2. 是否利益最大化 3. 是否考虑环境保护	
产品保藏(15分)	1. 是否保证产品在有效期内品质不发生变化 2. 是否能够最大化保持产品新鲜度	
产品运输(10分)	1. 是否保持产品的外观及质量不发生变化	
顾客反馈(15分)	1. 是否对该产品质量满意 2. 是否感觉该产品价格合适	
总评		

注：请在每一项后面根据相应的分值打分。

附　　录

附录1　烘焙专用名词解释

白砂糖：白砂糖是白色透明的纯净蔗糖晶体，简称砂糖，与其他糖类相比，蔗糖具有易结晶的特点，将这种糖溶解并长时间存放至缓慢结晶，得到的大块结晶称为冰糖。白砂糖是烘焙食品中应用最为广泛的甜味剂，它是从甘蔗茎体或者甜菜块根中提取、精制而成的产品。白砂糖中蔗糖的含量在99.5%以上；白砂糖按照技术的规定可以分为四个级别：精制、优级、一级和二级共四个组别；按其晶粒大小可分为粗粒、大粒、中粒和细粒。

白油：俗称化学猪油或氢化油，是指动植物油脂经加工脱臭、脱色后再予以不同程度的氢化，使之成为固态白色的油脂，多数用于酥饼的制作或代替猪油使用。

裱花专用色素：用食用色素、蒸馏水、麦芽糊精、柠檬酸、山梨醇、食用香精混合制成。色彩鲜艳，色泽稳定，不易褐变，使用方便，但要严格控制使用量。专用于裱花植脂鲜奶油的着色。

布丁粉：又称布丁预拌粉。是以奶油、鸡蛋、蛋黄粉、白糖、牛乳、增稠剂（淀粉、植物胶）等为主要原料，视不同的口味添加不同的原料，如蛋黄粉、牛乳、果糖、淀粉、巧克力等，通过煮制、蒸制或烤制而成的一类柔软的点心。

潮州粉：糯米洗净，润水，炒至微黄色或蒸制，经粉碎而成的粉。

迟加盐法：在面包生产过程中，盐作为最后加入的原料，在面团搅拌至接近于完全扩展阶段时加入，然后继续搅拌2～3min即可，这种方法称为迟加盐法。

春小麦：又称春麦，春季播种，当年秋季收获的小麦果实。我国种植不多，多分布在天气寒冷，小麦不易越冬的地带。按皮色可分为红麦和白麦，还有介于其间的所谓黄麦或称棕麦。

大麦：禾本科、小麦族、大麦属作物的总称，禾本科草本植物栽培大麦的颖果，扁平中宽，两端较尖，腹部有纵沟，内外颖紧抱籽粒不能分离。籽粒呈黄、白、紫、蓝灰、紫红、棕黄等色。具有早熟、生育期短、适应性广、丰产和营养丰富等特性。

蛋白的起泡作用：蛋白经过强烈搅打，蛋白薄膜将混入的空气包围起来形成球形泡沫。由于蛋白胶体具有黏性，使泡沫层变得浓厚坚实，增强了泡沫的机械稳定性。

蛋白糖：又称蛋白膏、蛋白糖膏、烫蛋白等。将蛋白搅拌至干性起泡时加入煮至112℃的沸腾的热糖浆，继续搅拌到干性起泡的糖霜。色泽洁白，质地细腻，可塑性好。常用于制作各种装饰大蛋糕。

蛋糕乳化剂：又称蛋糕油、速发蛋糕油、蛋糕起泡剂。是由分子蒸馏单甘酯、蔗糖酯、司盘 60 等多种乳化剂以及丙二醇、山梨醇、水等溶剂复合形成的复配乳化剂。

蛋糕专用粉：又称氯气处理面粉。理想的蛋糕面粉在搅拌时所形成的面筋要软，不能太过于强韧。但仍需要有足够的面筋来承受蛋糕在烘烤时的膨胀压力并形成蛋糕的组织结构。制作高质量蛋糕，必须使用氯气漂白过的软质冬麦所磨出的面粉，这样可使制作出的蛋糕组织更为松软。

蛋糕专用油：由新鲜精炼植物性油脂经特殊加工而成，油脂品质好，液态，呈金黄色，方便应用，具有较好的留香性和可操作性。可用于各式蛋糕的制作，各式面包的制作，各式中点及各式烘焙食品表皮的制作，可用于饼干及面包的表面喷饰油。在蛋糕中的使用量为 22% 左右（以面粉计）。

蛋黄的乳化作用：蛋黄中含有较多的磷脂，是一种天然的乳化剂。它具有亲油和亲水的双重性质，可以使油、水和其他材料均匀地混合而不分层。

蛋黄粉：取鲜蛋的蛋黄，经加工处理、喷雾干燥制成的蛋制品。

低筋粉：又称弱筋粉、弱力粉、低蛋白质粉或饼干粉。蛋白质含量为 7%～9%。湿面筋含量在 24% 以下。低筋粉适宜制作蛋糕、饼干、混酥类糕点等。低筋粉由软质的白小麦磨制而成。

淀粉糊化：淀粉混于冷水中搅拌成为乳状悬浮液，称为淀粉乳，若将淀粉乳加热到一定温度，水分子进入淀粉粒的非结晶部分破坏氢键并使其水化，随着温度增加，淀粉粒内结晶区的氢键被破坏，淀粉不可逆地迅速吸收大量的水分，突然膨胀达原来体积的 50～100 倍，原来的悬浮液迅速变成黏性很强的淀粉糊，透明度也增高，最后淀粉乳全部变成黏性很大的糊状物。这种黏稠的糊状物称为淀粉糊，这种现象称为糊化作用。

淀粉老化：淀粉溶液或淀粉糊在低温静置条件下，都有转变为不溶性物质的趋向，浑浊度和黏度都增加，最后形成硬的凝胶块。在稀淀粉溶液中有晶体沉淀析出，这种现象称为淀粉糊的老化或回生，这种淀粉称作老化淀粉。

冬小麦：又称冬麦，秋季播种，第二年夏季收获的小麦果实。

粉末油脂：以油脂为基本原料，通过特殊的加工工艺（如喷雾干燥法）、加入包埋剂、乳化剂、增稠稳定剂、糖类、植物油料蛋白等制成的粉末或细颗粒状的油脂制品，是微胶囊化油脂制品的总称。

风糖：又称翻砂糖、封糖、方旦糖、白毛粉。它是以砂糖为主要原料，使用适量的水，加少许葡萄糖或醋精、柠檬酸熬制成为转化糖浆，经反复搅拌、搓叠转化糖浆，使之凝结成洁白的块状物。呈膏状，柔软滑润，洁白细腻。它是挂糖皮点心的基础半成品配料，常用于蛋糕、糕点、西点、面包的表面装饰。

复合膨松剂：又称发酵粉、焙粉、发粉、泡打粉。由碳酸盐、酸性物质和填充剂构成。

干果：如李干、蓝莓、蔓越莓、樱桃、葡萄干等。经过科学的干燥加工技术，使干果所含的营养成分与新鲜水果几乎相等。其营养、美味，可用作焙烤食品配料。而其色泽艳丽、明亮，用于蛋糕、面包和糕点的装饰，更迎合人们崇尚自然的追求。

高筋粉：又称强筋粉、强力粉、高蛋白质粉或面包粉。蛋白质含量为11.5%～13.5%，湿面筋含量在30%以上。高筋粉适宜制作面包、起酥糕点、西点的松饼、奶油空心饼、高成分的水果蛋糕和松酥类糕点等。高筋粉由硬质小麦磨制而成，面筋蛋白质含量高。

功能性食品配料：是指那些对人体健康有显著保健生理功能的物质。如膳食纤维、功能性低聚糖、功能性糖醇、功能性添加剂、功能性脂类、功能性活性肽、大豆蛋白、植物活性成分、维生素和矿物质、活性多糖等。

果冻粉：又称果冻预拌粉。是用粉状动物胶（明胶）或植物胶（果胶、琼脂）、水果汁、糖等以最佳比例调和浓缩成干燥的即溶粉末。只要添加一定比例的热水混合调均，就可待凉凝固。可用于制作布丁、泡沫冰淇淋、水果塔、果酱饼、奶酪等食品的馅料或装饰，也可用于装饰蛋糕的表面涂抹，裱花，水果增亮、保鲜。

果占：又称果膏。用变性淀粉、蔗糖、葡萄糖、柠檬酸、食用色素、食用香料和水制成。其连续性好，透明度高，黏性好；口感爽滑，香味柔和，色泽艳丽。有红梅、青莓、柠檬、透明果占等。用于生日蛋糕、西饼、蛋糕卷、面包的造型、裱花装饰、夹心等。

黑麦：是小麦族黑麦属中唯一的栽培种，黑麦属已知有7个物种，都是二倍体，染色体数为14。植株高约2m，粒形狭长，籽粒呈纺锤形。胚端较尖，色泽较暗，多呈褐色或青灰色。黑麦种子中蛋白质和钙含量稍高于小麦，其他成分与小麦类似。

焙烤食品：又称烘焙食品、烤焙食品、烘烤食品。以面粉、油脂、糖和糖浆、蛋制品、乳制品、酵母、盐、水等为基本原料，以膨松剂、乳化剂、防腐剂、增稠剂、稳定剂、调味剂、香精香料、色素、果仁、籽仁、果脯、蜜饯、巧克力、酒、茶等为辅料，以烘烤为主要熟制工艺的一类方便食品。包括面包、中西糕点、饼干三大部分。

烘焙用大豆蛋白制品：专门用于烘焙食品的经过加工处理的大豆系列制品。美国烘焙用的大豆制品有：半脱脂大豆粉、酶活性全脂大豆粉、烘烤豆渣、大豆浓缩蛋白、大豆分离蛋白、酶活性大豆粉、白大豆粉。

灰分：即面粉中的矿物质，反映面粉加工等级、精度，精度越高，灰分越低，面粉的等级与出粉率的高低有关，出粉率越低，面粉的加工精度越高。

吉力丁：又称介力、鱼胶吉力、食用明胶、食用凝胶粉。是由动物皮、骨熬煮后加酸抽胶、浓缩、干燥而成。无色至淡黄色透明薄片、颗粒或粉末。其成分中的80%左右为蛋白质，不含碳水化合物和脂肪。无味、无臭。使用前先用冷水泡软，加热后熔化，冷却后凝固。口感软绵，有弹性，保水性好。在烘焙食品中起增稠、凝胶、保鲜作用。可用于制作冷冻甜品慕斯、乳冻、果冻、馅料和蛋糕的装饰。

吉士粉：又称卡士达、克林姆、即溶吉士粉、牛奶布丁馅、奶皇馅。由鸡蛋、乳品、变性淀粉、乳糖、植物油、食用色素和香料等组成。是一种预拌粉。呈浅柠檬黄色，含蛋、奶香味，易深化，微甜，口感润滑，色泽光亮，耐烘烤、耐冷冻，操作方便。

即发活性干酵母：是一种发酵速度很快的高活性新型干酵母。使用具有高蛋白含量的酵母菌种，采用现代干燥技术，在流化床系统中，于相当高的温度下采用快速干燥的方式所制成。

坚果：树生坚果是树的种子中可食用的果仁。包括杏仁、山核桃、腰果、榛子、松仁、大核桃等。富含纤维素、蛋白质、维生素、矿物质和微量元素，不含胆固醇，含有大量的不饱和脂肪酸，是功能的健康食品。

枧水：又称碱水。枧水是广式月饼最常用的传统辅料。早先是用草木灰加水煮沸浸泡1日，取上清液而得到的碱性溶液，pH值为12.6。草木灰枧水的主要成分是碳酸钾和碳酸钠。枧水浓度一般为30～35°Bé或碱度为50°左右，相对密度1.2～1.33。碱度是指中和1L枧水所需的毫摩尔数。单位为mmol/L，表示符号为ALK。实际使用时，可用碱度计来测定枧水的碱度。

碱性水：pH值大于7的水称为碱性水。

镜面果胶：由葡萄糖、水果胶、柠檬酸、糖调制而成。透明镜面果胶是一种操作非常简单的蛋糕、面包慕斯、水果派的表面上光剂。

可可粉：可可粉是巧克力制品中的常用原料，可可脂含量较低，一般为20%。无味可可粉可与面粉混合制作蛋糕、面包、饼干，与奶油一起调制巧克力奶油膏，用于装饰各种蛋糕和点心。甜可可粉多用于巧克力夹心、撒在蛋糕表面作装饰。

可可脂：是巧克力中的凝固剂。可可脂的熔点较高，一般为28℃左右，常温下呈固态。在烘焙食品中主要用于制作巧克力，稀释较浓、较干燥的巧克力制品，如巧克力馅料、榛子酱等西点馅料。在可可脂含量较低的巧克力中加入适量的可可脂，可提高巧克力的黏稠度，增强脱模后的光亮效果，质地细腻。

可塑性：面筋被拉伸或压缩后不能恢复到原来状态的性质。

马司板：又称杏仁膏、杏仁面、杏仁泥。是用杏仁、砂糖加适量的朗姆酒或白兰地制成的。它柔软细腻、气味香醇，有浓郁的杏仁香气，可塑性强，是制作西点的高级原料。可制馅、制皮、捏制花鸟鱼虫及植物、动物等裱花艺术蛋糕的装饰品。

麦芽糖饴：又称饴糖、米稀、糖稀。是以淀粉质原料，经过α-淀粉酶、麦芽（或β-淀粉酶、真菌淀粉酶）水解工艺制得的一种以麦芽糖为主（40%～60%）的糖浆。

蜜饯：是一类由香花、瓜类、水果经过高浓度糖液腌渍而成。将这些果类辅料加入糕点，可提高糕点的营养价值。它们含有较高的碳水化合物，此外，还含有蛋白质、脂肪及磷、铁、抗坏血酸、烟酸、核黄素、硫胺素及胡萝卜素等。它们一般产热量较高，可增加糕点风味和外观色泽。

面粉品质改良剂：为改善面包粉品质的不足，面粉中通常添加维生素C、偶氮甲酰胺（ADA）、乳化剂、酶制剂（葡萄糖氧化酶、淀粉酶、木聚糖酶等）、沙蒿胶等品质改良剂。

面团筋力：又称面团筋性、面粉筋力，是面团中面筋的弹性、韧性、延伸性和可塑性等物理属性的统称。

抹茶粉：亦称抹茶、碾茶。是绿茶的一种，抹茶必须在茶叶采摘前一个月覆盖遮阳棚布，采摘经干燥程序后以石臼磨成极微小粉末即为抹茶。其颜色翠绿，因采摘前避免日照，抑制了产生涩味的单宁酸，在风味上具有海苔般的茶叶青味与微苦味。是和果子（日式糕点）的常用原料，也可用于蛋糕的表面装饰。

慕斯粉：又称慕司粉、木司粉、莫司粉、泡沫冰淇淋粉。它是用经过高技术处理的天然水果或酸奶、咖啡、巧克力、坚果的浓缩粉和颗粒，加入增稠剂、乳化剂、天然香料等制成的粉状或带有颗粒的半成品原料。可用于制作蛋糕、泡芙和甜品，最主要用于制作各式慕斯蛋糕。

奶油：又称黄油，英文音译白脱油，为与人造奶油区别，也称天然奶油。奶油是把牛乳中的脂肪成分经过提炼浓缩而得到的油脂产品。

糯米粉：以糯米磨制的米粉称为糯米粉，具有蜡质玉米和高粱共有的黏度特性，其淀粉中直链淀粉含量低于2%，并有较多的α-淀粉酶。糯米粉宜制作黏韧柔软的糕点；由于糯米的胚乳为粉状淀粉，排列疏松，含糊精较多，在结构上全部是支链淀粉，糊化后黏性很大，其制品具有韧性而柔软，能吸收大量的油和糖，适宜生产重油重糖的品种。也可作为增稠剂使用，搭配在饼皮用料中，或应用于拌馅，在糕点的馅心中加入糯米粉，既起黏结作用，又可避免走油、跑糖现象。

破损淀粉：小麦制粉时，由于磨粉机的碾压作用，有少量淀粉外层细胞膜被破坏而使淀粉粒裸露出来。通常，小麦粉质越硬，磨粉时破损淀粉含量越高。

起酥油：我国台湾地区称白油、雪白乳化油、乳化油等。起酥油的原料使用符合食品质量标准和卫生标准的油和脂。具体包括精炼的动物油脂，如牛油、猪油、鱼油等；不精炼可直接食用的无水奶油；精炼的植物油脂，如棕榈油、椰子油、棕榈仁油、大豆油、菜油等；精炼加工的油脂，如经过氢化、分提、酯交换等改性工艺再经过精炼的油脂。起酥油中常用的食品添加剂有抗氧化剂、乳化剂。煎炸起酥油中可以使用消泡剂。起酥油与人造奶油不同之处在于不需乳化，不含有水分，是一种浅色、无味道的油脂产品。

巧克力：又称朱古力，英文chocolate的音译。以可可脂、蔗糖或其他甜味料、可可液块、可可粉、乳制品、食品添加剂等为原料，不添加淀粉或乳脂以外的动物油脂，经精磨、精炼、调温、成型等工艺制成的甜味食品，成品中非可可脂植物油脂的添加量不得超过最终产品的5%。

全蛋粉：鲜蛋经打蛋、过滤、巴氏低温杀菌、喷雾干燥制成的蛋制品。

人造奶油：又称人造黄油、麦淇淋、玛琪琳、玛雅琳等。人造奶油的配料：食用油脂80%以上，牛乳或奶粉加水16%，盐3%，乳化剂，抗氧化剂，防腐剂，pH调节剂，香精、色素。色素也可不加，即成白色的人造奶油。

韧性：又称抗拉伸性、抗拉伸阻力，是指面筋对被拉伸所表现出的抵抗力。

乳清粉：将制造奶酪及干酪素的副产品乳清进行干燥而制成的粉状物。乳清粉含有易消化、有生理价值的乳白蛋白、球蛋白及非蛋白态氮化合物等其他有效物质，用以制造配制乳粉及糕点、面包的原料。

润粉：吸湿回潮的糕粉。

色拉油：色拉油严格意义上来讲是在4.4℃保持液态的油脂。色拉油一般是植物油经压榨或浸出，然后经脱胶、脱酸、脱蜡、脱色、脱臭等工艺而得到的精炼植物油脂，可以用多种原料油脂加工而来，比如大豆油、菜籽油、葵花子油、玉米油、橄榄油、花生油、芝麻油等。一般的色拉油因为经过了精炼处理，都是浅色无味的油脂产品。

沙蒿粉：溴酸钾被禁止使用后，野生沙蒿粉作为无毒无害的天然物质，对面粉具有非常显著的增筋效果，近年来得到广泛重视和开发应用。

湿面筋：将小麦粉加水调制成面团，用水洗去淀粉、水溶性碳水化合物、脂肪和其他成分，剩下的具有一定黏性、弹性和延伸性的含水65%~70%的软胶状物质就是湿面筋。

熟粉：又称糕粉，是米粉的一类，由糯米加工而成，其制法是先将糯米淘洗干净，再用温水浸泡，夏季4h，冬季10h，待水分干燥后即可炒制或蒸制，再将炒制或蒸制后的糯米磨成米粉。

熟化：又称面粉成熟、后熟、陈化。新小麦磨制的面粉面团黏度大，筋力弱，缺乏弹性等，最突出的现象是面包出炉后易收缩变形和塌架。面粉储存一段时间后粉质趋于稳定，面粉熟化时间一般为3~4周。

双效泡打粉：又称发粉、泡打粉。白色粉末，是一种复合膨松剂，其中含有快速和慢速反应剂，在受热的整个过程中产气率可使烘焙制品组织形式相匹配，快速反应剂受热后产气较早，使制品膨松，慢速反应剂后期受热产气使烘焙制品组织凝结时作支撑产气，使制品饱满，并基本无残留物。

水磨糯米粉：以粳米、籼米、糯米为原料，经加工磨碎成粉的总称。

酥油：无水的人造奶油即是酥油。它是随着烘焙行业的快速发展，由人造奶油衍生出来的无水油脂产品。酥油一般不含水，不含盐，呈天然奶油的金黄色，带有浓郁的奶油味道。而且通常含有适量的乳化剂，有良好的乳化性能。酥油的成分包括：食用油脂、食品乳化剂、抗氧化剂、香精、色素。

酸性水：pH值小于7的水称为酸性水。

塔塔粉：蛋白变性剂、酸性剂。主要成分为酒石酸氢钾，淀粉作为填充剂。调整蛋液的pH值，改变蛋液微碱性为微酸性环境。增强蛋白膜的强度，保持蛋液泡沫的形态稳定，增大蛋白的起泡性，以增大蛋糕体积。

弹性：面筋被拉伸或压缩后恢复到原来状态的能力。

糖粉：又称糖霜。是由白砂糖经过粉碎而得的蔗糖粉末，可在生产酥性饼干混料时直接搅拌，易于混匀和溶解；糖粉还常用于西式糕点的糖霜或奶油霜饰，以及产品含水较少的品种中使用。糖粉易结块，在保存时应防潮，必要时需要加入少量淀粉，以提高耐储存性。

糖霜皮：又称糖粉膏、搅糖粉等。使用蔗糖粉加鸡蛋清搅拌而成的质地洁白、细腻的半成品。它是制作白点心、立体大蛋糕和展品大蛋糕的主要原料，其制品具有形象逼真、坚硬结实，摆放时间长的特点。

无水奶油：又称为乳脂或乳脂肪。无水奶油是以奶油或稀奶油作为原料，通过物理方法将脂肪球破坏，使脂肪从脂肪球中游离出来融合在一起形成脂肪连续相，然后将脂肪连续相分离出来即得到无水奶油。

小麦：属于禾本科、小麦族、小麦属，一年生或越年生草本植物。小麦籽粒是单种子果实，植物学名称作颖果，呈卵形或长椭圆形，腹面具深纵沟。小麦适应性强，分布广、用途多，是世界上最重要的粮食作物，其分布、栽培面积及总贸易额均居粮食作物第一位。小麦是世界上三种最重要的谷物之一，也是我国的主要粮食作物之一，我国的小麦生产已居世界之首。全世界35%的人口以小麦为主要粮食。小麦提供了人类消费蛋白质总量的20.3%，能量的18.6%，食物总量的11.1%，超过其他任何作物。一般小麦可分为普通小麦、克拉伯小麦（密穗小麦）和杜伦小麦三种，其中最重要的是普通小麦，约占总量的95%以上。普通小麦与小麦食品加工工艺有关的分类常采用播种期、皮色、面筋性能等分类方法。小麦按播种季节分为冬小麦和春小麦。按照小麦胚乳的质地可分为粉质和角质小麦。我国 GB 1351—1999 中规定，小麦根据冬种、春种小麦的皮色和粒质分为六类：白色硬质小麦、白色软质小麦、红色硬质小麦、红色软质小麦、混合硬质小麦和混合软质小麦。

小麦粉：又称面粉，是指小麦除掉麸皮后生产出来的白色面粉，是制作各种面包、糕点、蛋糕、饼干、馒头、饺子等面制品的最基本材料。

小麦麸皮：为麦粒结构中的外种皮和糊粉层，在制粉工艺中将提取胚芽和胚乳后的残留物统称为麸皮。小麦麸皮除含有丰富的膳食纤维外，还含有蛋白质、矿物质、B族维生素、脂肪、糖类、灰分等多种营养成分。小麦麸皮中纤维素含量为31.3%（主要由纤维素、半纤维素和木质素组成），淀粉为30.1%，蛋白质为15.8%，脂肪为4.0%，无机盐为4.3%，水分为14.5%。

延伸性：面筋被拉伸到某种程度而不断裂的性质。

燕麦：禾本科、早熟禾亚科、燕麦属的草本植物，一年生草本植物栽培燕麦的颖果，一般呈细长纺锤形，成熟时颖壳与籽粒不易分离。颖壳呈白、黄、褐、黑等不同颜色。燕麦原为谷类作物的田间杂草，约在2000年前才被驯化为农作物。

硬度：水中溶解的钙、镁等盐类的总含量。我国以硬度的度数来表示水的软硬程度，1度是指1L水中含有10mg氧化钙。根据水的度数可将水划分为六种：0～4度称为极软的水；4～8度称为软水；8～12度称为中硬水；12～18度称为较硬水；18～30度称为硬水；30度以上称为极硬水。面包生产要求为中等硬度的水，硬度为12～15度。

硬水：矿物质溶解量较多，尤其是含钙盐和镁盐等盐类物质较多的水。

玉米淀粉：又称粟粉，为玉蜀黍淀粉，溶于水中加热至65℃时即开始膨胀、糊化产生胶凝特性，多数用在西点派馅的胶冻原料中或奶油布丁馅，还可在蛋糕的配方中适当加入玉米淀粉，可适当降低面粉的筋力等。

月饼表皮改良剂：是一种复合型的乳化剂，添加后使月饼表皮柔软，容易回油，富有光泽。

月饼面包表面上光剂：使用水、食用胶、葡萄糖浆、食用酸、防腐剂科学配制而成。适用于面包、月饼及其他食品的表面上光。

札干：用明胶片、水和糖粉调制而成的制品。是制作大型点心模型、展品的主要半成品原料。札干细腻、洁白、可塑性好，其制品不走形、不塌架，既可食用，又能欣赏。

占米粉：以粳米、籼米磨制的粉称为占米粉。大米作为糕点的原料，大多需要加工成米粉，米粉有干磨和水磨两种方法，水磨由于其成品粒度细、黏度大，质量比干磨要好。占米粉多用来制作干性糕点，产品稍硬，由于占米粉的黏性较小，可以适当搭配淀粉，以适合某些糕点品种的质量要求。

芝士粉：又称奶酪粉。是牛乳在凝乳酶的作用下，使酪蛋白凝固，经过自然发酵过程加工而成的乳制品。其营养价值高，口味芳香，风味独特。适合制作意大利餐、比萨饼的拌料，芝士蛋塔（挞）等。

植脂奶油：又称植脂忌廉。是以植物脂肪（氢化椰子油、精炼棕榈油、氢化棕榈仁油）为主要原料，添加乳化剂、增稠稳定剂、蛋白质原料、防腐剂、膨松剂、香精香料、色素、蔗糖和玉米糖浆、水、盐等经混合、均质、杀菌、包装而成的一种鲜奶油仿制品。

中筋粉：又称通用粉，中蛋白质粉，是介于高筋粉与低筋粉之间的具有中等筋力的面粉。蛋白质含量为9%～11%，湿面筋重量在24%～30%。中筋粉适宜制作饼干、水果蛋糕、发酵型糕点、蛋塔皮、派皮、广式月饼、饼干、部分品种的面包、馒头、包子、水饺。

专用粉：即按不同面制品品种的质量要求，经过专门调配而适合生产专门面制品的面粉。根据面粉中蛋白质和面筋质的含量分为：面包粉、面条粉、馒头粉、饺子粉、酥性饼干粉、发酵饼干粉、蛋糕粉、糕点粉。目前，国内外普遍使用专用粉来生产各种烘焙食品。

转化糖浆：蔗糖在酸性条件下，水解产生葡萄糖与果糖，这种变化称为转化。1分子葡萄糖与1分子果糖的混合体称为转化糖。含有转化糖的水溶液称为转化糖浆，其甜度明显大于蔗糖。

附录2 烘焙工国家职业标准

说明：

根据《中华人民共和国劳动法》的有关规定，为了进一步完善国家职业标准体系，为职业教育、职业培训和职业技能鉴定提供科学、规范的依据，劳动和社会保障部委托中国焙烤食品糖制品工业协会组织有关专家，制订了《烘焙工国家职业标准》（以下简称《标准》）。

一、本《标准》以《中华人民共和国职业分类大典》为依据，以客观反映现阶段本职业的水平和对从业人员的要求为目标，在充分考虑经济发展、科技进步和产业结构变化对本职业影响的基础上，对职业的活动范围、工作内容、技能要求和知识水平做了明确规定。

二、本《标准》的制订遵循了有关技术规程的要求，既保证了《标准》体例的规范化，又体现了以职业活动为导向、以职业技能为核心的特点，同时也使其具有根据科技发展进行调整的灵活性和实用性，符合培训、鉴定和就业工作的需要。

三、本《标准》依据有关规定将本职业分为五个等级，包括职业概况、基本要求、工作要求和比重表四个方面的内容。

四、本《标准》是在各有关专家和实际工作者的共同努力下完成的。参加编审的主要人员有：张守文、汪国钧、边兴华、王兰柱、石彦国、朱含琳、茅金妹、宋建、刘晓群。本《标准》在制订过程中，得到了哈尔滨商业大学、上海市糖制品工业协会、上海梅龙镇集团凯司令食品公司、北京丽都假日饭店的大力支持，在此一并致谢。

五、本《标准》业经劳动和社会保障部批准，自 2003 年 1 月 23 日起施行。

烘焙工国家职业标准
（中华人民共和国劳动和社会保障部制订）

1　职业概况

1.1　职业名称

烘焙工。

1.2　职业定义

指专门制作焙烤食品的人员。

1.3　职业等级

本职业共设五个等级，分别为：初级（国家职业资格五级）、中级（国家职业资格四级）、高级（国家职业资格三级）、技师（国家职业资格二级）、高级技师（国家职业资格一级）。

1.4　职业环境条件

室内、常温。

1.5　职业能力特征

职业能力	非常重要	重　要	一　般
智力(分析、判断)			
表达能力			
动作协调性			
色觉			
视觉			
嗅觉			
味觉			
计算能力			

1.6　基本文化程度

高中毕业（或同等学力）。

1.7　培训要求

1.7.1　培训期限

全日制职业学校教育，根据其培养目标和教学计划确定。晋级培训期限：初级不少于 240 标准学时；中级不少于 300 标准学时；高级不少于 360 标准学时；技师不少于 300 标准学时；高级技师不少于 250 标准学时。

1.7.2　培训教师

培训初级、中级的教师应具有本职业高级及以上职业资格证书；培训高级的教师应具有本职业技师及以上职业资格证书；培训技师的教师应具有本职业高级技师职业资格证书2年或相关专业中级以上专业技术职务任职资格；培训高级技师的教师应具有本职业高级技师职业资格证书3年以上或相关专业高级专业技术职务任职资格。

1.7.3　培训场地与设备

理论知识培训在标准教室进行；技能操作培训在具有相应的设备和工具的场所进行。

1.8　鉴定要求

1.8.1　适用对象

从事或准备从事本职业的人员。

1.8.2　申报条件

初级（具备以下条件之一者）

（1）经本职业初级正规培训达规定标准学时数，并取得结业证书。

（2）在本职业连续见习工作2年以上。

（3）本职业学徒期满。

中级（具备以下条件之一者）

（1）取得本职业初级职业资格证书后，连续从事本职业工作3年以上，经本职业中级正规培训达规定标准学时数，并取得结业证书。

（2）取得本职业初级职业资格证书后，连续从事本职业工作5年以上。

（3）连续从事本职业工作6年以上。

（4）取得经劳动行政部门审核认定的，以中级技能为培养目标的中等以上职业学校本职业毕业证书。

高级（具备以下条件之一者）

（1）取得本职业中级职业资格证书后，连续从事本职业工作4年以上，经本职业高级正规培训达规定标准学时数，并取得结业证书。

（2）取得本职业中级职业资格证书后，连续从事本职业工作7年以上。

（3）取得高级技工学校或经劳动行政部门审核认定，以高级技能为培养目标的高等职业学校本职业毕业证书。

（4）取得本职业中级职业资格证书的大专本职业或相关专业毕业生，连续从事本职业工作2年以上。

1.8.3　考评人员与考生配比

理论知识考试时，每个标准考场每20名考生配备1名监考人员；基本技能考核每5名考生配备1名监考人员。

1.8.4　鉴定时间

理论知识考试为90分钟。技能操作考核时间为：面包在480分钟以内；中点在240分钟以内；西点在120分钟以内。综合评审时间不少于30分钟。

1.8.5　鉴定场所设备

理论知识考试在标准教室里进行；技能操作考核在具有相应的制作用具和中小型生产设备的场所进行。

2　基本要求

2.1　职业道德

2.1.1　职业道德基本知识

2.1.2　职业守则

（1）自觉遵守国家法律、法规和有关规章制度，遵守劳动纪律。

（2）爱岗敬业，爱厂如家，爱护厂房、工具、设备。
（3）刻苦钻研业务，努力学习新知识、新技术，具有开拓创新精神。
（4）工作认真负责、周到细致、忠实肯干、吃苦耐劳、兢兢业业，做到安全、文明生产，具有奉献精神。
（5）严于律己，诚实可信，平等待人，尊师爱徒，团结协作，艰苦朴素；举止大方得体，态度诚恳。

2.2 基础知识
2.2.1 焙烤食品常识
（1）焙烤食品的起源与发展历史。
（2）焙烤食品的分类。
（3）焙烤食品的营养价值。
（4）焙烤食品加工业的发展方向。
2.2.2 原材料基本知识
2.2.3 面包加工工艺基本知识
2.2.4 中点加工工艺基本知识
2.2.5 西点加工工艺基本知识
2.2.6 相关法律、法规知识
（1）知识产权法的相关知识。
（2）消费者权益保护法的相关知识。
（3）价格法的相关知识。
（4）食品卫生法的相关知识。
（5）环境保护法的相关知识。
（6）劳动法的相关知识。

3 工作要求
本标准对初级、中级、高级的技能要求依次递进，高级别包括低级别的要求。
3.1 初级

职业功能	工作内容	技能要求	相关知识
一、准备工作	（一）清洁卫生	能进行车间、工器具、操作台的卫生清洁、消毒工作	食品卫生基础知识
	（二）备料	能识别原辅料	原辅料知识
	（三）检查工器具	能检查工器具是否完备	工器具常识
二、面团、面糊调制与发酵	（一）配料	（1）能读懂产品配方 （2）能按产品配方准确称料	（1）配方表示方法 （2）配料常识
	（二）搅拌	能根据产品配方和工艺要求调制1～2种面团或面糊	搅拌注意事项
	（三）面团控制	（1）能使用1种发酵工艺进行发酵 （2）能使用1类非发酵面团（糊）的控制方法进行松弛、醒面	（1）发酵工艺常识 （2）不同非发酵面团（糊）的工艺要求（松弛、醒面、时间、温度）
三、成型与醒发	（一）面团分割称重	能按品种要求分割和称量	度量衡器、工具的使用方法
	（二）整形	能运用2种成型方法进行整形	不同整形工具、模具的选用及处理
	（三）醒发	能按1类面包的工艺要求进行醒发	醒发一般知识

续表

职业功能	工作内容	技能要求	相关知识
四、烘烤	烘烤条件设定	能按工艺要求烘烤相应的1个品种	(1)烤炉的分类 (2)常用烘烤工艺要求 (3)烤炉的操作方法
五、装饰	(一)装饰材料的准备	能准备单一的装饰材料	装饰材料调制的基本方法(糖粉、果仁、籽仁、果酱、水果罐头)
	(二)装饰材料的使用	能用单一材料在产品表面进行简单装饰	装饰器具的使用常识
六、冷却	(一)冷却	能按冷却规程进行一般性操作	(1)冷却常识 (2)产品冷却程度和保质的关系 (3)冷却场所、包装工器具及操作人员的卫生要求
	(二)包装	能按包装规程进行一般包装操作	(1)食品包装基本知识 (2)操作人员、包装间、工器具的卫生要求
七、贮存	原材料贮存	能按贮存要求进行简单操作	(1)原辅料的贮存常识 (2)原辅料国家、行业标准

3.2 中级

职业功能	工作内容	技能要求	相关知识
一、准备工作	(一)清洁卫生	能发现并解决卫生问题	操作场所卫生要求
	(二)备料	能进行原辅料预处理	不同原辅料处理知识
	(三)检查工器具	检查设备运行是否正常	不同设备操作常识
二、面团、面糊调制与发酵	(一)配料	能按产品配方计算出原辅料实际用量	计算原辅料的方法
	(二)搅拌	(1)能根据产品配方和工艺要求调制3~4种面团或面糊 (2)能解决搅拌过程中出现的一般问题	搅拌注意事项
	(三)面团控制	(1)能使用3种发酵工艺进行发酵 (2)能使用3类非发酵面团的控制方法进行控制	不同非发酵面团(糊)相应的工艺要求(松弛、醒面、时间、温度)
三、整型与醒发	(一)面团分割称重	能按不同产品要求在一定的条件和规定时间内完成分割和称量	(1)计算单位及换算知识 (2)温度、时间对不同面团分割的工艺要求
	(二)整形	(1)能使用4种成型方法进行整形 (2)能根据不同产品特点进行整形	整形设备的知识
	(三)醒发	能按主食面包的工艺要求醒发3个品种	(1)主食面包的要领及分类 (2)吐司面包、硬式面包、脆皮面包的醒发要求 (3)吐司面包原料的基本要求

续表

职业功能	工作内容	技能要求	相关知识
四、烘烤	烘烤条件设定	(1)能按工艺要求烘烤相应的3类产品 (2)能按不同产品的特点控制烘烤过程	(1)中点 松酥类、蛋糕类、一般酥皮类产品知识 (2)西点 混酥类、蛋糕类、曲奇类产品知识
五、装饰	(一)装饰材料的准备	能调制多种装饰材料	(1)装饰料的调制原理 (2)装饰料的调制方法 (3)蛋白膏、奶油膏、蛋黄酱的知识
	(二)装饰材料的使用	能用调制的多种装饰材料对产品表面进行装饰	(1)美学基础知识 (2)装饰的基本方法
六、冷却与包装	(一)冷却	(1)能正确使用冷却装置 (2)能控制产品冷却时间及冷却完成时的内部温度	(1)冷却基本常识 (2)产品中心温度测试方法
	(二)包装	能根据产品特点选择相应的包装方法	(1)包装材料的分类知识 (2)包装方法的分类知识
七、贮存	原材料贮存	(1)能将原辅料分类贮存 (2)能根据原辅料的贮存期限进行贮存	(1)原辅料的分类 (2)食品卫生知识

3.3 高级

职业功能	工作内容	技能要求	相关知识
一、面团、面糊调制与发酵	(一)搅拌	(1)能根据产品配方和工艺要求调制5~7种面团或面糊 (2)能发现和解决搅拌过程中出现的问题	搅拌常见问题的解决方法
	(二)面团控制	(1)能使用4种发酵工艺进行发酵 (2)能使用4类非发酵面团的控制方法进行控制	(1)发酵原理与工艺 (2)不同非发酵面(糊)相应的工艺要求(松弛、时间、温度) (3)松弛原理与应用知识
二、整型与醒发	(一)整形	能运用各种整形方法进行整形	整形工艺方法和要求
	(二)醒发	能按花式面包的工艺要求醒发4个品种	(1)花式面包的概念及分类 (2)馅面包、丹麦面包、象形面包、营养保健面包的醒发要求
三、烘烤	烘烤条件设定	(1)能按工艺要求烘烤相应的4类产品 (2)能处理操作中出现的问题	(1)中点 浆皮类、水油皮类、酥层类、熟粉类产品知识 (2)西点 威风蛋糕、泡芙类、一般起酥类产品知识
四、装饰	(一)装饰材料的准备	能调制特色装饰材料	(1)巧克力成分、分类及性能知识 (2)巧克力的调制原理及制作方法 (3)奶油胶冻(白马糖、风糖)的调制原理及方法
	(二)装饰材料的使用	能使用巧克力和奶油胶冻装饰一组不同特色的点心	工艺美术基本知识

续表

职业功能	工作内容	技能要求	相关知识
五、冷却与包装	（一）冷却	（1）能控制产品冷却场所的测量方法降压、湿度、空气流速等技术参数和卫生条件 （2）能正确选择和使用冷却装置	（1）冷却装置的类型 （2）冷却产品方法
	（二）包装	（1）能合理使用食品包装材料进行包装 （2）能解决包装中出现的技术、质量问题	包装机器的作用方法
六、质量鉴定	产品鉴定	能运用感官质量检验方法对产品进行质量鉴定	产品质量标准
七、贮存	原材料贮存	（1）能根据原辅料的理化特性确定适当的贮存条件、期限和场所 （2）能解决贮存中出现的各种问题	（1）原辅料的理化特性 （2）原辅料贮存场所环境、条件的控制知识 （3）食品冷冻、冷藏知识 （4）食品腐烂变质及老化原理

4 比重表

4.1 理论知识

项目		工作内容	初级/100%	中级/100%	高级/100%
基本知识		职业道德	5	5	5
		基础知识	25	20	15
相关知识	准备工作	清洁	6	5	
		卫生备料	5	8	
		检查工器具	5	8	
	面团、面糊调制与发酵	配料	2	5	
		搅拌	5	5	8
		面团控制	5	5	8
	整形与醒发	布置分割称量	5		
		整形	5	2	10
		醒发	5	2	10
	烘烤	烘烤条件设定	2	5	10
	装饰	装饰材料的准备	5	6	7
		装饰材料的使用	5	6	7
	冷却与包装	冷却	5	5	5
		包装	5	3	5
	贮存	原材料贮存	5	5	5
	质量鉴定	产品鉴定			5
	成本核算	原料成本核算			
	冷却	冷却			
	培训与管理	培训与指导			
		管理			
	产品开发与技术创新	开发与创新			
合计			100	100	100

4.2 技能操作

项	目	工作内容	初级/100%	中级/100%	高级/100%
相关知识	准备工作	清洁卫生	8	6	
		备料	8	6	
		检查工器具	8	6	
	面团、面糊调制与发酵	配料	6	8	
		搅拌	10	6	5
		面团控制	6	8	10
	整形与醒发	布置分割称量	6	6	
		整形	6	8	15
		醒发	6	8	10
	烘烤	烘烤条件设定	6	8	15
	装饰	装饰材料的准备	6	6	5
		装饰材料的使用	6	6	10
	冷却与包装	冷却	6	6	6
		包装	6	6	8
	贮存	原材料贮存	6	6	8
	质量鉴定	产品鉴定			8
	成本核算	原料成本核算			
	冷却	冷却			
	培训与管理	培训与指导			
		管理			
	产品开发与技术创新	开发与创新			
	合计		100	100	100

参 考 文 献

[1] 张研，梁传伟．焙烤食品加工技术．北京：化学工业出版社，2006．
[2] 马涛．焙烤食品工艺．北京：化学工业出版社，2007．
[3] 叶敏．米面制品加工技术．北京：化学工业出版社，2006．
[4] 陆启玉．粮油食品加工工艺学．北京：中国轻工业出版社，2005．
[5] 朱珠．焙烤食品加工技术．北京：中国轻工业出版社，2006．
[6] 孔希令．精美中西点制作．上海：上海科学技术出版，1999．
[7] 刘汉江．焙烤工业手册．北京：中国轻工业出版社，2003．
[8] 秦辉，林小岗．面点制作技术．北京：旅游出版社，2004．
[9] 鲍治平．面点制作技术．北京：高等教育出版社，1995．
[10] 李文卿．面点工艺学．北京：中国轻工业出版社，1999．
[11] 刘耀华，林小岗．中式面点制作．大连：东北财经大学出版社，2003．
[12] 翟小方．西点工艺与实习．北京：中国劳动社会保障出版社，1994．
[13] 石雄飞．西点工艺操作实例．北京：中国食品出版社，1988．
[14] 沈建福．粮油食品工艺学．北京：中国轻工业出版社，2002．
[15] 许洛晖，郑桑妮．西点面包烘焙．沈阳：辽宁科学技术出版社，2004．
[16] 吴孟．面包糕点饼干工艺学．北京：中国商业出版社，1994．
[17] 李里特．焙烤食品工艺．北京：中国轻工业出版社，2000．
[18] 贡汉坤．焙烤食品生产技术．北京：科学出版社，2004．
[19] 王学政．中西糕点大全．北京：中国旅游出版社，1994．
[20] 陈玲．加入WTO对我国糕点食品业的影响及对策．商业研究，2002，（04）．
[21] 张政衡．中国糕点大全．上海：上海科学技术出版社，2005．
[22] 赵睛，翟玮玮．食品生产概论．北京：科学出版社，2004．
[23] 杨宝进，张一鸣．现代食品加工学．北京：中国农业大学出版社，2006．
[24] 揭广川．方便与休闲食品生产技术．北京：中国轻工业出版社，2001．
[25] 沈再春．现代方便面和挂面生产实用技术．北京：中国科学技术出版社，2001．
[26] 王如福，李汴生．食品工艺学概论．北京：中国轻工业出版社，2006．
[27] 刘天印．挤压膨化食品生产工艺与配方．北京：中国轻工业出版社，2003．
[28] 武杰．膨化食品加工工艺与配方．北京：科学技术文献出版社，2001．
[29] 李波．食品安全控制技术．北京：中国计量出版社，2007．
[30] 曾庆孝，许喜林．食品生产的危害分析与关键控制点（HACCP）原理与应用．广州：华南理工大学出版社，2005．
[31] 姜南．危害分析与关键控制点（HACCP）及在食品生产中的应用．北京：化学工业出版社，2004．
[32] 田惠光．食品安全控制关键技术．北京：科学出版社，2005．
[33] 萨拉·莫蒂默，卡罗尔·华莱士．HACCP与案例分析．北京：化学工业出版社，2005．
[34] 沈建福．粮油食品工艺学．北京：中国轻工业出版社，2002．
[35] 陆启玉．粮油食品加工工艺学．北京：中国轻工业出版社，2005．
[36] 全国工商联烘焙业公会．中华烘焙食品大辞典：原辅料及食品添加剂分册．北京：中国轻工业出版社，2006．